JN039796

土木施工管理の「なぜ?」がわかるQ&A

國澤正和 著

はじめに

この本は，読者の皆様の素朴な疑問・質問に答えようと，Q&A形式でまとめた「土木施工管理」のテキストです．初めて土木施工管理を学ぶ学生の副読本として，建設現場の施工管理技術者の実務入門書として想定しています．施工管理は技術的・実務的な知識が必要で，ともすれば苦手と思う人も多いこの分野ですが，より興味・関心をもてるように，1項目ずつ「なぜ？」という問いに対してわかりやすく解説することに努めました．

建設産業は，地域経済を下支えする基幹産業としての役割をもち，社会インフラ整備を通じて豊かな国土づくりを担っているきわめて重要な産業です．建設投資額は，年間約63兆円（公共工事41%，民間工事59%），GDPの約10%を占め，建設業許可業者約52.4万社，就業者数約500万人（うち技術者31万人，技能労働者326万人）の巨大産業です．

建設工事の施工管理とは，「品質・工程・原価管理」の三大施工管理と，安全・労務・環境保全管理等の社会的制約に基づく施工業務を通じて，受注者（施工者）が所定の品質の工事目的物を施工し，発注者に引渡すまでに必要な管理技術をいいます．つまり，「施工管理」とは，品質・工期・コストを満足しつつ，工事を「いかにうまく計画・管理・運営するか」を追求した“学問”といえるのです．

本書で扱う内容は，建設工事の共通分野となる「土工事・コンクリート工事・基礎工事」の基礎知識（第1章），専門土木工事の各種施工方法（第2章），建設工事を実施する上で必要となる法規関係（第3章），現場を管理・運営するための施工計画と施工管理（第4章），工事契約と建設マネジメント（第5章）という構成です．

建設工事の「なぜ？」を理解した上で，土木施工管理について学習することが重要です．読者の皆様にとって，本書が土木施工管理を理解するための一助となるとしたら，望外の喜びです．

本書の出版にあたり，オーム社編集局の皆様にご尽力をいただき，厚くお礼を申し上げます．

2021年3月　著者しるす

CONTENTS

第1章 建設工事の基礎知識

1・1 土工事

1・2 コンクリート工事

1・3 基礎工事

第2章 専門土木工事と施工管理

2・1 RC・鋼構造物工事

2・2 河川・砂防工事

2・3 道路・塗装工事

2・4 ダム・トンネル工事

2・5 海岸・港湾工事

2・6 鉄道・地下構造物工事

2・7 上下水道工事

第 3 章 土木工事と法規

3・1 労働基準法

3・2 労働安全衛生法

3・3 建設業法

3・4 道路関係法

3・5 河川法

3・6 建築基準法

3・7 火災類取扱法

3・8 騒音規制法・振動規制法

第 4 章 施工計画と施工管理

4･1 施工計画

4･2 工程管理

4･3 安全管理

4･4 品質管理

CONTENTS

第1章
建設工事の基礎知識

建設（土木）工事は，請負契約・設計図書に基づいて実施され，図面・仕様書で，材料の品質，施工条件，出来形の寸法・規格などが定められる．その品質等を確保するためには，土質工学，コンクリート工学，基礎工学に関する基礎知識が重要となる．

この章では，道路工事や鉄道工事等の各種専門土木工事の基本となる「土工事」，「コンクリート工事」，「基礎工事」の3分野について，なぜこのような工事が実施されるか，技術上の課題を取り上げ，解説する．

土質調査の種類と目的

Q1 なぜ，土質調査（原位置試験）が必要なのですか？

Answer

土質調査とは，現場の地盤の状態や土の工学的性質を調べるために行う調査である．現地で直接調べる**原位置試験**から設計・施工に必要な土の情報を，採取した土試料を調べる**土質試験**から土の性質や特性などを判定する．

1. 土質調査

地盤を構成している土は，多種多様で地域・地形によって異なる．この土の性質を調べる調査を**土質調査**という．土質調査は，工事箇所の土質・地質状況を総括的に調査し，問題となる箇所の土質（土の成分・性質）・地質（地層の性質・状態）および地下水位などを明らかにするもので，**原位置試験**と**土質試験**からなる．

土質調査
- **原位置試験**……自然の状態にある土に対して実施する．ボーリング，サウンディング等
- **土質試験**……土試料の力学的性質や土の判別・分類を行う．地層の状況，圧密・せん断力・透水性等

2. 原位置試験（げんいち）

原位置試験は，地盤の性質を直接調べる試験をいい，表1･1に示す．原位置試験のうち，**サウンディング**は，ボーリング孔に埋設したサンプラー（土試料採取用の管やベーン）を地中に貫入・回転・圧入・引抜きなどの力を加えた際の土の抵抗から，地層や地盤の強さを推定する試験をいう．概要は次のとおり．

①**標準貫入試験**：ボーリングロット先端にサンプラーを取り付け，63.5±0.5kgのハンマーを76.5±1cmの高さから自由落下させてサンプラーを30cm貫入させるときの打撃回数***N*****値**により，地盤の硬軟，締まり具合を推定する．

②**スウェーデン式サウンディング試験**：静的荷重による貫入と回転貫入を併用して，ロッド先端のスクリューポイントを地盤に貫入させ，地盤の硬軟，締まり具合を判定する．

③**ポータブルコーン貫入試験**：建設機械の走行性（トラフィカビリティー）の判定に用いられ，土のせん断強さを判定する．

④**ベーン試験**：十字型の羽根（ベーン）をロッド先端に取り付け，ロッドを回転するときの抵抗により，せん断強さsと粘着力cを求める．

⑤**弾性波探査試験**：地中を伝番する弾性波速度は，硬質地盤ほど速く，軟弱地

盤では遅くなる．弾性波速度で地層の種類や成層状態を推定する．

⑥**平板載荷試験**（へいばんさいか）：土表面に置いた直径30㎝の円盤に荷重をかけ，沈下量を読み，荷重－沈下曲線から地盤の支持力（地盤係数）を求める．

表1·1　土工の調査に用いる主な原位置試験

試験の名称	試験結果から求められるもの		試験結果の利用
弾性波探査	地盤の弾性波速度	V	地層の種類，性質，成層状況の推定
電気探査	地盤の比抵抗値	$\Omega \cdot m$	地層や地下水の状態の推定
単位体積質量試験（JIS A 1214）（現場密度試験）	湿潤密度 乾燥密度	ρt ρd	締固めの施工管理
標準貫入試験（JIS A 1219）★	打撃回数	N	土の硬軟，締まり具合の判定
スウェーデン式サウンディング（JIS A 1221）★	静的貫入荷重 半回転数	W_{sw} N_{sw}	土の硬軟，締まり具合の判定
オランダ式二重管コーン貫入試験★	コーン指数	q_c	土の硬軟，締まり具合の判定
ポータブルコーン貫入試験★	コーン指数	q_c	トラフィカビリティーの判定
ベーン試験★	粘着力	c	細粒土の斜面や基礎地盤の安定計算
平板載荷試験（JIS A 1215）	地盤係数	K	締固めの施工管理
現場CBR試験（JIS A 1222）	CBR		締固めの施工管理
現場透水試験	透水係数	k	透水関係の設計計算 地盤改良工法の設計

★サウンディング調査

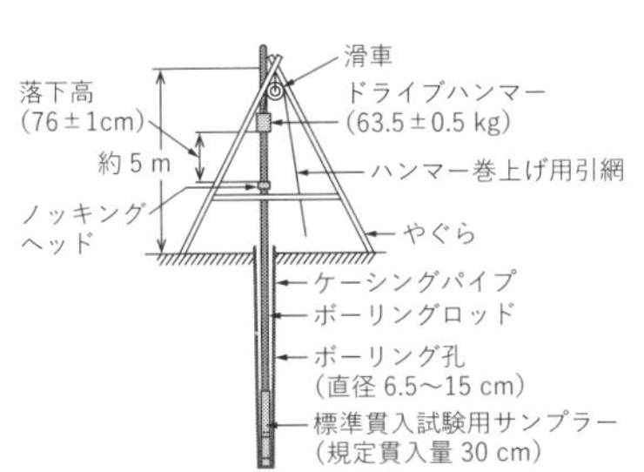

図1·1　標準貫入試験

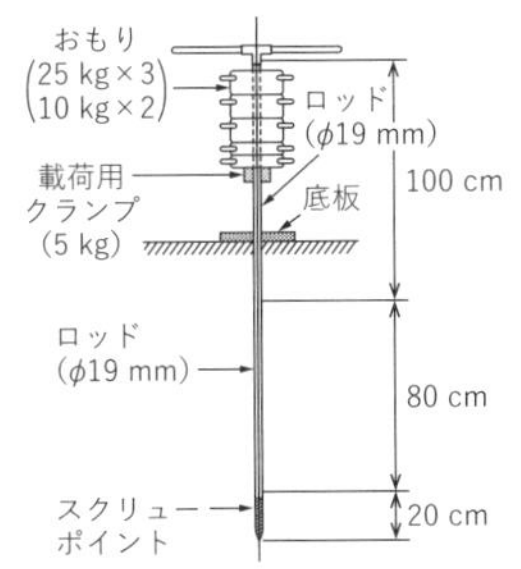

図1·2　スウェーデン式サウンディング

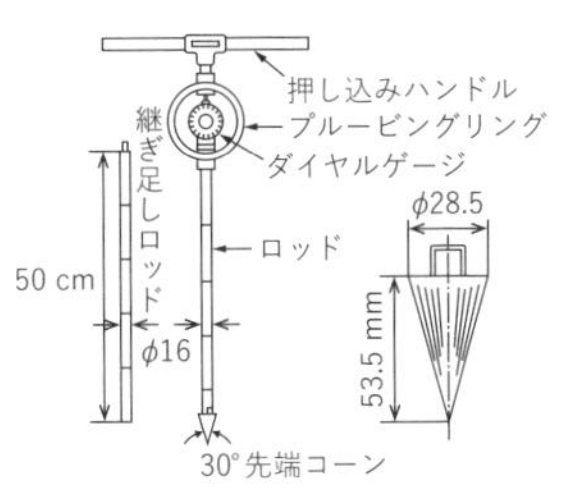

図1·3　ポータブルコーン貫入試験

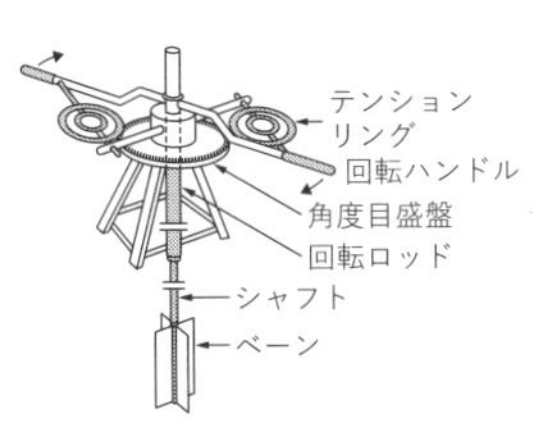

図1·4　ベーン試験

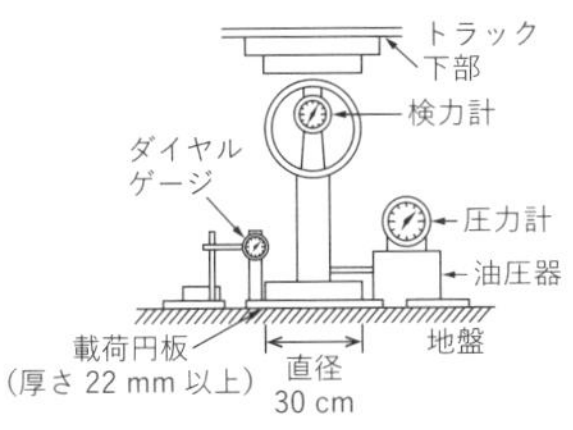

図1·5　平板載荷試験

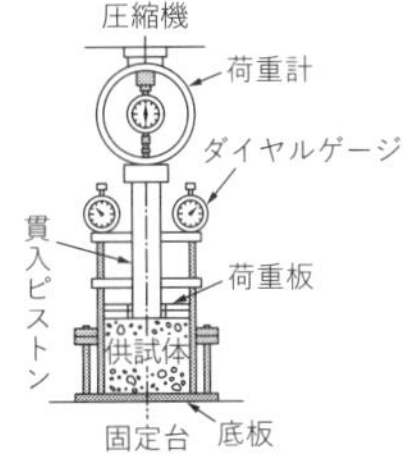

図1·6　CBR試験

理解度の確認

章末演習問題 **問1** にTryしよう！

土質試験

Q2 土質試験には，どのようなものがありますか？

Answer

土質試験は，土の状態や土の物理的性質など，土木構造物の設計や施工を行う上で必要な地盤の力学的性質を，現場で採取した土試料をもとに試験室で調べる試験をいう．代表的な土質試験は表1・3，表1・4に示すとおり．

1. 土質試験

(1)土の物理的性質を求める試験

土の状態を表す要素は，水の含み具合（**含水比**（がんすいひ）），締まり具合（**締固め度**），隙間の量（**間隙比**（かんげき））である．これらを調べる試験は，次のとおり．

①**密度試験**：土の粒度・間隙比・飽和度・空気間隙率等

②**含水比試験**：土の間隙中の水分の量（湿潤密度）

③**粒度試験**：土の分類のための試験，材料としての土の判定

④**コンシステンシー試験**（液性・塑性限界試験）：自然状態の安定性の判断

(2)土の力学的性質を求める試験

①**突固め試験**，**CBR試験**：路盤・盛土の施工法・締固めの特性

②**透水試験**：地盤の透水性

③**圧密試験**：粘土層の沈下量（圧縮性）

④**せん断試験**（一面せん断試験，三軸圧縮試験，一軸圧縮試験）：土の強さ

表1・2　室内せん断試験

	一面せん断試験	三軸圧縮試験	一軸圧縮試験
せん断の方法	σ, s, s, σ	σ_1, σ_3, σ_3, σ_1	$\sigma_1 = q_u$, $\sigma_1 = q_u$
試験方法	試料を上下に分かれたせん断箱に入れ，加圧板を通して垂直圧力σで押さえた状態でせん断する．	円柱形試料に薄いゴム膜をかぶせ，側圧を一定にして試料が圧縮破壊する最大圧縮強さσ_1を測定する．	円柱形試料を，側圧をかけず圧縮していき，最大の圧縮強さq_uを測定する．
特色	あらゆる土質に使える．拘束が大きく，せん断面が限定されている．	あらゆる土質に使える．理論的には最もよいが操作が難しい．	自立できる粘性土だけに用いられる．操作は最も簡単である．

表1・3　土の判別・分類のための試験

試験の名称	試験結果から求められるもの	試験結果の利用
含水比の測定（JIS A 1203） 湿潤密度の測定	含水比　ω 湿潤密度　ρt	土の締固め度の算定
粒度試験（JIS A 1204） ふるい分析 沈降分析	粒径加積曲線 有効径　D_{10} 均等係数　Uc	粒度による土の分類・ 材料としての土の判定
コンシステンシー試験 液性限界の測定（JIS A 1205） 塑性限界の測定（JIS A 1206）	液性限界　ω_L 塑性限界　ω_μ 塑性指数　Ip	塑性図による細粒土の分類・ 自然状態の細粒土の安定性の判定

表1・4　土の力学的性質を求める試験

試験の名称	試験結果から求められるもの	試験結果の利用
せん断試験（JIS A 1216） 直接せん断試験（一面せん断試験） 一軸圧縮試験	せん断抵抗角　ϕ 粘着力　c 一軸圧縮強さ　q_n 鋭敏比　s_t	基礎，斜面，擁壁などの安定の計算 細粒土の地盤の安定計算 細粒土の構造の判定
圧密試験（JIS A 1217）	e-log p曲線 体積圧縮係数　m_v 圧縮指数　Cc 透水係数　k 圧密係数　c_v	粘土層の沈下量の計算 沈下量の判定 間隙比の変化量 粘土の透水係数の実測 粘土層の沈下速度の計算
透水試験（JIS A 1218）	透水係数　k	透水関係の設計計算
締固め試験（JIS A 1210）	含水比-乾燥密度曲線 最大乾燥密度　ρd_{max} 最適含水比　ω_{opt}	路盤および盛土の施工方法の決定・ 施工管理・相対密度の算定
CBR 試験（JIS A 1211）	CBR値（%） 設計CBR，修正CBR	たわみ性舗装厚さの設計

例題　**土質試験結果の活用に関して，適当でないものはどれか．**

(1)　土の含水比試験結果は，土の間隙中の水の質量と土粒子の質量の比で示され，乾燥密度と含水比の関係から盛土の締固めの管理に用いる．

(2)　粒度試験結果は，粒径加積曲線で示され，曲線の立っている土は粒径の範囲が狭く，土の締固めでは締固め特性のよい土と判断する．

(3)　一軸圧縮試験結果は，飽和した粘性土地盤の強度を求め，盛土の安定性の計算に用いる．

(4)　圧密試験結果は，飽和した粘性土地盤の沈下量，沈下時間の推定に用いる．

解　(2)

土の粒度は，粒度試験によって求められる．横軸に対数目盛で粒径を，縦軸に普通目盛で通過質量百分率を取った**粒径加積曲線**（りゅうけいかせき）（Q3参照）で曲線が立っているような土は，粒径が揃っていて粒度分布が悪く，間隙が詰まりにくく，締固め特性が悪い．

理解度の確認

章末演習問題 **問2**，**問3** にTryしよう！

土の構造

Q3 土の構造・状態は，どのように表しますか？

Answer

土の性質は，粗粒土と細粒土では水の含み具合い（含水比）によって大きく性質が異なる．粗粒土は粒度試験（土粒子の粒径別含有割合）によって，細粒土は粒度とコンシステンシー試験によって土を分類する．土の構造・状態は式（1･1）で表す．

1. 土粒子による土の判別・分類

土を判別・分類し，土の概略性質を把握するための試験は，次のとおり．

①**土の粒度試験**：粒度による土の分類

②**土のコンシステンシー試験**：粘性土の含水比による変形の難易

③**単位体積質量試験**：湿潤密度，乾燥密度

④**土の含水比試験**：土中の水分の土粒子に対する質量比

土粒子の大小の分布状態（含有割合）を**粒度**という．土粒子を粒径別によって分類すると，図1･7のとおり．シルト以下の細粒分の含有量が質量で50%以上の土を**細粒土**，砂や礫（レキ）の粗粒分の含有量が50%を超える土を**粗粒土**という．図1･8の**粒径加積曲線**から，土を材料として用いる場合の適否の判断，透水性の推定を行う．

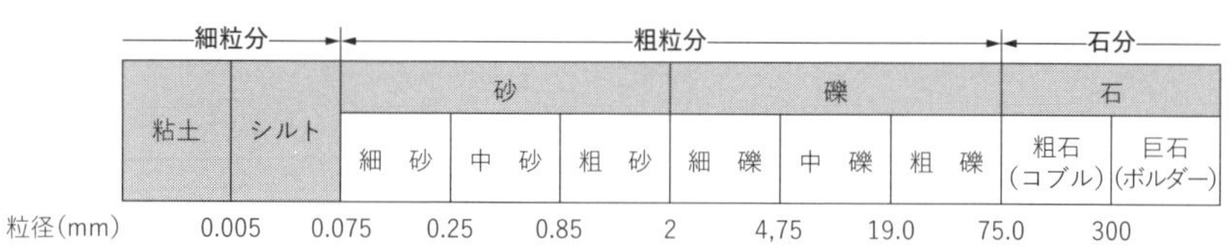

細粒分		粗粒分						石分	
粘土	シルト	砂			礫			石	
		細　砂	中　砂	粗　砂	細　礫	中　礫	粗　礫	粗石（コブル）	巨石（ボルダー）

粒径（mm）　0.005　0.075　0.25　0.85　2　4.75　19.0　75.0　300

図1･7　土粒子の粒径区分とその呼び名

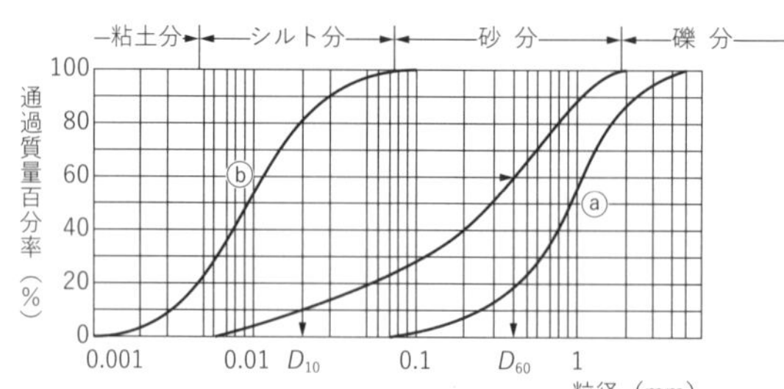

図1･8　粒径加積曲線

2. 土のコンシステンシー

細粒土では，土の間隙中の水の量（含水比）によって，軟らかくなったり，硬くなったりその性質が大きく変わる．**コンシステンシー試験**によりその影響を調べる．

細粒土は，含水比が大きいときは**液状**となり流動性を帯びる．含水比の減少につれ**塑性状態**となり，やがて半固体，固体状態となる．

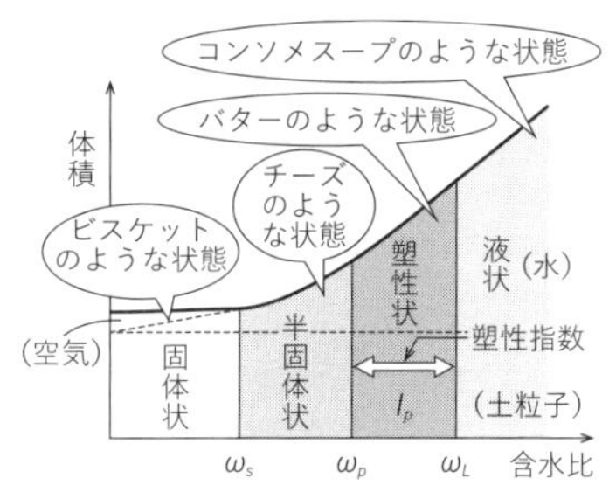

図1·9　土の含水比と体積変化

①**液性限界（ω_L）**：土がその自重で流動するときの最小の含水比，盛土の安定性の判断に用いる．

②**塑性限界（ω_p）**：土が**塑性**を示す最小の含水比，材料土としての適否の判断に用いる．塑性とは**外力を取り除いても変形が残る性質**（⇔弾性）．

③**収縮限界（ω_s）**：体積収縮の完了したときの含水比，土の凍結性の判定．

④**塑性指数（I_p）**：**液性限界と塑性限界の差**（$I_p = \omega_L - \omega_p$）をいう．土が塑性を保つ含水比の範囲で，塑性指数の大きい土ほど粘土分の多い土で，吸水による強度低下が著しい．

3. 土の状態の表し方

土の構成を図1·10のように模型的に表すと，土の状態は，土粒子，水，空気の体積や質量の相互の比率，式（1·1）で表すことができる．

土の状態は，①水の含み具合（含水比），②締まり具合（湿潤密度，乾燥密度），および③隙間（間隙比，飽和度）で表す．

$$\left.\begin{array}{ll}\text{乾燥密度}\ \rho_d = \dfrac{m_s}{V}, & \text{湿潤密度}\ \rho_t = \dfrac{m}{V} \\ \text{含水比}\quad w = \dfrac{m_w}{m_s} \times 100\,(\%), & \text{飽和度}\quad S_r = \dfrac{V_w}{V_v} \times 100\,(\%) \\ \text{間隙比}\quad e = \dfrac{V_v}{V_s}, & \text{空気間隙率}\quad n = \dfrac{V_a}{V} \times 100\,(\%)\end{array}\right\}\cdots\text{式}(1\cdot1)$$

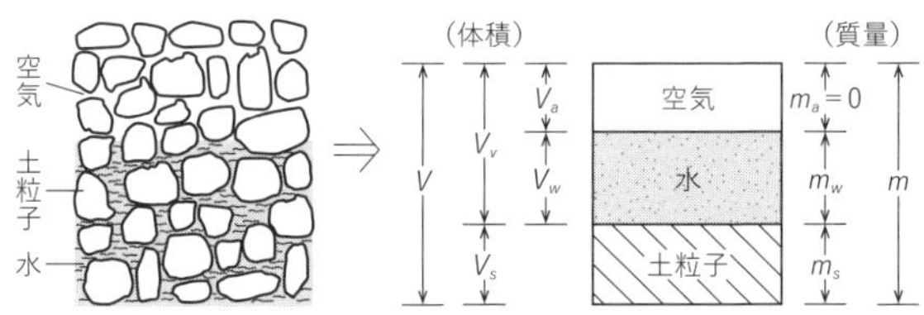

図1·10　土の構成図

理解度の確認

章末演習問題 **問4**，**問5** に Try しよう！

土の締固め規定
Q4 なぜ，土を締め固めることが重要なのですか？

Answer

土の締固めは，機械的な方法で土に力を加えて土中の間隙（空気）を小さくし密度を高めることにより，水の浸入による軟化・膨張を防ぎ，強度を増すとともに，盛土完成後の圧縮沈下および変形を小さくすることを目的とする.

1. 土の締固め試験

土中の間隙には，**空気**と**水**がある．土に外力を加えて間隙中の空気を追い出し，体積を小さくして密度を高めることを**土の締固め**という．間隙中の**空気を追い出す**ことを**締固め**，間隙中の**水を追い出す**ことを**圧密**という．

砂質土では通気性・透水性が高いため，短時間で体積の減少が終了する．一方，間隙が水で満たされた飽和粘性土（$I_p = 25$以上）では透水性が低いので，排水に時間がかかり体積の減少が遅れるなど，土の性質によって大きな違いが出る．

締固め試験は，土をある一定の方法でモールド中に締め固めたときの**含水比**（ω）と**乾燥密度**（ρ_d）の関係を求める土質試験である（図1･11）．含水比を変化させて土を締め固めたとき，含水比ωと乾燥密度ρ_dとの関係をグラフに表した曲線を**締固め曲線**といい，曲線の縦軸の最大値を**最大乾燥密度** $\boldsymbol{\rho_{d\,max}}$，最大乾燥密度となるときの含水比を**最適含水比** $\boldsymbol{\omega_{opt}}$ という（図1･12）．

ゼロ空気間隙曲線は，土の間隙（$V=V_a+V_w$）が「水で満たされた」と仮定した場合（$V=V_w$，$V_a=0$）の土の乾燥密度と含水比との関係を表す．

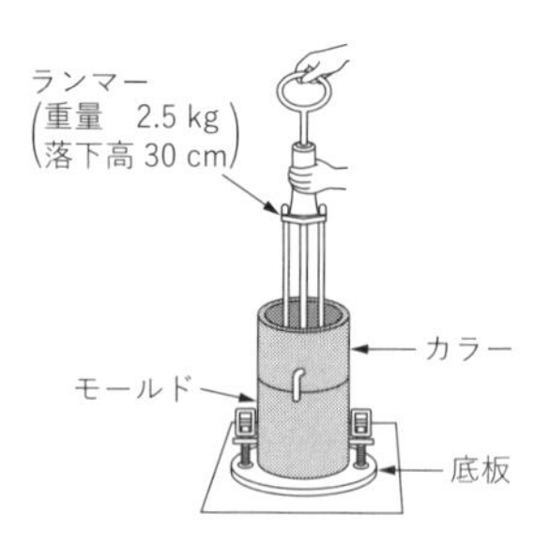

図1･11　締固め試験

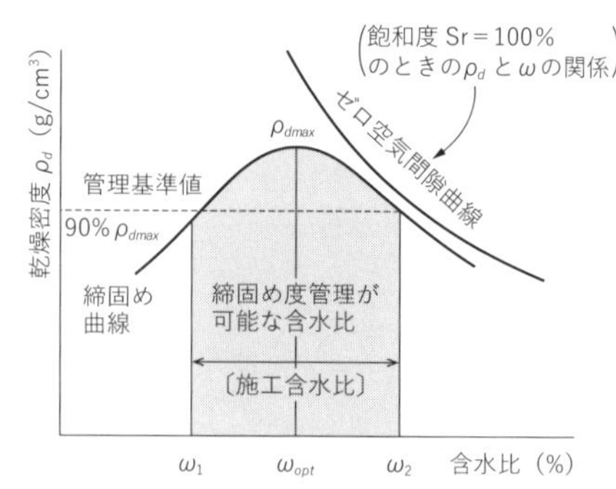

図1･12　締固め曲線

土の締固めの効果は，間隙の減少，密度の増大により次のとおり．

①沈下量が少なくできるので圧縮性が低下する．

②間隙が小さくなり，透水性が減少する．

③土粒子相互のかみ合わせがよくなり，せん断強さ・変形抵抗が増大する．

2. 土の締固め規定（品質規定方式と工法規定方式）

盛土の締固めにあたっては，締固めの程度，締固め時の含水比，巻出し厚さなどの締固めに関する基準（**品質規定**と**工法規定**）が定められる．なお，締固めた土の評価は**CBR試験**（＝土の荷重強さ / 標準荷重強さ × 100）で行う．

⑴品質規定方式

盛土に必要な締固め度，空気間隙率，土の強度などの品質を発注者が仕様書に明示し，締固めの施工法については施工者にゆだねる方式である．

①**乾燥密度規定**（最大乾燥密度・最適含水比規定）

乾燥密度による規定は，最も一般的な方法であり，道路土工では締固め度が路床で**90～95%以上**と規定される．この規定は，**シルト・砂**に適用され，自然含水比が施工含水比の上限を超える粘性土には適用が困難となる．

$$締固め度\ C_d = \frac{現場の締固め後の乾燥密度}{室内締固め試験の最大乾燥密度} \times 100\ (\%) \quad \cdots\cdots 式\ (1 \cdot 2)$$

②**空気間隙率**または**飽和度規定**

締め固めた土の品質を確保する条件として，最大乾燥密度の状態は，**空気間隙率**（$n_a = V_a/V \times 100$）が**10～20%以下**，**飽和度**（$S_r = V_w/V_v \times 100$）が**85～95%以上**の範囲と規定される．乾燥密度による規定が困難な**自然含水比の高い粘性土**に適用される．

③**強度特性規定**（土の強度，変形特性規定）

締め固めた**盛土**（もりど）**の強度**や**変形特性**を貫入抵抗，現場CBR値（標準荷重強さに対する締固めた土の強さの割合），平板載荷試験による支持力（地盤係数），プルーフローリングによるたわみなどによって規定する方法．この規定は，管理および計算が簡単であり，水の浸入による軟化・膨張・強度低下などの起こりにくい**安定した盛土材料**，**岩・玉石・砂**等に適する．

⑵工法規定方式

盛土の締固めにあたり，使用する機械の機種・締固め回数などの工法を仕様書に規定する方式．盛土材料の土質および含水比があまり変化しない**礫**（れき）**・岩塊**等に適用され，経験の浅い施工者に対してはこの方式が適当である．

①締固め機種・回数の規定

②巻出し厚さ等の施工方法の規定

理解度の確認

章末演習問題 **問6** にTryしよう！

土量変化率（運搬・分配計画）
Q5 なぜ,土量は変化するのですか？

Answer

土を掘削・運搬して盛土にする場合，土が地山にある状態とそれをほぐした状態あるいは締め固めた状態では，体積が変化する．よって土工計画では，この土量の変化を考慮した土量の運搬・配分計画が必要となる．

1. 土量に変化

地山を切り崩し，再びこれを締め固めた場合には土量に変化が生じる．**地山土量**を基準にして**土量変化率**を，**ほぐし率*L***，**締固め率*C***で表す．変化率*L*は土の**運搬計画を立てる**ときに，変化率*C*は土の**配分計画を立てる**ときに必要となる．土工工事において，どの切土を盛土に流用するか，どの切土を捨てるか，盛土に必要な土はどこの土取場から運搬するかなどを，**土積図（マスカーブ）**(注)を用いて決定する．土の配分計画が定まると，**運搬距離**が明確になる．

$$\left.\begin{aligned} \text{ほぐし率}L &= \frac{\text{ほぐした土量}}{\text{地山土量}} \\ \text{締固め率}C &= \frac{\text{締固め後の土量}}{\text{地山土量}} \end{aligned}\right\} \cdots\cdots \text{式}(1\cdot3)$$

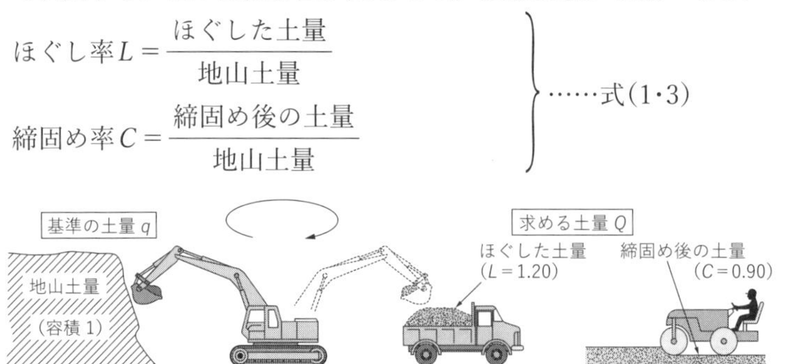

図1･13　土量の変化率

①**ほぐした土量**（**運搬土量**）は，必ず地山土量よりも多くなる（図1･13）．
②**締固め後の土量**（**盛土量**）は，地山土量よりも少なくなる．
③**土量の変化率*L*，*C***は，土質によって異なる（表1･5）．

表1･5　土の変化率

名称		ほぐし率 L	締固め率 C
岩または石	硬岩 中硬岩	1.65～2.00 1.50～1.70	1.30～1.50 1.20～1.40
礫混じり土	礫 礫質土	1.10～1.20 1.10～1.30	0.85～1.05 0.85～1.00

名称		ほぐし率 L	締固め率 C
砂	砂 塊・玉石混じり砂	1.10～1.20 1.15～1.20	0.85～0.95 0.90～1.00
普通土	砂質土	1.20～1.30	0.85～0.95
粘性土など	粘性土	1.20～1.45	0.85～0.95

（注）**土積図**（マスカーブ）は，各測点の横断図面から切土・盛土断面積を求め，断面間の距離を掛けて求めた切盛土量（土量計算書）を各測点ごとに累加土量を表したものである.

2. 土量の変化の計算

例題　土量の変化率 $L = 1.25$，$C = 0.90$ のとき，砂質土を用いて1000㎥の盛土を施工する場合に必要なほぐした土量はいくらか.

解

1000㎥の盛土に必要な地山土量は，式(1·3)より，

$$地山土量Q = \frac{締固め後の土量q}{C} = \frac{1}{0.9} \times 1000 = 1111\text{㎥}$$

$$\therefore \quad ほぐした土量Q = L \times 地山土量q = 1.25 \times 1111 \fallingdotseq \underline{1,390\text{㎥}}$$

求める土量 Q と基準の土量 q が異なる場合，表1·6の**土量換算係数 f** を用いる.

求める土量 Q ＝土量換算係数 f ×基準の土量 q　…………………式（1·4）

$$\therefore \quad Q = f \times q = \frac{L}{C} \times q = \frac{1.25}{0.9} \times 1000 \fallingdotseq \underline{1.390\text{㎥}}$$

表1·6　土量換算係数 f の値

求める土量（Q）／基準の土量（q）	地山の土量	ほぐした土量	締固め後の土量
地山の土量	1	L	C
ほぐした土量	$1/L$	1	C/L
締固め後の土量	$1/C$	L/C	1

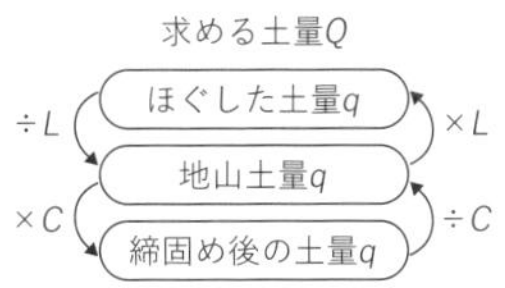

例題　土量の変化率に関して，誤っているものはどれか.
ただし，$L = 1.201$，$C = 0.90$ とする.

(1)　締固め後の土量100㎥に必要な地山土量は，111㎥である.
(2)　100㎥の地山土量の運搬土量は，120㎥である.
(3)　ほぐした土量100㎥を盛土した後，締固め後の土量は75㎥である.
(4)　100㎥の地山土量を運搬し盛土した後，締固め後の土量は83㎥である.

解　(4)

求める土量 Q	(1)	(2)	(3)	(4)
ほぐした土量 q（地山土量から ×L，ほぐした土量から地山土量へ ÷L）		$Q=L \times 100$ $=120\text{m}^3$	$q=100\text{m}^3$	
地山土量 q（締固め後の土量から地山土量へ ÷C，地山土量から ×C）	$Q=1/C \times 100$ $=111\text{m}^3$	$q=100\text{m}^3$	$q=1/L \times 100\text{m}^3$	$q=100\text{m}^3$
締固め後の土量 q	$q=100\text{m}^3$		$Q=C/L \times 100$ $=75\text{m}^3$	$Q=C \times 100$ $=90\text{m}^3$

理解度の確認

章末演習問題 **問7**，**問8** にTryしよう！

盛土の施工

Q6 盛土作業は，どのようにするのですか？

Answer

盛土の施工にあたっては，設計の要求性能を確保するため，基礎地盤の支持力不足および施工不良による盛土の沈下や破壊に留意し，表土処理・伐開除根等の盛土基礎地盤の処理を行うなど，安定した盛土を構築する．

1. 盛土の基礎地盤処理

盛土に先立ち，盛土と基礎地盤のなじみをよくし，初期の盛土作業の円滑化，地盤の安定・支持力の増加，草木の腐食による沈下防止等を目的として，**基礎地盤の処理**を行う．

盛土基礎地盤として問題になるのは，**軟弱地盤**（N値＜4，コーン指数q＜400kN/m²，一軸圧縮強さq_u<50kN/m²）と**地すべり**である．基礎地盤の強度，地層の状況，傾斜，せん断抵抗，湧水の状態等の調査を行う．

盛土は，均質で一様な品質が要求される．基礎地盤の極端な凹凸や段差をなくし，盛土の安定性の向上を図る．原地盤と盛土とのなじみをよくするために不良土の除去等の**表土処理**を行う．切株，腐植物，有機質土は，腐食による圧縮性が大きいので，レーキドーザなどで**伐開除根**（ばっかいじょこん）を行う．

原地盤が傾斜している場合（勾配が1：4以上）は，地すべり対策として階段状に掘削する**段切り**（だんぎ）を行い，盛土を原地盤にくい込ませて滑動を防ぐ．盛土施工中の雨水対策として，横断勾配を付け，トレンチ（排水溝）を掘り，排水を良好にする．

地表面が軟弱な場合の**表層処理工法**として，排水・敷設材等により表面強度を増し，盛土荷重等を均等に地盤に分布させ，せん断変形を抑制する．

表1・7　表層処理工法

表層処理工法	工法の説明
サンドマット工法	軟弱地盤上に厚さ0.5～1.2m程度の敷砂を施工する工法で，軟弱層の圧密のための上部排水層の役割，盛土内の地下排水層の役割，施工機械のトラフィカビリティー（走行性）の向上を目的とする．
敷設材工法	基礎地盤の表面に化学製品の布や網（ジオテキスタイル）を敷設し，盛土荷重を均等に支持して地盤の局部的沈下や側方変位を減らし，地盤の支持力の向上を図る．
表層混合処理工法	軟弱な表層粘性土に石灰やセメントなどを混入し，地盤の支持力の向上を図る．
表層排水工法	盛土施工前の地盤面にトレンチを掘削して地表水を排水し，地盤表部の含水比を低下させ，施工機械のトラフィカビリティーの確保や支持力の向上を図る．

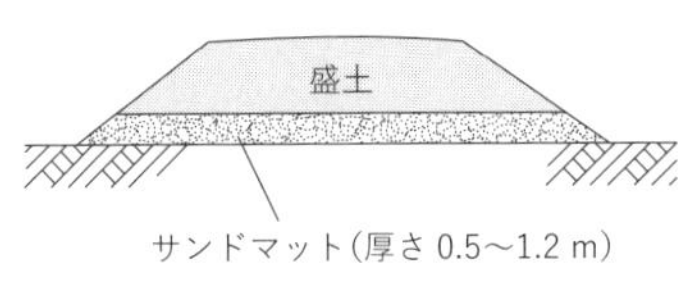

(a) サンドマット工法

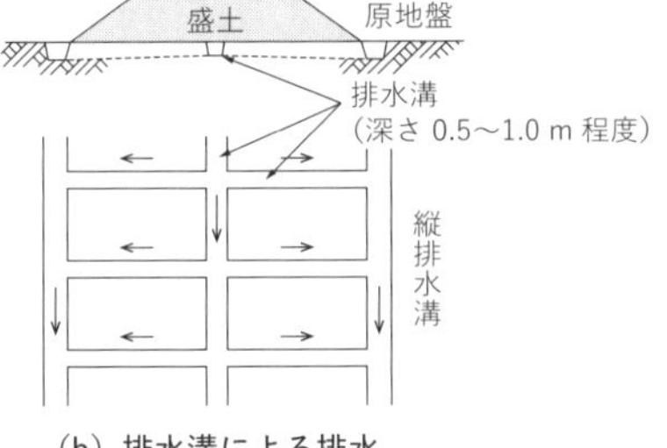

(b) 排水溝による排水

図1·14　表層処理工法

2. 盛土材料

盛土材料として望ましいものは，次のとおり．

①締め固められた土のせん断強さが大きく，圧縮性が小さい材料

②吸水による膨潤性が低く，所定の締固めが行いやすい材料

③施工機械のトラフィカビリティー（走行性）が確保できる材料

3. 盛土締固め作業の留意点

盛土材料の締固めに際しては，最適含水比付近で締固めができるように現場の状況や土質に応じた締固め機械を使用し，所要の強度（品質）を確保するよう入念に施工する．締固め不足の原因となる高まきを防止するとともに，**路床**（舗装の下部，厚さ1mの部分，盛土・切土仕上り面下1m以内の部分）では**一層の敷均し厚さ25～30cm以下**，**仕上り厚さ20cm以下**とし，**路体**（路床の下部，盛土・切土の仕上り面下1m以下の部分）では**一層の敷均し厚さ35～45cm以下**，**締固め仕上り厚さ30cm以下**とする．

軟弱地盤上の盛土では，あらかじめ沈下量を予測し**法面の勾配を急に**しておく．土工完了後も沈下が起こる恐れのある場合には，その分だけ**盛土天端を高く**して，**法面を急勾配に**仕上げる．

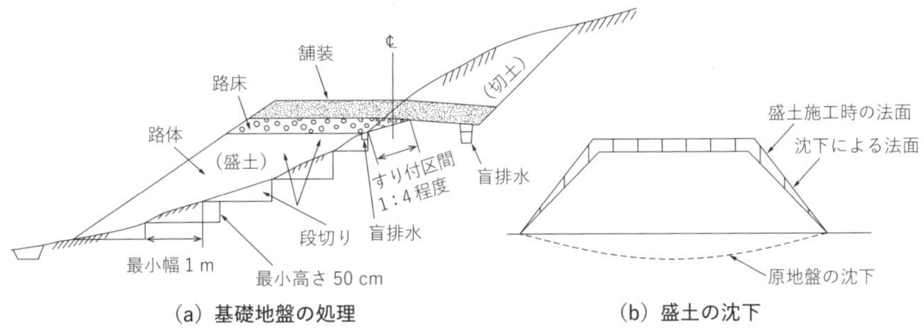

(a) 基礎地盤の処理　　(b) 盛土の沈下

図1·15　盛土の施工

理解度の確認

章末演習問題 **問9**，**問10** にTryしよう！

法面保護工の目的・特徴

Q7 なぜ,法面を保護するのですか?

Answer

法面保護工は，雨水や湧水による法面の侵食を保護し，盛土の安定を図るもので，植生または構造物によるものがある．法面の長期安定性，環境適合性，経済性，施工性を考慮して表1･8の法面緑化工，構造物工はどの工種を決める．

1. 法面保護工の選定・構造

法面・斜面で発生する**土砂災害**は，法面・斜面の崩壊，落石，地すべり，土石流等である．法面の侵食や風化を防止する**法面保護**は，次のとおり．

①**法面保護工の選定**：法面が安定勾配より緩やかな場合は，侵食や表層崩落の防止を目的として**植生工**とし，安定勾配に近い場合には安定性の高い保護（**法枠工**等）を，急な法面勾配の場合は，土圧やすべり土塊の滑動力に対抗できる**杭工**，**アンカー工**等の**構造物工**を選定する．

②**小段**（こだん）：法高が7～10m以上になる場合や土質・岩質が変化する場合には，その境界に**小段**を設ける．小段の幅は1～2mとし，法面下側に向けて5～10%の**横断排水勾配**を付ける．切土法面の法肩付近は**ラウンディング**を行う．

③**法面排水工**：**排水施設**は，降雨や地下水を速やかに盛土外に排出し，**盛土の弱体化を防止**する．表面水の流下による法面の侵食・表層崩壊防止および浸透水・地下水によるすべり破壊の防止のため**法面排水工**を施工する．

法面表面水の排水には，**法肩・法尻排水溝**や**小段排水溝**，**縦排水溝**を設ける．浸透水や湧水の排水は，盛土法面に**排水層**や**水平排水溝**を設け，法尻部を透水性のよい材料に置き換え，補強と排水により表層崩壊防止を図る．

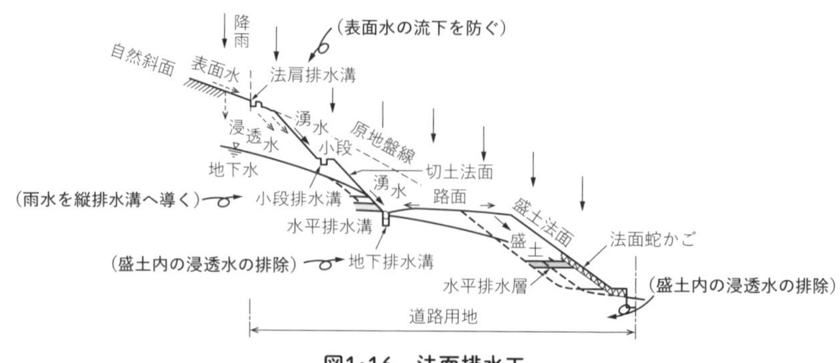

図1･16　法面排水工

2. 法面緑化工および構造物工

植生工（**法面緑化工**）は，**播種**（はしゅ）**工**と**植栽工**（芝，樹木）に分けられ，法面に植物を繁茂させることにより，法面の侵食，表層すべりを防止する．植生工では，土壌が植生に適すること，**適当な法勾配**（**安定勾配**）とすることが必要で，また水分と養分の補給が施工条件となる．

構造物工は，法面の風化や侵食，表層崩壊の防止を目的とし，安定勾配より急な場合には，構造物による法面保護工（構造物工）とする．崩壊・落石・凍上から法面を保護し被覆する**コンクリート**（モルタル）**吹付工**や**石張工**・**ブロック張工**などがある．一般に，これらは土圧に対する抵抗力をもたないが，擁壁工，杭工，アンカー工などは土圧に対する抵抗力をもつ．

表1·8　主な法面保護工の工種と目的

分類			工種	目的・特徴
法面緑化工	植生工	播種工	種子散布工	侵食防止，凍土崩落抑制，植生による早期全面被覆
			植生基材吹付工	
			植生シート工	
			植生マット工	
			植生筋工	植生を筋状に成立させることによる侵食防止，植物の侵入・定着の促進，盛土法面でのみ用いる
			植生土のう工	植生基盤の設置による植物の早期生育，厚い生育基盤の長期安定確保
			植生基材注入工	
		植栽工	張芝工	芝の全面張付けによる侵食防止，凍上崩落抑制，植生による早期全面被覆
			筋芝工	芝の筋状張付けによる侵食防止，植生の侵入・定着の促進 盛土法面でのみ用いる
			樹木植栽工	樹木の生育による良好な景観の形成
構造物工			編柵工	法面表層部の侵食や湧水による土砂流出の抑制
			補強土工	すべり土塊の滑動力に抵抗
			蛇かご工	法面表層部の侵食や湧水による土砂流出の抑制
			プレキャスト枠工	中詰が土砂やぐり石の空詰めの場合は侵食防止
			石張工 ブロック張工	風化，侵食，表面水の侵食防止
			コンクリート張工 吹付枠工 現場打ちコンクリート枠工	法面表層部の崩落防止，多少の土圧を受ける恐れのある箇所の土留め
			石積，ブロック積擁壁工 ふとんかご工 コンクリート擁壁工	ある程度の土圧に抵抗
			グラウンドアンカー工 杭工	すべり土塊の滑動力に抵抗

理解度の確認

章末演習問題 **問11** にTryしよう！

土工機械と土工作業

Q8 土工作業に適した建設機械は，どれですか？

Answer

土工機械は，作業の安全性，作業効率の向上，環境保全の見地から，工事着手前に現場の地形・地質，水文・気象等の自然条件を十分に調査・把握し，作業条件や作業の種類，工事の規模，工期など考慮して，適切なものを選定する（表1･9）．

1. 土工機械の選定（作業種別・コーン指数・運搬距離）

建設（土工）機械は，現場の土質条件によって作業効率･走行性（**トラフィカビリティー**）が大きく変わる．トラフィカビリティーは，**ポータブルコーン貫入試験**等によるコーン指数（貫入抵抗値）で判断する（表1･10，図1･17）．

土工機械の**経済的な運搬距離**は，表1･11に示すとおり．

表1･9　建設機械の作業種別と適応機種

作業の種類	建設機械の種類
伐開除根	ブルドーザ，レーキドーザ，バックホウ
掘削	ショベル系掘削機（バックホウ，ドラグライン，クラムシェル），トラクタショベル，ブルドーザ，リッパ，ブレーカー
積込み	ショベル系掘削機，トラクタショベル
掘削，積込み	ショベル系掘削機，トラクタショベル
掘削，運搬	ブルドーザ，スクレープドーザ，スクレーパ
運搬	ブルドーザ，ダンプトラック，ベルトコンベヤ
敷均し，整地	ブルドーザ，モータグレーダ，タイヤドーザ
含水量調節	プラウ，ハロウ，モータグレーダ，散水車
締固め	タイヤローラ，タンピングローラ，振動ローラ，ロードローラ，振動コンパクタ，タンパ，ブルドーザ
砂利道補修	モータグレーダ
溝掘り	トレンチャ，バックホウ
法面仕上げ	バックホウ，モータグレーダ
削岩	レッグドリル，ドリフタ，ブレーカー，クローラドリル

表1･10　建設機械の走行に必要なコーン指数(kN/m^2)

建設機械の種類	コーン指数 q_c	建設機械の接地圧 q_u
超湿地ブルドーザ	200以上	15～23
湿地ブルドーザ	300以上	22～43
普通ブルドーザ（15t級程度）	500以上	50～60
普通ブルドーザ（21t級程度）	700以上	60～100
スクレープドーザ	600以上	41～56
被けん引式スクレーパ（小型）	700以上	130～140
自走式スクレーパ（小型）	1000以上	400～450
ダンプトラック（6～7.5t）	1200以上	350～550

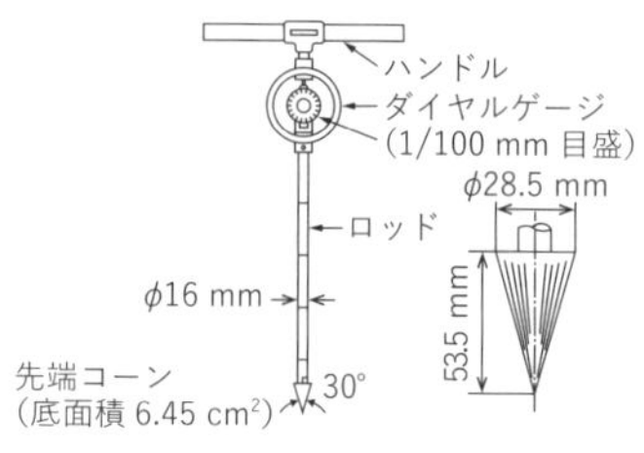

図1･17　ポータブルコーン貫入試験

表1・11　土工機械と運搬距離

区分	距離（m）	建設機械の種類
短距離	60m以下	ブルドーザ
中距離	40～250m	スクレープドーザ
	60～400m	被牽引式スクレーパ
長距離	200～1200m	モータスクレーパ
	100m以上	ショベル系掘削機 トラクタショベル ｝+ダンプトラック

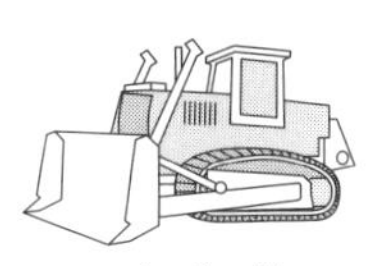
ブルドーザ

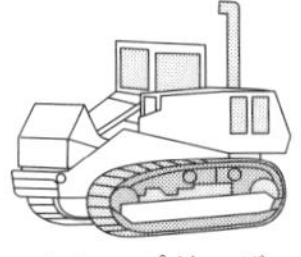
スクレープドーザ

被牽引式スクレーパ

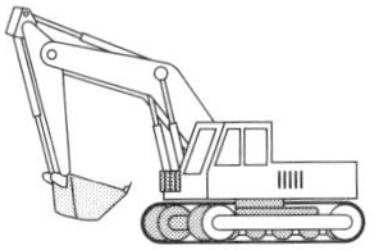
ショベル系掘削機

2. 締固め機械と土質条件（表1・12）

①**ロードローラ**：鉄輪の自重で締め固める．マカダムローラ，タンデムローラ．

②**タイヤローラ**：3～8本の空気入りゴムタイヤの**内圧**とバラスト（自重調節）により**静的圧力**（輪荷重）を変化させて，高含水比の粘性土など特殊な土を除く**広範囲の土質の締固め**に用いられる．

③**振動ローラ**：起振機によって鉄輪に振動を与え，その**振動力**によって土粒子間の摩擦抵抗を減らし，振動と自重によって締固めを行う．

④**タンピングローラ**：**衝撃力**により締め固めるため，他のローラに比べて締固め効果が大きい．粘着力の大きい風化岩，大きな抵抗を示す土丹（どたん）（シルト岩，泥岩，N値50～120），礫混じり粘性土など，細粒分は多いが**鋭敏性**（自然状態の粘性土が乱されると，せん断強さが低下する性質）**の低い土**に適している．

⑤**振動コンパクタ**：高速回転の偏心軸によって**遠心力を発生させる振動機**を振動板に取り付けた構造のハンドガイド（手持ち）式で，**法肩**や**狭い箇所**等，他の締固め機械が使用できない箇所に用いられる．

表1・12　土質と締固め機械

締固め機械	土質との関係
①ロードローラ	路床，路盤の締固めや盛土の仕上げに用いられる 粒度調整材料，切込砂利，礫混り砂などに適している
②タイヤローラ	砂質土，礫混じり砂，山砂利，まさ土など細粒分を適度に含んだ締固め容易な土に最適．その他，含水比が高い粘性土などの特殊な土を除く普通土に適している
③振動ローラ	岩砕，切込砂利，砂質土などに最適．法面の締固めにも用いる
④タンピングローラ	風化岩，土丹，礫混じり粘性土など細粒分は多いが鋭敏性の低い土に適している
⑤振動コンパクタ タンパなど	鋭敏な粘性土などを除くほとんどの土に適用できる 他の機械が使用できない狭い場所や法肩などに用いる

理解度の確認

章末演習問題 問12 にTryしよう！

車両系建設機械

Q9 整地・掘削作業は，どのようにするのですか？

Answer

整地・運搬・積込み・掘削等に用いられる車両系建設機械は，大別するとトラクター系とショベル系に分けられる．ブルドーザは，土砂の掘削・押土および60m以下の短距離の運搬作業に適し，整地・伐開除根・除雪に使用されるトラクタ系掘削機である．

1. トラクタ系／ショベル系掘削機(くっさくき)

車両系建設機械とは，動力により不特定の場所に自走できる建設機械をいう．**トラクタ系掘削機**はバケット等の作業装置が旋回しない掘削機で，整地・運搬・積込み作業に用いられ，アタッチメントを取り替えることで用途変更を可能にする（表1・13，図1・18）．

表1・13　トラクタ系掘削機械

名称	規格または能力	用途	特徴
ブルドーザ	2～47t（全装備質量）	伐開除根，削土，整地，埋戻し	用途が広い，万能性，堅ろう
タイヤドーザ	18t前後（〃）	削土，積込み，埋戻し	機動性がよい．タイヤ式
湿地ブルドーザ	8～15t（〃）	粘性土，湿潤地	履帯幅を広くして接地圧を低下
トラクタショベル	0.3～1.8m³（山積容量）	掘削，積込み	用途が広い，万能性，タイヤ式と履帯式

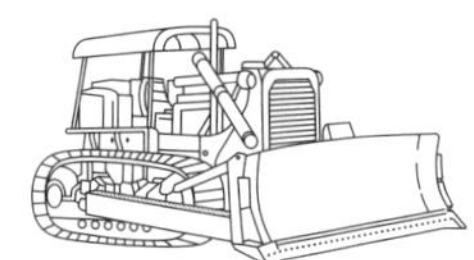

(a) ブルドーザ（ストレートドーザ）

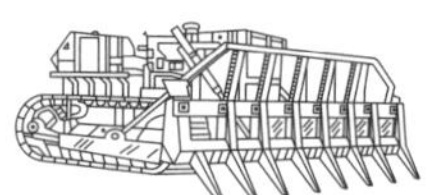

(b) ブルドーザ（レーキドーザ）

(c) ブルドーザ（リッパドーザ）

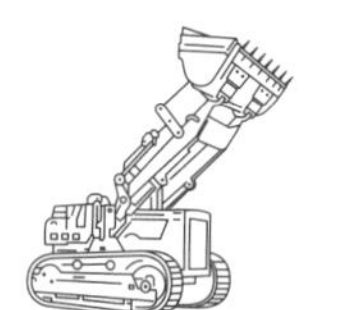

(d) トラクタショベル

図1・18　トラクタ系建設機械

ショベル系掘削機は掘削専用の建設機械で，走行装置の台車上に360°旋回できる旋回体を設け，ブーム先端にアタッチメントを取り付けた掘削機械をいう．アタッチメントを交換することによって，掘削場所や各種土質に適応させることができ，その作業能力は**バケット容量**で表す．ショベル系掘削機のバケット容量は山積容量（㎥）で，クラムシェルは平積容量（㎥）で表示する．

パワーショベルはバケットを上向きに取り付け，爪付きのバケットを上下に動かして掘削する方式で，機械の設置位置より高い所を削り取る（表1·14）．**バックホウ**はバケットを下向きに取り付け，バケットを車体に引き寄せて掘削する方式で，機械の設置位置より低い所の掘削に適す（図1·19）．

表1·14　ショベル系掘削機

名称	規格・能力（バケット容量）	用途	特徴
パワーショベル	0.8～4m³	掘削，積込み	地盤より高い掘削，履帯式とタイヤ式
バックホウ	0.3～4.6m³	基礎掘削，溝掘り	地盤より低い掘削，あらゆる土質に向く，正確な施工可能
ドラグライン	0.3～2.0m³	基礎掘削，水中掘削	掘削範囲が広い
クラムシェル	0.3～2.0m³	基礎掘削，水中掘削	正確な掘削可能

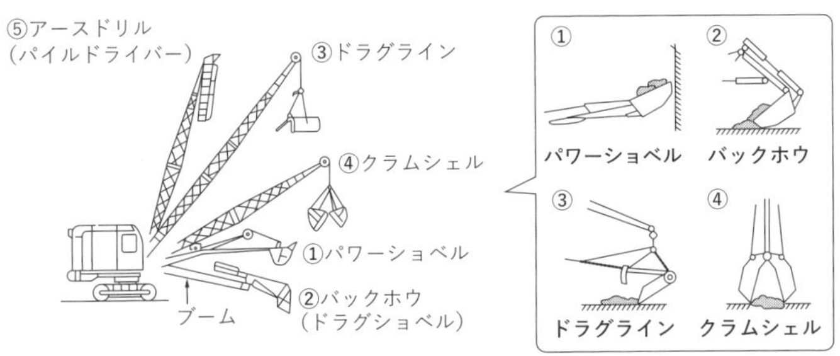

図1·19　ショベル系掘削機（フロントアタッチメント）

2. 土工作業と建設機械の組合せ

土工作業では，「掘削から運搬，締固めまで」の作業を一連の土工機械を組み合せて行う．作業能力は，**組合せ機械**の中で**最小の能力**によって決まる（表1·15）．

ショベル系掘削機械の1作業サイクル当たりの**標準作業量**は，**ほぐした土量**であり，地山土量に換算すると，**地山土量＝（1/*L*）×ほぐした土量**により，**土量換算係数*f*＝1/*L***となる（表1·6参照）．

表1·15　土工作業と建設機械の組合せ

作業の種類	組合せ建設機械
伐開除根・積込み・運搬	ブルドーザ＋トラクタショベル（バックホウ）＋ダンプトラック
掘削・積込み・運搬	集積（補助）ブルドーザ＋積込み機械＋ダンプトラック
敷均し，締固め	敷均し機械（モータグレーダ等）＋締固め機械
掘削積込み・運搬・散土	スクレーパ＋プッシュドーザ（後押し用ドーザ）

敷均し機械

後押し用ドーザ

理解度の確認

章末演習問題 **問13** にTryしよう！

軟弱地盤対策工

Q10 なぜ,軟弱地盤対策が必要なのですか?

Answer

含水比が極めて大きい粘性土および緩い砂地盤（N値5以下）に対しては，強度・せん断抵抗を増し，盛土の安定性を長期的に高めるため，沈下対策，安定対策，地震時対策を目的として軟弱地盤対策工を施工する．

1. 軟弱地盤対策工の目的

軟弱地盤対策工は，沈下の促進・抑制，安定の確保，周辺地盤の変形の抑制，液状化による被害の抑制およびトラフィカビリティーの確保に区分される．対策工の効果と工法は表1･16に示すとおり．

表1･16　軟弱地盤対策工の目的別工法

対策工の目的	対策工の効果		対策工法
沈下対策	圧密沈下の促進	地盤の沈下を促進して，有害な残留沈下量を少なくする	盛土載荷工法 サンドドレーン工法
	全沈下量の減少	地盤の沈下そのものを少なくする	軽量盛土工法 深層混合処理工法
安定対策（側方流動）	せん断変形の抑制	盛土によって周辺の地盤が膨れ上がったり，側方移動することを抑制する	表層混合処理工法 サンドマット工法 矢板工法
	強度低下の抑制	地盤の強度が盛土などの荷重によって低下することを抑制し，安定を図る	段階載荷工法 軽量盛土工法
	強度増加の促進	地盤の強度を増加させることによって，安定を図る	盛土載荷工法 サンドドレーン工法
	すべり抵抗の増加	盛土形状を変えたり地盤の一部を置き換えることによって，すべり抵抗を増加し安定を図る	押え盛土工法 盛土補強工法 深層混合処理工法 矢板工法
地震時対策（すべり破壊）	液状化の防止	液状化を防ぎ，地震時の安定を図る	振動締固め工法 サンドコンパクションパイル工法

2. バーチカルドレーン工法（含水比の高い粘性地盤）

軟弱層が厚く排水量が少ない場合，圧密沈下に長期間を要する．沈下対策として，圧密を促進させるためバーチカルドレーン工法を適用する．

バーチカルドレーン工法は，粘性土地盤中に人工的に砂柱等の**排水溝（ドレーン）を造成**し，それを排水路として**圧密を促進させる**工法で，**サンドドレーン工法**および**ペーパードレーン工法**に分類される．排水溝にカードボードを使

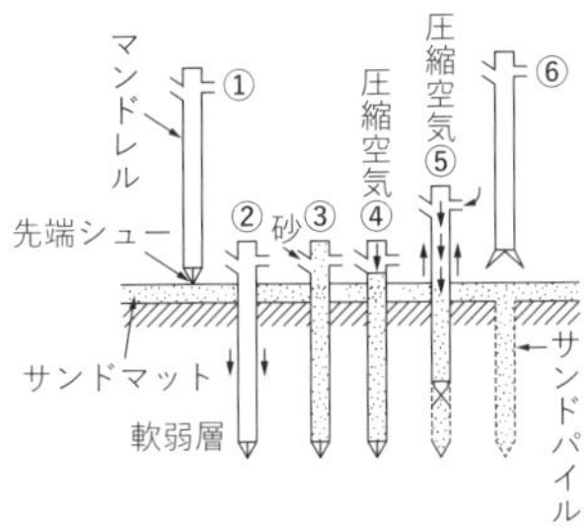

①マンドレル（鋼管）の先端シューを閉じ，所定位置に設置
②振動によりマンドレルを打込む
③砂を投入（バケットによる）
④,⑤砂投入口を閉じ，圧縮空気を送りながら
⑥マンドレルを引き抜く

図1·20　サンドドレーン工法

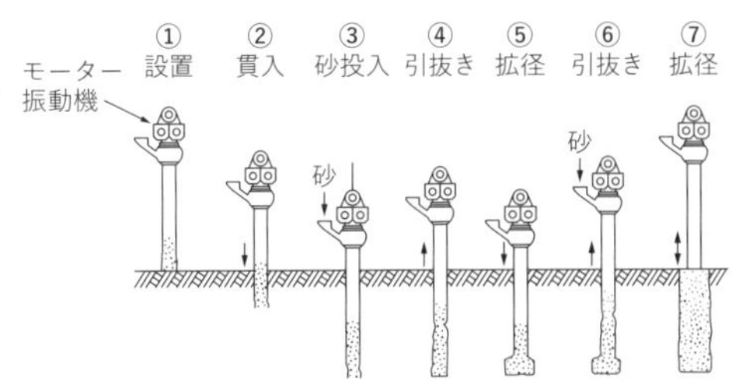

①先端に砂栓を詰める
②パイプ頭部の振動によってパイプを地中に挿入する
③砂を投入し，振動させながらパイプを上下させて砂栓を抜く
④⑤⑥振動させながらパイプを上下させ，砂を地中に圧入する
⑦パイプを引き抜き，締め固めた砂柱をつくる

図1·21　サンドコンパクションパイル工法

用するペーパードレーン工法は，砂を使用するサンドドレーン工法に比べて施工速度が早く，工費も安い（図1·20）.

なお，軟弱地盤の表面に表層処理工法として用いられるサンドマット工法（厚さ0.5～1.2mの敷き砂）は，圧密沈下の荷重および上部排水層の役割を果たす.

3. 振動締固め工法（緩い砂質地盤対策）

サンドコンパクションパイル工法（図1·21）は，振動または衝撃荷重によって砂を軟弱層内に打ち込み，軟弱層の密度を高める工法である．砂杭を地盤内に形成しその支持力により安定性を増すため，特に緩い砂地盤に有効である.

バイブロフローテーション工法は，棒状の振動機を緩い砂地盤中で振動させながら水を噴射し，水締めと振動により地盤を締固め，同時に生じた空隙に砂利などを補給して地盤を改良する工法である.

地震時に地下水が地上に吹き出し，支持力が低下する**液状化防止対策**として，**間隙水圧消散工法**は，砂質地盤中に透水性の高い砕石柱（**グラベルドレーン**）を設け，過剰間隙水圧を消散させる工法である.

4. 固結工法，置換工法，押え盛土工法

固結工法は，石灰やセメントなどの土質改良用安定剤を地盤に加え，その化学作用によって地盤の強度を高める工法で，**表層混合処理工法**，**深層混合処理工法**，**石灰パイル工法**，**薬液注入工法**等がある.

置換工法は，軟弱層の一部または全部を除去し，良質材を用いて締め固め，せん断抵抗を増大させる工法である.

押え盛土工法は，盛土のすべり破壊に対して所要の安全率が得られない場合，盛土本体の側方部を押えて盛土の安定を図る工法である.

理解度の確認

章末演習問題 **問14** にTryしよう！

軟弱地盤対策工法の効果
Q11 どのような軟弱地盤対策工が有効ですか?

Answer

軟弱地盤は，土工構造物の基礎地盤として十分な支持力を有しない．軟弱地盤の改良は，圧密・排水，締固め，固結，掘削置換等により行う．対策工法の原理・効果，施工方法，周辺環境に及ぼす影響，経済性を総合的に検討し，適切な対策工を選定する．

1. 軟弱地盤対策工法

軟弱地盤対策工の適用にあたっては，軟弱地盤対策を必要とする理由や目的を十分に踏まえた上で，適切な対策工法を選定する（表1･17）．

表1･17　軟弱地盤対策工法

工法		工法の説明	工法の効果
表層処理工法	①敷設材工法 ②表層混合処理工法 ③表層排水工法 ④サンドマット工法	①基礎地盤の表面にジオテキスタイル，鉄鋼，そだなどを敷き拡げた工法 ②基礎地盤の表面を石灰やセメントで処理した場合 ③排水溝を設けて改良した場合 ④盛土工の機械施工を容易にする．サンドマットはバーチカルドレーン工法などと併用される	**せん断変形の抑制** 強度低下の抑制 強度増加促進 すべり抵抗の付与
緩速載荷工法	①漸増載荷工法 ②段階載荷工法	盛土の施工に時間をかけてゆっくり立ち上げる．圧密による強度増加が期待でき，短時間に盛土した場合には安定が保たれない場合でも安全に盛土できる． ①盛土の立上りを漸増していく場合 ②一時盛土を休止して地盤の強度が増加してから，また立ち上げる場合	**強度低下の抑制** せん断変形の抑制
押え盛土工法	①押え盛土工法 ②緩斜面工法	①盛土の側方に押え盛土をする ②法面勾配を緩くしてモーメントを増加させ，盛土のすべり破壊を防止する	**すべり抵抗の増加** せん断変形の抑制
置換工法	①掘削置換工法 ②強制置換工法	軟弱層の一部または全部を除去し，良質材に置換する．せん断抵抗が付与され，安全率が増加する． ①掘削して置き換える場合 ②盛土の重さで押し出して置き換える場合	**すべり抵抗の増加** 全沈下量減少 せん断変形の抑制 液状化の防止
盛土補強工法	盛土補強工法	盛土中に鋼製ネット，帯鋼，ジオテキスタイル等を設置し，地盤の側方流動，すべり破壊を抑止．	**すべり抵抗の増加** せん断変形の抑制
荷重軽減工法	軽量盛土工法	盛土本体の重量を軽減し，原地盤へ与える盛土の影響を少なくする工法で，盛土材として，発泡材，軽石，スラブなどを使用する．	**全沈下量減少** 強度低下の抑制

載荷重工法（プレローディング工法）	①盛土荷重載荷工法 ②大気圧載荷工法 ③地下水低下工法	地盤に荷重をかけて沈下を促進した後，構造物をつくることで，構造物の沈下を軽減させる．載荷重としては，①盛土が一般的であるが，②水や大気圧，③ウェルポイントで地下水位を低下させ，増加した有効応力を利用する工法．	**圧密沈下促進** 強度増加促進
バーチカルドレーン工法	①サンドドレーン工法 ②ペーパードレーン工法	地盤中に鉛直方向に砂柱やカードボードなどを設置し，水平方向の圧密排水距離を短縮し，圧密沈下を促進し併せて強度増加を図る．①は砂柱の場合，②はカードボードの場合	**圧密沈下促進** せん断変形の抑制 強度増加促進
サンドコンパクション工法	サンドコンパクションパイル工法	地盤に締め固めた砂杭をつくり，軟弱層を締め固め，砂杭の支持力によって安定を増し，沈下量を軽減させる． 施工法は，打込みによるもの，振動によるもの，砂の代わりに砕石を使用するものがある．	**全沈下量減少** **すべり抵抗の増加** **液状化の防止** 圧密沈下促進 せん断変形の抑制
振動締固め工法	バイブロフローテーション工法	緩い砂地盤中に棒状の振動機を入れ，振動部附近に水を与えながら，振動と注水の効果で地盤を締固め，締まった砂質土層に改良する．	**液状化の防止** 全沈下量減少 すべり抵抗の増加
固結工法	①石灰パイル工法 ②深層混合処理工法 ③薬液注入工法	①地盤中に生石灰で柱をつくり，その吸水による脱水や化学的結合によって地盤を固結，地盤の強度・安定を増し沈下量を減少させる． ②セメントや石灰などを土と混合し，ブロック状または全面的に地盤を改良して強度を増し沈下を阻止する． ③地盤中に土質安定剤，薬液を注入して物理反応，化学反応をもたらし強度を増大させる．	**全沈下量減少** **すべり抵抗の増加**

例題　**次のうち，地下水位低下工法に該当するものはどれか．**

(1)　ディープウェル工法　　(2)　サンドコンパクションパイル工法

(3)　薬液注入工法　　(4)　深層混合処理工法

解　(1)

地下水位低下工法は，地下水位を低下させることにより，浮力をなくし，圧密沈下の促進および地盤強度の増大を図る．**ウェルポイント工法**は真空ポンプ（負圧）により地下水を強制排水，**ディープウェル工法**は深井戸から水中ポンプによる重力排水である（図1·22）．

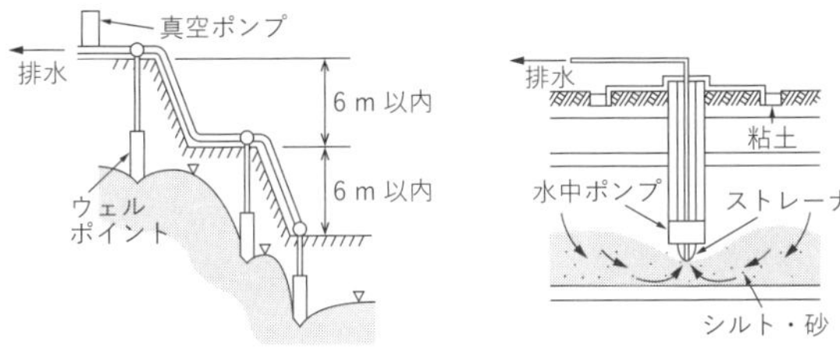

(a) ウェルポイント工法　(b) ディープウェル工法

図1·22　地下水低下工法

理解度の確認

章末演習問題 **問15** に Try しよう！

Q12 セメントの特性と用途 セメントには，どのような種類がありますか？

Answer

セメントは，JIS規定でポルトランドセメント，混合セメントおよびエコセメントに分類される．**コンクリート**は，セメント，水，細骨材，粗骨材および必要に応じて混和材料を練り混ぜ，硬化させたものをいう．

1. ポルトランドセメント・混合セメントの種類

セメントは，石灰石・粘土等のセメント原料を焼成して得られた**クリンカー**（半融解状態の鉱物性物質）に**石こう**を加えたもので，**水を加えると硬化**する**無機物質**（結合剤）である．セメントは，その用途に応じて適切なものを選定する．表1·18にセメントの特徴を示す．

表1·18　セメントの種類と特徴

種別			原料・製法	特性・用途
ポルトランドセメント（低アルカリ形のセメントを含む）（JIS R 5210）		普通	石灰石と粘土にけい石・鉄さいを加えて混合，粉砕した原料を焼成してクリンカーをつくり，これに適量の石こうを加えて粉砕する	一般のコンクリート工事に使用
		早強		早期の強さが大きく，工事を急ぐ場合や寒中，道路用に使用
		超早強		急速施工用
		中庸熱		発熱量が小さく，ダム工事その他の大塊コンクリートに使用
		低熱		高強度・高流動コンクリート用
		耐硫酸塩		硫酸塩を含む土・地下水・下水・海水などに触れる構造物に使用
混合セメント	高炉セメント注2)（JIS R 5211）	A種，B種，C種注1)	クリンカーと高炉スラグに適量の石こうを加えて混合，粉砕する	早期の強さはやや低いが，化学的抵抗が大きく，海水・下水工事に使用
	シリカセメント（JIS R 5212）	A種，B種，C種注1)	クリンカーとシリカ質混合材に適量の石こうを加えて混合，粉砕する	早期の強さはやや低いが，化学的抵抗や水密性が大きく，海水工事，工場・鉱山の排水工事などに使用
	フライアッシュセメント注3)（JIS R 5213）	A種，B種，C種注1)	クリンカーとフライアッシュに適量の石こうを加え混合，粉砕する	早期の強さは低いが，十分湿気を与えると長期の強さは良好で，水理構造物などのコンクリートに使用
エコセメント注4)（JIS R 5214）		普通，速硬	主成分を焼却灰，汚泥等とするセメント	塩分を多く含むため，鉄筋腐食の心配のない無筋コンクリートに使用

注1）A種→B種→C種は混合割合（%）を示し，Cが最も混合割合が多い．
注2）**高炉セメント**は，アルカリシリカ反応や塩化物イオンの浸透の抑制に有効．
注3）**フライアッシュセメント**は，普通ポルトランドセメントの5～30%をフライアッシュ（石炭灰，微粒子）に置き換えたもの．
注4）**エコセメント**は，塩化物イオン量がセメント質量の0.1%以下で，一般の鉄筋コンクリートに適用することが可能．

2. 混和材料と使用目的

コンクリートの性質を改善する**混和材料**のうち，その使用量が比較的少なく，それ自体の容積が配合計算において無視されるものを**混和剤**といい，使用量が多く，それ自体の容積が配合計算に関係するものを**混和材**という．

AE剤により微小な独立した空気の泡（**エントレインドエア**）を含ませた**AEコンクリート**は，ワーカビリティー（作業性）が改善され単位水量を減じることができ，凍結融解に対する抵抗性が増し，**水密性が改善**される．多くの利点があるが，水セメント比（W/C）が一定のとき，空気量1%増加に対し圧縮強度が4～6%低下する．なお，混和剤を用いなくてもコンクリート中に自然に含まれる空気の泡を**エントラップトエア**という．

表1·19　混和材料とその使用目的

種別	使用目的	主な混和剤および混和材
混和剤	界面活性[注1)]により，ワーカビリティーおよび凍結融解作用に対する抵抗性・水密性を改善させる	AE剤・AE減水剤・減水剤 高性能AE減水剤
	コンクリートの流動性を大幅に改善させる	流動化剤
	凝結・硬化時間を調節するもの	促進剤・遅延剤・急結剤
	泡の作用により充填性を改善したり，質量を調節する	起泡剤・発泡剤
	塩化物による鉄筋の腐食を抑制させる	鉄筋コンクリート用防水剤
混和材	ポゾラン活性[注2)]が利用できるもの（水和熱の低減・セメント置換）	フライアッシュ・シリカフューム，けい酸白土等
	潜在水硬性[注3)]が利用できるもの（耐久性向上），膨張性をもつもの（ひび割れ低減）	高炉スラグ・微紛炭・火山灰等 膨張性混和材
	オートクレーブ養生[注4)]により高強度を生じさせるもの	けい酸質微粉末
	着色させるもの	着色材
	水中コンクリートにおいて，コンクリートの不分離性を大きくするもの	水中不分離性混和材
	ワーカビリティーの改善，水和熱の抑制，長期材齢の増加，アルカリ骨材反応の抑制	フライアッシュ

注1）**界面活性作用**とは，2つの物質間の界面で作用し，その界面の性質を変えて，柔軟作用とすべりをよくする．
注2）**ポゾラン**は，それ自体には水硬性はないが，コンクリート中の水酸化カルシウムと化合して不溶性の化学物をつくる物質．この作用をポゾラン活性という．
注3）**水硬性**とは，水中でセメントが凝結硬化する性質をいう．
注4）**オートクレーブ養生**とは，高温高圧蒸気養生で，製品の早期出荷を可能にする促進養生．

3. 練混ぜ水

海水は長期材齢におけるコンクリートの強度増進が小さくなり，耐久性が小さくなる傾向があるため，一般に**練混ぜ水として使用してはならない**．なお，用心鉄筋やセパレータを配置していない**無筋コンクリート**の場合は，練混ぜ水として使用してよい．

理解度の確認

章末演習問題 問16 にTryしよう！

混和材料の種類とその効果

Q13 なぜ，混和材料を使用するのですか？

Answer

混和材料（混和剤，混和材）は，ワーカビリティー（作業性）の改善や強度・耐久性の向上，凝結速度の調整，乾燥収縮の防止など，高品質のコンクリートにするための薬剤の総称で，コンクリートの性質を改善するものである．

1. 混和材と混和剤

コンクリート1m³をつくるときに用いる各材料の使用量を**単位量**という．高品質のコンクリートをつくるためには，**単位水量を少なく**（水セメント比55%以下）し，コンクリートを**緻密**にすることが大切になる．一方，単位水量を少なくすればコンクリートの**流動性が低く**なり，作業性（ワーカビリティー）が低下する．コンクリートの性質を改善するために**混和材料（混和剤，混和材）**を使用する．**混和剤**には，ワーカビリティーや耐凍害性等の改善，単位水量・単位セメント量の減少，流動性の改善などの機能があり，**混和材**にはポゾラン・潜在水硬性の活用，膨張性を有すなどの機能がある．

①**AE剤**：コンクリート中に，微細な独立した空気の泡を多数連行し，流動性を高め，コンクリートのワーカビリティーの改善や単位水量を減らし，耐久性の向上を目的とした混和剤である．

②**減水剤**：コンクリート中のセメント粒子を分散させることにより，ワーカビリティーの改善や単位水量・単位セメント量の低減を目的とした混和剤である．

③**AE減水剤・高性能AE減水剤**：AE剤の空気連行作用と減水剤のセメント分散作用を併せもつ混和剤である．

④**フライアッシュ**：石炭火力発電所の微粉炭の灰を捕集したフライアッシュの**ポゾラン活性**（水の存在により硬化する性質）を利用し，長期強度や水密性を向上させるとともに，ボールベアリング作用により，同じワーカビリティーを得るのに必要な単位水量を少なくできる混和材である．

⑤**高炉スラグ微粉末**：高炉から排出されるスラグを微粉末に調整し，潜在水硬性により水と接すると自然に硬化する混和材で，概ねフライアッシュと同じ効果をもつ．

⑥**膨張材**：膨張作用により，コンクリートの乾燥収縮によるひび割れを少なくする混和材である．

表1·20　混和材料の種類

分類			特徴および効果	用途
混和剤	AE剤		コンクリートの中に微細な独立した気泡を一様に分布させる混和剤．ワーカビリティーがよくなり，分離しにくくなり，ブリーディング[注1]，レイタンス[注2]が少なくなる．凍結融解に対する抵抗性が増す．コンクリートの肌がよくなる	最も一般に用いられる 特に寒冷地では必ず用いられる
混和剤	減水剤	標準形	減水に伴って単位セメント量を減らせる．コンクリートを緻密にし鉄筋との付着などがよくなる．コンクリートの粘性が増し，分離しにくくなる	単位水量，単位セメント量が多くなりすぎるときなどに用いる
混和剤	減水剤	促進形	強度が早く発現する．塩化物を含んでいるものが多いので鉄筋の発錆などの問題がある場合は注意を要する	主に寒中施工の場合に使用
混和剤	減水剤	遅延形	減水効果のほかにコンクリートの凝固を遅らせる効果がある．コンクリートの水和熱による温度上昇の時間を若干遅らせる	マスコンクリート 暑中コンクリート
混和剤	AE減水剤		AE剤と減水剤の効果を両方兼ね備えている混和剤	AE剤同様，一般的に使用されている
混和剤	高性能AE減水剤		空気連行性をもった高性能減水剤で，スランプロス低減効果を付与された混和剤	高強度用など，単位水量，単位セメント量を低減したい場合に使用
混和剤	高性能減水剤	高強度用	減水率が特に高く，高強度コンクリートや流動化コンクリート用として使用される	高強度用 特に単位水量・セメント量を少なくしたいときなど
混和剤	高性能減水剤	凝結遅延剤	凝結の開始時刻を遅らせる混和剤．多量に用いると硬化不良を起こすことがある	暑中施工時に使用
混和剤	硬化促進剤		初期材齢における強度を増進させる．乾燥収縮が若干大きくなる	寒中あるいは急速施工用
混和剤	防錆剤		鉄筋の防錆効果を期待するものである	海砂を使う場合など
混和剤	分離低減剤		粘性が高く，材料分離を起こさないようにする材料．ブリーディングもほとんどなく，セルフレベリング性（自己水平性）が高くなる	水中コンクリート 逆打ちコンクリート
混和材	ポゾラン	フライアッシュ 高炉水砕スラグ シリカフューム	長期強度が大きい，水密性が大きい，化学抵抗性が大きいなどの利点があるが，早期強度が小さい．品質によっては，単位水量が多くなり，乾燥収縮が大きくなることもある	マスコンクリート 暑中コンクリート
混和材	鉱物質微粉末		高炉スラグ粉末，岩石粉末などがあり，いずれもブリーディングの低減，強度の増加効果ある	ブリーディングの抑制が必要な場合など
混和材	膨張材		初期材齢で若干膨張することによって収縮率を小さくできる	水密コンクリートなどひび割れ防止用
混和材	急硬材		極短時間でコンクリートの強度発現を期待できる．セッターを適切に用いてハンドリングタイム（処理時間）を調節できる	主として補修工事用コンクリートとして使用

注1）**ブリーディング**とは，フレッシュコンクリート（まだ固まらない状態にあるコンクリート）において，固体材料の沈降または分離によって，練混ぜ水の一部が遊離して上昇する現象のこと．

注2）**レイタンス**とは，コンクリート打込み後，ブリーディングに伴い，内部の微細な粒子が浮上し，コンクリート表面に形成するぜい弱な物質の層のこと．

理解度の確認

章末演習問題 **問17** にTryしよう！

コンクリートの配合

Q14 なぜ,水セメント比が重要なのですか?

Answer

コンクリートの配合は，単位量1m³当たりのコンクリートをつくるときの各材料（セメント，骨材，水，混和材料）の使用量やその割合（質量比）をいい，コンクリートの品質に大きく影響する水セメント比と単位水量をもとに定める．

1. コンクリートの配合

骨材は，コンクリートをつくるため，セメント，水と練り混ぜる砂や砂利をいう．骨材の大小の粒の分布状態を**粒度**といい，粒度分布を数値的に**粗粒率**（F.M.）で表す．粗粒率が大きいほど粒度は粗く，一般的に**細骨材**（さいこつざい）で2.3～3.1，**粗骨材**（そこつざい）で6～8である．**粗骨材の最大寸法**は，質量の90%以上が通るふるいのうち，最小寸法のふるいで表す．

細骨材率（*s*/*a*）とは，コンクリート中の**全骨材量**（*a*）に対する**細骨材**（*s*）の容積比（%）をいう．最大寸法の大きい粗骨材を用いるほど，細骨材率は小さくなり，経済的なコンクリートが得られるが，小さくなりすぎるとコンクリートが粗くなり，材料分離が生じる．細骨材率は，所要のワーカビリティーが得られる範囲内で**単位水量が最小となる**よう試験によって定める．

骨材の含水状態は，絶対乾燥状態，空気中乾燥状態，表面乾燥状態，湿潤乾燥状態に分類する．骨材の**吸収率**は**絶対乾燥から表面乾燥状態の差**で表す．吸水率の大きい骨材を用いたコンクリートは，耐凍害性が低下する．

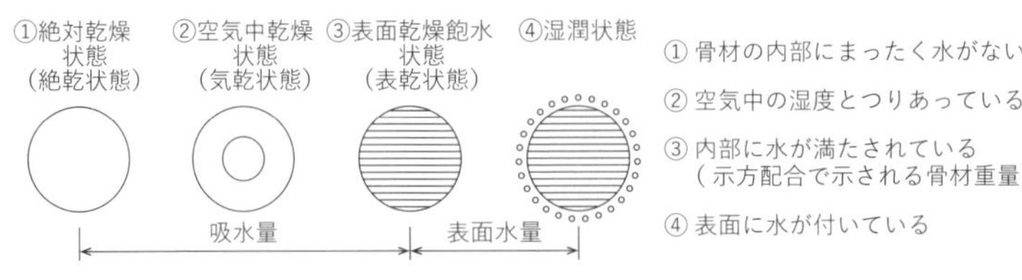

図1·23　骨材の含水状態

スランプは，フレッシュコンクリートの柔らかさ（コンシステンシー）を表し，この値が大きいほど流動性が高い．コンクリートのスランプは，運搬・打込み・締固め等の作業に適する範囲内で小さくする．

単位量は，コンクリート1m³つくるときに用いる各材料の使用量をいう．**単**

位水量（*W*）は，作業ができる範囲内でできるだけ小さくする（上限175kg/m³）．

単位セメント量（*C*）は，単位水量と水セメント比から求める．少なすぎるとワーカビリティーが低下するため，270kg/m³以上を確保する．

水セメント比（*W/C*）は，練り混ぜたコンクリートやモルタルに含まれる水とセメントの質量比をいう．原則として**65％以下**とし，コンクリートに要求される強度，耐久性，水密性，ひび割れ抵抗性および鋼材を保護する性能を考え，これから定まる水セメント比のうち**最小の値**を選ぶ．水密性を考慮する場合の水セメント比は**55％以下**とする．

2. 示方配合と現場配合

示方配合は，示方書または責任技術者によって指示される配合で，骨材は表面乾燥飽水状態（骨材に表面水がなく，内部の空隙に水が満たされている状態）で，5㎜ふるいを通るものを**細骨材**，5㎜ふるいに止まるものを**粗骨材**として計算した配合をいう．

現場配合とは，工事現場・プラント等における骨材の状態は，表面乾燥状態とは限らず，また粗骨材の中に5㎜ふるいを通過する材料や細骨材の中に5㎜ふるいに止まるものがある．示方配合どおりのコンクリートとなるように，現場における材料の状態や計量方法に応じて改めて配合計算したものをいう．

3. フレッシュコンクリートの性質

フレッシュコンクリートとは，練り混ぜから凝結までのまだ固まらないコンクリートをいう．その性質を次の用語で表す．

①**コンシステンシー**：水量の多少による変形あるいは流動に対する抵抗性の程度で表される性質．スランプ試験によって求める．

②**ワーカビリティー**：コンシステンシーおよび材料分離に対する抵抗性の程度によって定まる性質．運搬，打込み，締固め，仕上げの作業の容易さを表す．

③**フィニシャービリティー**：粗骨材の最大寸法，細骨材率，細骨材の粒度，コンシステンシー等による仕上げの容易さを示す性質．

④**プラスティシティー**：容易に型に詰めることができ，型を取り去ると形を変えるが，崩れたり，材料分離したりすることのない性質．

コンクリートのワーカビリティーは，コンシステンシーおよび材料分離に対する抵抗性から定まり，一般のコンクリート（粗骨材の最大寸法20㎜または25㎜）で**スランプ8～12㎝**が標準である．ワーカビリティーの良否は，経験のある技術者が目視で判断する．**スランプ試験**は，ワーカビリティーを判断する補助手段として有効である．

理解度の確認

章末演習問題 問18 にTryしよう！

コンクリートの耐久性

Q15 コンクリートの品質は，何で表しますか？

Answer

コンクリートの基本的な品質は，ばらつきの少ない均質性，作業に適したワーカビリティー，充填性（流動性）を有し，硬化後は所要の強度，劣化・鉄筋の保護等の耐久性・水密性・ひび割れ抵抗性があることが必要となる．

1. アルカリ骨材反応の抑制対策

アルカリ骨材反応は，シリカ鉱物を含む骨材がセメントや練混ぜ水（アルカリ性水溶液）などに含まれるアルカリ金属（Na，K）と反応し，**異常膨張**を起こし，**ひび割れ**，ポップアウトする現象をいう．**アルカリ骨材反応**の抑制対策として，コンクリート中の総アルカリ量の規制，良質のポゾランの使用，単位セメント量を減らし，反応性の骨材を用いないなどを条件とする．

①**コンクリート中のアルカリ総量の抑制**：Na_2O換算で**3kg/m³以下**とする．

②**抑制効果のある混合セメントの使用**：高炉セメント，フライアッシュセメントのB種・C種など．

③**安全と認められる骨材の使用**：アルカリシリカ骨材反応性試験「区分A」．

④**コンクリート中にアルカリの浸透を防ぐ措置**：塗装等の措置など．

2. コンクリート中の塩化物含有量の限度

塩害とは，種々の要因でコンクリート中に混入した**塩分**（塩化物イオンCl^-）によって構造物中の**鋼材が腐食**し，その腐食生成物（錆）の影響によって鋼材に体積変化が生じ，その体積膨張圧で表面のコンクリートに**ひび割れ**，**はく落**が起こり，部材耐力に問題を生じさせる現象をいう．

塩化物は，練混ぜ水，セメント，細骨材（海砂），粗骨材（海砂利）および混和剤などからコンクリート中に供給される．また，構造物として長年の使用により外部から供給される（潮風の影響を受ける海岸工作物など）．

塩化物含有量は，塩化物イオンの総量で表し，練混ぜ時のコンクリート中の全塩化物イオン量は，原則として**0.30kg/m³以下**とする．

3. 耐久性の照査（しょうさ）

コンクリート構造物の**耐久性**を阻害する要因は，**凍害**，**化学的侵食**，**アルカリ骨材反応**があり，コンクリート中の鉄筋については，**塩害**，**中性化**，**ひび割れ**が関係する．所要性能の確保として，**耐久性照査項目**が規定されている．

表1·21　コンクリート構造物に必要な耐久性の照査項目

項目	現象	対策
中性化	・空気中の二酸化炭素の作用を受けて，コンクリート中の水酸化カルシウムが炭酸カルシウムになり，コンクリートのアルカリ性が低下する現象． ・鋼材位置まで達すると鋼材腐食が生じる．腐食生成物の体積膨張がコンクリートにひび割れやはく離を引き起こす．	①タイル，石張りなどで仕上げる． ②かぶり（厚さ）を大きくしたり，気密性の吹付け材を施工する．
塩化物イオンの侵入	・コンクリート中に存在する塩化物イオンの作用により鋼材が腐食し，コンクリート構造物に損傷を与える現象． ・コンクリートの材料（海砂，混和剤，セメント，練混ぜ水）に最初から含まれているものと，海水飛沫や飛来塩化物，凍結防止剤などの塩化物がコンクリート表面から浸透する場合とがある．	①塩化物イオン量を0.3kg/m^{3}以下とする． ②混合セメントを使用する． ③密実なコンクリートとする． ④ひび割れ幅を制御し，かぶり厚さを大きくする． ⑤樹脂塗装鉄筋の使用やコンクリート表面にライニングをする． ⑥電気防食を行う．
凍結融解作用	・コンクリート中の水分が凍結すると，凍結膨張に見合う水分がコンクリート中を移動し，水圧がコンクリートを破壊する現象．破壊はセメントペースト中，骨材中及び両者の境界で生じる．	①耐凍害性の大きな骨材を用いる． ②AE剤，AE減水剤を使用して適正量のエントレインドエアを連行させる． ③水セメント比を小さくして密実なコンクリートとする．
化学的侵食	・侵食性物質とコンクリートとの接触によるコンクリートの溶解・劣化や，侵入した侵食性物質がセメント組成物質や鋼材と反応し，体積膨張によるひび割れやかぶりのはく離などを引き起こす劣化現象．	①コンクリート表面被履． ②腐食防止処置を施した補強材の使用． ③かぶり厚さを十分に取り鋼材を保護する． ④水セメント比を小さくして密実なコンクリートとする．
アルカリ骨材反応	・骨材中のある成分とアルカリが反応して生成物が生じ，これが吸水膨張してコンクリートにひび割れが生じる現象．	①アルカリシリカ反応の抑制効果のあるセメントを使用する． ②コンクリート中のアルカリ総量を3.0kg/m^{3}以下とする． ③骨材のアルカリシリカ反応性試験で無害と確認された骨材を使用する．

4. 劣化機構（外的要因）

①地域区分：海岸地域（塩害），寒冷地域（凍害，塩害），温泉地域（化学的侵食）

②環境条件：乾湿繰返し（アルカリシリカ反応，塩害，凍害），凍結防止剤使用（塩害，アルカリシリカ反応），二酸化炭素（中性化），酸性水（化学的侵食）

例題　**アルカリ骨材反応抑制対策に関して，適当でないものはどれか．**

(1)　アルカリ量の低い骨材の使用

(2)　抑制効果のある混合セメントの使用

(3)　コンクリート中のアルカリ総量の抑制

(4)　JISに規定された低アルカリ形セメントの使用

解　(1)

アルカリシリカ骨材反応性試験で，「区分A」（無害）の骨材を用いる．

理解度の確認

章末演習問題 **問19**，**問20** にTryしよう！

Q16 レディーミクストコンクリート 生コンの品質は，どのように規定されていますか？

Answer

レディーミクストコンクリートは，コンクート製造工場で製造されたフレッシュコンクリート（生コン）のことをいう．購入者はコンクリートの種類および指定事項を指定し，荷卸し地点で品質確認のための下記の受入検査を行う．

1. レディーミクストコンクリートの種類・指定事項

所要の性能のコンクリートが得られるように**レディーミクストコンクリート**の種類，粗骨材の最大寸法，スランプおよび呼び強度の組合せの中から選定する（表1･22）．購入者は，生産者との協議の上で表1･23の事項を指定する．なお，**呼び強度**とは，生コンの規定に示される条件で保障される強度をいう．

表1･22　レディーミクストコンクリートの種類（JIS A 5308）

コンクリートの種類	粗骨材の最大寸法（mm）	スランプまたはスランプフロー（cm）	呼び強度（○印：規格品）													
			18	21	24	27	30	33	36	40	42	45	50	55	60	曲げ4.5
普通	20，25	8，10，12，15，18	○	○	○	○	○	○	○	○	○	○	—	—	—	—
		21	—	○	○	○	○	○	○	○	○	○	—	—	—	—
舗装	20，40	2.5，6.5	—	—	—	—	—	—	—	—	—	—	—	—	—	○
軽量	15	8，12，15，18，21	○	○	○	○	○	○	○	○	—	—	—	—	—	—
高強度	20，25	12，15，18，21	—	—	—	—	—	—	—	—	—	—	○	—	—	—
		55，60	—	—	—	—	—	—	—	—	—	—	○	○	○	—

表1･23　レディーミクストコンクリートの指定事項

(a) 生産者と協議すべき事項	(b) 必要に応じて指定すべき事項（留意点）
①セメントの種類 ②骨材の種類 ③粗骨材の最大寸法 ④骨材のアルカリシリカ反応の抑制対策	⑤骨材のアルカリシリカ反応性による区分（区分A，B） ⑥呼び強度が36を超える場合の水の区分（上水道水など） ⑦混和材料の種類と使用量 ⑧標準とする塩化物含有量の上限値と異なる場合の上限値 ⑨呼び強度を保証する材齢 ⑩標準とする空気量と異なる場合にはその値 ⑪軽量コンクリートの場合，コンクリートの単位容積質量 ⑫コンクリートの最高または最低の温度（寒中・暑中コンクリート） ⑬水セメント比の目標値の上限値（耐久性） ⑭単位水量の目標値の上限値（乾燥収縮率，耐久性など） ⑮単位セメント量の目標値の下限値または上限値（湿度ひび割れ対策等） ⑯流動化コンクリートの場合は，流動化する前からのスランプの増大値など

2. 受入検査

納入されたコンクリートが所要の性能を有するか，確認するため**受入検査**を実施する．レディーミクストコンクリートの受入検査は，強度，スランプまたはスランプフロー，空気量および塩化物含有量について行い，荷卸し地点での品質を確認する（検査はコンクリート打込み前に完了させる）．

圧縮強度の試験回数は，原則として**150㎥につき1回**とする．1回の試験は，任意の一運搬車から採取した試料でつくった**3個の供試体の平均値**で表す．供試体の材齢は**28日**，指定がある場合は購入者が**指定した日数**とする．圧縮強度は，次の①，②の事項を同時に満たさなければ**不合格**とする（注）．

①1回の試験結果は，購入者が指定した呼び強度の85％以上

②3回の試験結果の平均値は，購入者が指定した呼び強度以上

スランプおよび**空気量**は，指定した値に対して表1·24，表1·25の範囲内とする．スランプ試験は，図1·24に示すとおり．

塩化物含有量は，荷卸し地点において塩化物イオン量として0.30kg/㎥以下（購入者の承認がある場合には0.60kg/㎥以下）でなければならない．なお，工場出荷時に行うことによって荷卸し地点で所定の条件を満足することが可能な場合には，工場出荷時に行うことができる．

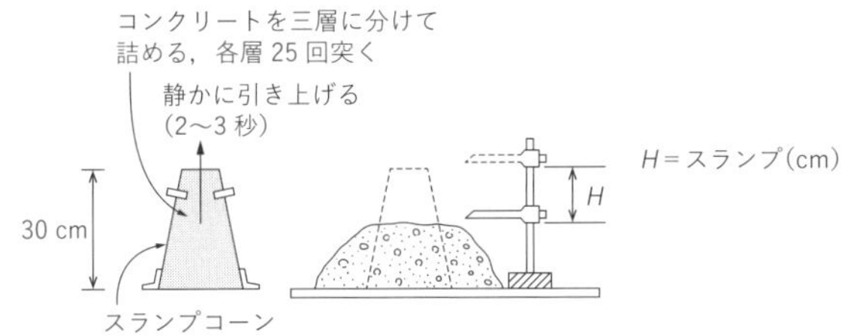

図1·24　スランプ試験

表1·24　スランプ値

スランプ(cm)	許容差(cm)
2.5	±1
5以上8未満	±1.5
8以上18以下	±2.5
21	±1.5

表1·25　空気量

種類	空気量(%)	空気量の許容差(%)
普通コンクリート	4.5	±1.5%
軽量コンクリート	5.0	
舗装コンクリート	4.5	
高強度コンクリート	4.5	

※高強度コンクリートのスランプフロー：50cm±7.5cm，60cm±10cm

（注）強度規定は，所定の材齢に達しなければ結果がわからないので，配合計画にしたがって製造されていることを納入書の計量値などで確認する．

理解度の確認

章末演習問題 **問21** にTryしよう！

コンクリートの打設作業

Q17 コンクリートの打設作業は，どのようにするのですか？

Answer

工場から現場までのコンクリートの運搬にはトラックミキサ（トラックアジテータ）が用いられる．そこから打込み場所までは現場の状況に応じてバケット，ベルトコンベヤ，コンクリートポンプ，コンクリートプレサー，シュート等が用いられる．

1. コンクリートの運搬・打込み・締固め作業

コンクリートを練り混ぜてから打ち終わるまでの時間は，外気温が25℃を超えるときで**1.5時間以内**，25 ℃以下のときで**2時間以内**を標準とする．

運搬中の材料分離防止対策として，トラックアジテータのドラムを回転させて，均等質なコンクリートにして荷卸しする．打込み中に著しい材料分離が認められる場合には，練り直して均等質なコンクリートとすることが難しいので，型枠に打ち込むのをやめ，材料分離の原因を調べてこれを防止する．

コンクリートの現場内の運搬方法には，コンクリートポンプ，バケット，シュート，ベルトコンベヤ等がある．バケットは材料分離が最も少ない．**シュートは縦シュート**を原則とし，シュート吐き口には適当なバッフルプレートや**漏斗管**（じょうごかん）を設ける．なお，打込み作業時に鉄筋の配置を乱さないこと．

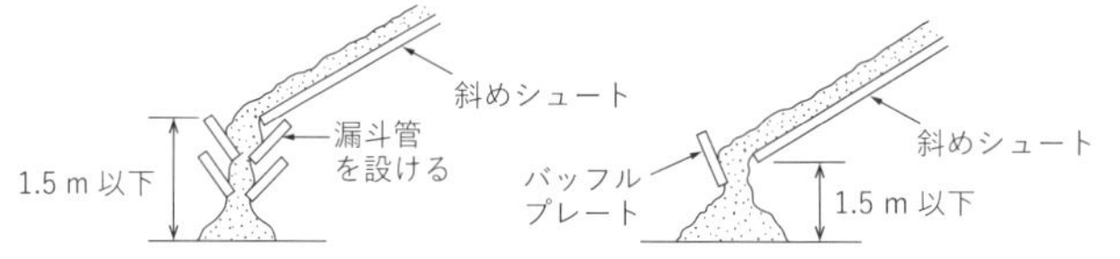

◎高所からのコンクリート打設は縦シュートとするが，やむを得ず斜めシュートを用いる場合は，高さ1.5 m以下として材料分離の防止（バッフルプレート，漏斗管の使用）に努める

図1・25　バッフルプレート・漏斗管

一区画のコンクリートは，打込みが完了するまで連続して打ち込む．一層の高さは**40～50cm以下**を原則とする．型枠内に打設後は，コンクリートを移動させないこと．また振動機を使ってコンクリートを横送りしてはいけない．

壁または柱のような高さが大きいコンクリートを連続して打込む場合は，打上り速度は30分につき**1～1.5m程度**を標準とする．

コンクリートを二層以上に分けて打込む場合，上層と下層を一体とし，**コールドジョイント**（打継目）が発生しないよう，**許容打重ね時間間隔**を25℃以下で**2.5時間内**，25 ℃を超えるときで**2.0時間内**を標準とする．

2. コンクリートポンプ

現場内での運搬には，コンクリートポンプ，バケット，シュート，ベルトコンベヤ，手押し車などが用いられる．

コンクリートポンプの使用上の留意点は，次のとおり．

①圧送に先がけて，ポンプ・配管内面の潤滑性を確保するためコンクリート中と同程度の配合のモルタルを圧送し，モルタルがポンプなどに付着するのを防ぐ．先送りモルタルは型枠内に打ち込まない．

②圧送は連続的に行い，中断しない．やむを得ず長時間中断するときは，再開後のコンクリートの**ポンハビリティー**（閉塞することなく所定の圧送量が保できる性質）および品質が損なわれないような措置を講ずる．

③コンクリートのスランプは8～15㎝，粗骨材の最大寸法は50㎜以下とする．必要に応じて流動化コンクリートを用いる．

3. 内部振動機

コンクリートの締固めには，**内部振動機**（棒状バイブレータ）を用いることを原則とし，薄い壁など内部振動機の使用が困難な場合には**型枠振動機**を使用してもよい．内部振動機の使用上の留意点は，次のとおり．

①内部振動機は下層のコンクリートに10㎝程度挿入する．

②内部振動機は鉛直に挿入する．挿入間隔は50㎝以下とする．

③1箇所当たりの振動時間は5～15秒とする．

④内部振動機の引抜きは，後に穴が残らないよう徐々に行う．

⑤内部振動機は，コンクリートを横移動させる目的で使用しない．

再振動を行う場合は，コンクリートに悪影響が生じないように適切な時期（締固めができる範囲でなるべく遅い時期）に行う．再振動は，コンクリートの強度，鉄筋との付着強度の増加，ひび割れ防止のために行う．

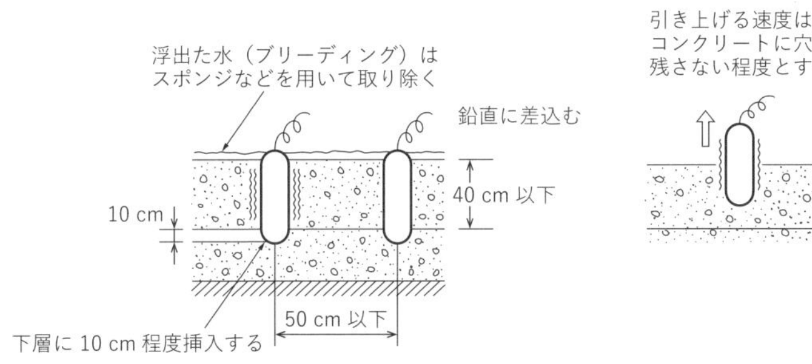

図1·26　内部振動機による締固め

理解度の確認

章末演習問題 **問22**，**問23** にTryしよう！

コンクリートの養生，鉄筋工

Q18 なぜ,コンクリートを養生するのですか？

Answer

コンクリート打設後，低温，乾燥あるいは急激な温度変化によって，水和反応に悪影響を及ぼさないよう十分な湿度（湿潤養生）と適度な温度（給熱，冷却，保温）を与え，有害な外力などから保護するため**養生**をする．

1. コンクリートの養生（ようじょう）（湿潤養生）

打ち終わったコンクリートは，所要の耐久性，水密性，鋼材を保護する性能等の品質を確保し，有害なひび割れを生じないようにする．打込み後の一定期間を硬化に必要な温度および湿度に保ち，衝撃や荷重などの有害な作用の影響を受けないように**養生**する．

コンクリートは打込み後，硬化を始めるまで，日光の直射，風等による水分の逸散を防ぐこと．コンクリートの硬化中は，十分な湿潤状態に保つこと．**湿潤養生**は，セメントの水和反応に必要な水を打ち込んだコンクリートから逸散させないだけでなく，必要量だけ確保するために行う．

表面を荒らさないで作業ができる程度に硬化したら，コンクリートの露出面を養生用マット，布等をぬらしたもので覆う，または散水や湛水（たんすい）（水を貯める）を行って湿潤状態を保つ．せき板（型枠）が乾燥する恐れのあるときは，散水し**湿潤状態**にする．

膜養生（**保水養生**）を行う場合には，十分な量の膜養生剤を適切な時期（コンクリート表面の水光りが消えた直後）に均一に散布する．膜養生は，コンクリート表面が湿っているうちに膜養生剤を散布して保護膜を形成し，コンクリート表面からの水分の蒸発を防ぐことができ，**初期養生に有効**である．

コンクリートは，養生期間中に予想される振動，衝撃，荷重等の有害な作用から保護しなければならない．また，海水の作用を受ける海洋コンクリートは，材齢5日になるまで海水に洗われないように保護する．

表1·26　養生期間の標準

日平均気温	普通ポルトランドセメント	混合セメントＢ種	早強ポルトランドセメント
15℃以上	5日	7日	3日
10℃以上	7日	9日	4日
5℃以上	9日	12日	5日

2. 温度制御養生

温度制御養生は，冬季・夏季などの温度の厳しい場合に，打込み後一定期間コンクリートの温度を制御する養生をいう．硬化に必要な温度条件を保ち，低温・高温，急激な温度変化等，有害な影響を受けないようにする．

外気温が著しく低い場合には，セメントの水和反応が阻害され，強度発現が遅れ，初期凍害を受ける恐れがあるので，給熱または保温による温度制御を一定期間以上行う．日平均気温が4℃以下の場合は**寒中コンクリート**として扱う．

外気温が著しく高い場合，初期の強度は早く増加するが，長期材齢における強度の伸びは小さく，耐久性や水密性に劣る．日平均気温が25℃以上の場合は**暑中コンクリート**として扱う．

部材断面が大きい**マスコンクリート**では，セメントの水和反応による発熱で温度上昇が大きくなるため，プレクーリング，パイプクーリングを行う．

3. 鉄筋工

鉄筋は，設計図に示された形状・寸法に正しく一致するように，材質を害さない方法で常温で加工する．組み立てる前には周囲を清掃し，浮き錆など鉄筋とコンクリートとの付着を害するものは除去する．

鉄筋は，正しい位置に配置しコンクリート打込み時に動かないように十分堅固に組み立てる．必要に応じて**組立鉄筋**を用い，鉄筋の交差部は直径0.8mm以上の**焼きなまし鉄線**，または適当なクリップで緊結する．鉄筋は原則として，**溶接をしてはならない**（材質が変化するため）．

鉄筋とせき板との間隔（**かぶり**）は，スペーサを用いて正しく保ち，設計図に示されたかぶりを確保する．型枠と接するスペーサは，モルタル製，コンクリート製を用いる．

鉄筋のあき（隣り合って配置された鉄筋の間隔）は，コンクリートが鉄筋の周囲に十分いきわたるように，所定の間隔を確保する．

鉄筋の継手位置は，相互にずらし一断面に集中させてはならない．鉄筋の端部は，コンクリート中に十分埋込み，鉄筋とコンクリートとの付着力，またはフックを付けて定着させる．

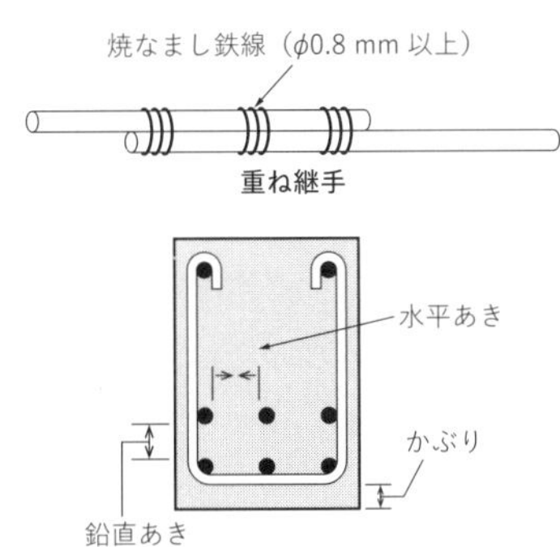

図1·27　鉄筋のあき·かぶり

理解度の確認

章末演習問題 **問24** にTryしよう！

寒中・暑中コンクリート

Q19 寒中・暑中コンクリートの留意点は何ですか？

Answer

コンクリート打設作業においては，夏季の乾燥ひび割れ，冬季の凍害（硬化時の初期凍害）などに留意する．品質確保のため，あらかじめ寒中コンクリート，暑中コンクリートとしての対策を取ること．具体的には次のとおり．

1. 寒中コンクリート

日平均気温が**4℃以下**となるときは，コンクリートが凍結しないよう**寒中コンクリート**としての措置を取り，保温に努める．**凍結**または**氷雪が混入**している骨材はそのまま使用せず，**加熱**してから使用する．材料の加熱は，水または骨材を加熱するものとする．

コンクリートの打設温度は，**5～20℃を原則**とする．温度を高くしすぎると，外気温とコンクリートとの温度差によって急激にコンクリートの温度が下がり，品質に悪影響を及ぼすので避けること．養生中はコンクリートの温度を**5℃以上**に保つこと．

寒中コンクリートは，凍害を避けるため単位水量をできるだけ少なくし，**AEコンクリート**を用いるのを原則とする．**AE剤**は単位水量を減らし，コンクリートの凍結融解に対する耐久性を高める効果を発揮する．

2. 暑中コンクリート

日平均気温が**25℃以上**となるとき，**暑中コンクリート**としての措置を取り，コンクリートに悪影響（スランプの低下，空気量の減少，水分の蒸発によるひび割れ等）を及ばさないようにする．セメント，骨材，水はできるだけ低温のもの，減水剤・AE減水剤・流動化剤は**遅延性**のものを用いる．

コンクリート打設前に，地盤，型枠等コンクリートから吸水する恐れのある部分を湿潤状態に保つこと．型枠や鉄筋等が直射日光を受けて高温になる恐れのあるときは，散水・覆い等の適切な処置を施す．配合は，所要の強度やワーカビリティーの得られる範囲内で，単位水量・単位セメント量を少なくするよう定める．

打込み時のコンクリートの温度は**35℃以下**とし，練り混ぜてから打ち終わるまでの時間は**1.5時間**を超えてはならない．**コールドジョイント**（打継目）が生じないよう留意する．

3. RC構造物のひび割れ・劣化現象

コンクリートは，単位水量に関係する**沈下ひび割れ**，**乾燥**（プラスティック）**収縮ひび割れ**，水和熱に伴う**温度ひび割れ**，アルカリ骨材反応によるひび割れ等の発生をなくするよう施工する．沈下ひび割れが発生した場合は，直ちに**タンピング**や**再振動**により消す．

ひび割れには，**進行性でないひび割れ**（水和熱，乾燥収縮），**進行性のひび割れ**（中性化，塩害，凍害，化学的侵食，アルカリシリカ反応，疲労），**構造上のひび割れ**（外力の作用，不適切な設計・施工等）がある（表1・27，図1・28）．

RC構造物に生じる劣化現象として，水の関与（凍害，鋼材腐食），**劣化機構**（中性化，塩害，化学的侵食，アルカリシリカ反応等）がある．

表1・27　コンクリート材料の性質・配合に関係するひび割れの原因と特徴

ひび割れの原因		ひび割れの特徴
主として材料の性質に起因するひび割れ	セメントの異常凝結	比較的早期に不規則に発生する．幅が大きく，短いひび割れ
	セメントの異常膨張	放射型の網状のひび割れ
	骨材に含まれている泥分	乾燥に伴って，不規則に網状に発生するひび割れ
	反応性骨材や風化岩の使用	多湿な箇所に多く，コンクリート表面にひび割れが生じ，その後ポップアウトになることがある
主として配合に起因するひび割れ	コンクリートの硬化収縮・乾燥収縮	乾燥を始めて数日〜3ヶ月してから発生し，次第に成長する．開口部や柱・はりに囲まれた隅部には斜めに，細長い床・壁・はりなどにほぼ等間隔に垂直に発生するひび割れ
	セメントの水和熱	断面の大きい壁状構造物で，打込みから数日〜2週間後にほぼ等間隔に規則的に発生するひび割れ
	コンクリートの沈下およびブリーディング	打設後1〜2時間に，鉄筋の上部や壁と床の境目などに発生するひび割れ

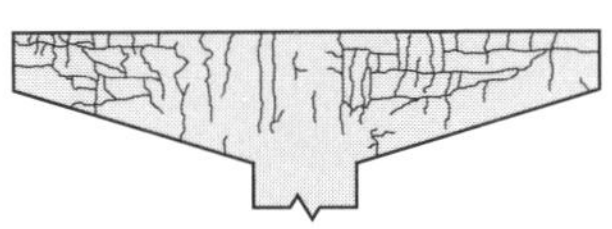

(a) 反応性骨材（アルカリ骨材反応）

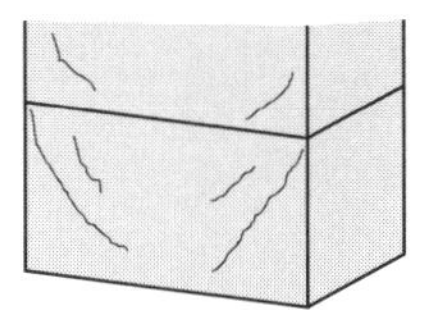

(b) 乾燥収縮ひび割れ

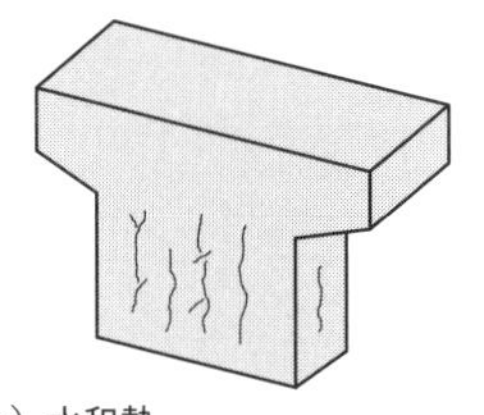

(c) 水和熱

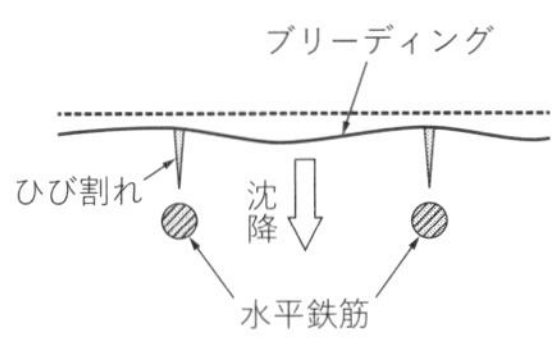

(d) 沈みひび割れ

図1・28　ひび割れ

理解度の確認

章末演習問題 **問25** にTryしよう！

基礎工の種類と特徴

Q20 基礎工の役割は，何ですか？

Answer

基礎は，構造物の一部として主に地中につくられる．**基礎工**は，上部構造物の下部構造で，躯体からの荷重を安全に支持地盤に伝達する基礎をつくる．主な基礎工には，浅い基礎として直接基礎，深い基礎として杭基礎およびケーソン基礎等がある．

1. 基礎工の種類と特徴

良好な支持地盤が浅い箇所に求められるときは**直接基礎**を，支持地盤が深い場合は**杭基礎**を，確実な支持地盤に荷重を伝達する剛性の高い基礎として**ケーソン基礎**を用いる．各種基礎工の種類と特徴は，図1･29と表1･28に示すとおり．

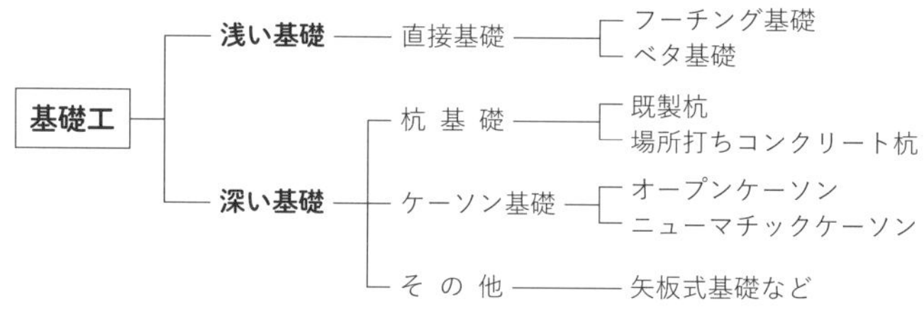

図1･29　基礎工の種類

表1･28　各種基礎工の特徴および比較

基礎工の種類		工法	特徴	欠点
直接基礎		フーチング基礎 ベタ基礎	費用最小・確実な基礎	適用範囲が限られる
杭基礎	既製杭	RC杭 PC杭 鋼杭	段取りが小さくてすむ コストが安い 工期が短い	地質の確認が不可能 騒音・振動が大きい 玉石があると施工困難
	場所打ち杭	ベノト工法 リバース工法 深礎工法	騒音振動が少ない 確実な支持力を得る	段取りが大きくなる コストが割高となる
ケーソン基礎 （ピヤ基礎）	オープンケーソン ニューマチック ケーソン	ケーソン基礎 ピア基礎	大きな支持力・水平抵抗力が得られる 地質を確認できる	段取りが大きくなり，コストが高くなる

2. 直接基礎

直接基礎は，地表近くに良質な支持地盤があり，上部構造物に対して十分な支持力が期待できるとき，直接これを利用する**フーチンク基礎**や**ベタ基礎**などの浅い基礎をいう．直接基礎は，転倒，滑動，地盤の支持力に対して安全であること．外力をフーチング底面で受けて地盤に伝えるため基礎底面と地盤とのなじみをよくし，基礎底面は地盤に密着させ，**十分な支持力**および**滑動抵抗**が得られるように施工する．

砂質地盤上に基礎を施工する場合は，ある程度の不陸を残した掘削底面に割栗石を敷き均し，地盤整えるため均しコンクリートを打設する．割栗石は，緩んだ砂層に十分叩き込む．一方，基礎地盤が岩盤の場合，ある程度の不陸（凹凸）を残して，割栗石は用いず地山の緩んだ部分を取り除いて，直接均しコンクリートを打設する．

滑動に対する抵抗が不足するときは，**突起**を設けること．フーチング底面の突起は本体と一体構造とし，割栗石を貫いて原地盤に十分貫入させる．

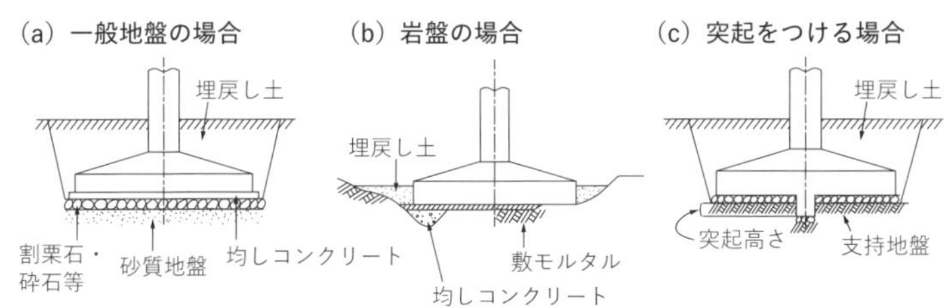

図1·30　フーチング基礎底面の処理

3. 杭基礎

杭基礎は，直接基礎では支持できない地盤において，上部構造物の荷重を下層の支持地盤へ伝達する．杭基礎には，**既製杭工法**と**場所打ちコンクリート杭工法**があり，設計条件により図1·31のものが用いられる．

杭基礎には，軟弱地盤を貫いて下層の硬い地盤（支持地盤）に荷重を伝える**支持杭**，杭の周面摩擦によって荷重を支持する**摩擦杭**，水平荷重に抵抗させる**斜杭**（しゃくい），杭全体を一つの基礎とみなす**群杭**（ぐんくい）がある．

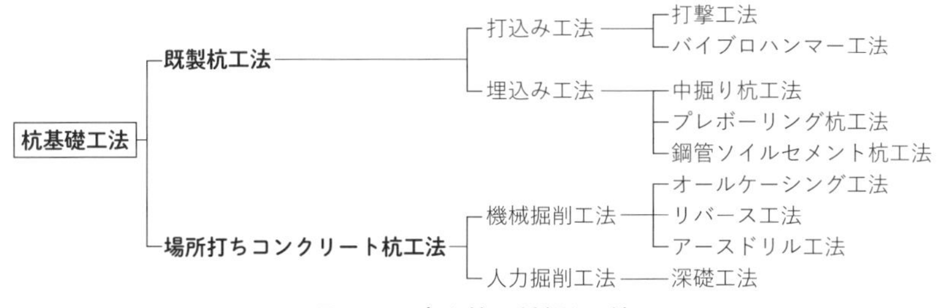

図1·31　主な杭の種類と工法

理解度の確認

章末演習問題 **問26**，**問27** にTryしよう！

杭基礎の施工
Q21 既製杭は，どのように施工するのですか？

Answer

杭基礎のうち，**既製杭工法**は工場で生産された杭を現場で打込み，支持力とする．打撃工法・振動工法等の打込み杭工法は，騒音・振動等の建設公害が発生するため，埋込み杭工法等の低騒音振動工法を用いる．

1. 杭打ち作業と騒音・振動対策

既製杭の打込み工法には，**打撃工法**や**振動工法**があり，杭を地中に貫入させるため，ハンマーで打撃するか，振動機を杭頭部に装置して振動と重量で貫入させる．比較的簡単な設備ですみ，施工速度が早く，支持力の確認ができる等の特徴がある（表1·29）．しかし，打撃工法·振動工法は打込みに伴う**騒音**や**振動**が法的規制を受けるため，**都市部**（指定地域内）**での施工は困難**である．

①打撃工法の**ディーゼルハンマー**は，上下するラムの落下により空気を圧縮，燃料を爆発させて打撃するので地盤が軟らかいと起動しない．

②振動工法の**バイブロハンマー**は，モータの回転により上下動の振動を与え，杭周辺の摩擦を低下させ，杭とハンマー重量で打ち込む．摩擦抵抗が大きく先端抵抗の少ない軟弱な地盤に適す．

表1·29 既製杭の打込み方式

	衝撃工法		振動工法	圧入工法
	ディーゼルハンマー	ドロップハンマー	バイブロハンマー	油圧式
工法	ディーゼル機関のピストンによる打込み	ハンマーの重力落下による打込み	振動体の上下振動による打込み	油圧ジャッキによる圧入
騒音	大きい	大きい	小さい	なし
振動	大きい	少ない	大きい	なし
施工速度	早い	遅い	普通	普通
特徴	低燃費，操作容易，機動性よい	故障が少ない	打込み，引抜き兼用，軟弱地盤によい	打込み、引抜き兼用
欠点	軟弱層で起動しにくい	偏心しやすい	電気設備が必要（11～150 kW）	直線部にしか使用不可

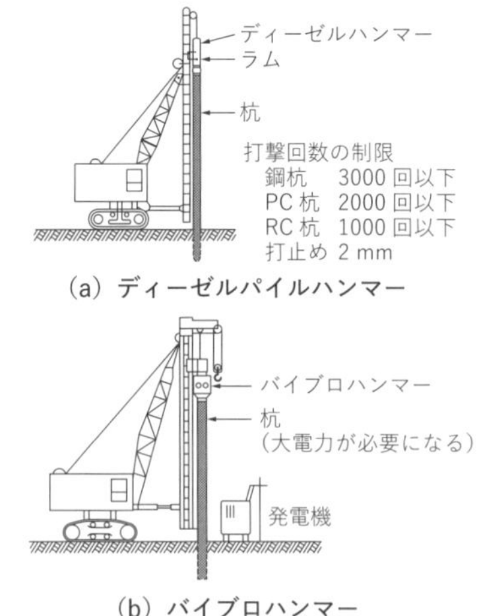

(a) ディーゼルパイルハンマー

(b) バイブロハンマー

2. 打込み杭工法の施工

杭の打込みに際しては，初期に誤差やすれが生じやすいので精度管理を入念に行う．杭の鉛直性の検測は，概ね直角となる2方向からトランシットなど用いて行う．

①既設構造物に近接して杭を打込む場合には，構造物への影響を考慮し，構造物の近くから離れる方向に打ち進む．

②群杭の施工は，中央部から周辺部に向かって行う．周辺部から打込むと，杭に囲まれて地盤が締まり，中央部の杭が打込み困難となる．

3. 埋込み工法の施工（低騒音・低振動工法）

埋込み工法は既製杭の低騒音・低振動対策であり，プレボーリング工法，中掘り工法，鋼管ソイルセメント工法等がある．埋込み杭は，打込み杭に比べて支持力が小さく，支持地盤との密着が小さいので，最終的には打撃や根固めコンクリート，セメントミルク（根固め液）などの施工が必要となる．

①**プレボーリング工法**：安定液（ベントナイト）を注入しながらアースオーガーで所定深度（支持層）まで削孔し，根固め液を掘削先端部へ注入した後，オーガーを引き上げながら杭周固定液を注入して，杭を掘削孔に建て込み，圧入または軽打により根固め液中に杭を定着する工法である（図1･32）．

②**中掘り杭工法**：杭中空部に挿入したオーガーにより杭先端の地盤を掘削し，掘削した土砂を杭中空部を通して杭頭部から排出，杭の重量および圧入より所定深度まで杭を沈設する工法で，最終打撃時にドロップハンマー用いるため打撃工法と同様の支持力が期待されるが，振動・騒音の問題は残る（図1･33）．

③**鋼管ソイルセメント工法**：原地盤中に造成したソイルセメント柱と外に突起を有する鋼管を一体とする合成杭である．プレボーリング工法・中掘り工法と同様に汚泥・排出処理が必要である．

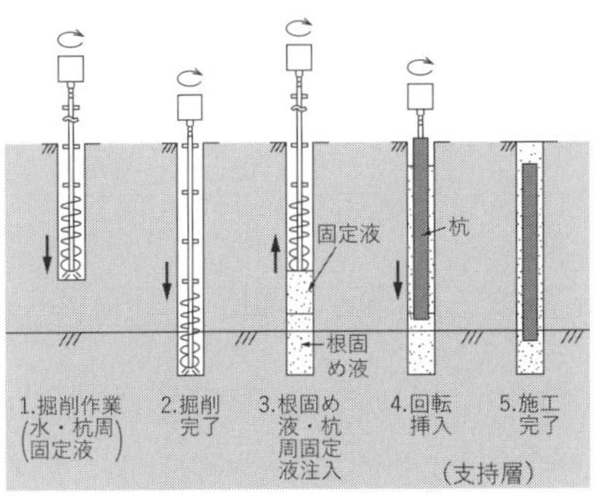

図1･32　プレボーリング工法

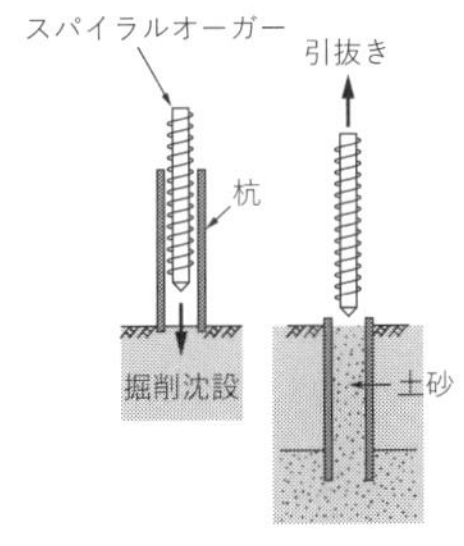

図1･33　中掘り杭工法

理解度の確認

章末演習問題 **問28** にTryしよう！

場所打ち杭の施工

Q22 場所打ち杭は，どのように施工するのですか？

Answer

場所打ち杭は，既製杭の騒音振動防止対策として，施工箇所に特殊な機械等で孔を掘り，鉄筋かごを建て込み，コンクリートを打設して杭をつくる工法である．大きな支持力・耐力が必要とされる構造物の基礎に採用される．

1. 場所打ち杭の施工手順

場所打ち杭は，**800㎜以上の大径**とすることができ，単位支持力当たりの工費が安く，任意の杭長とすることができる．水中コンクリートとなるため品質低下が生じ，また，掘削にあたって**孔壁防護対策**が必要となる．孔壁防護の方法により，表1・30に示す4工法に分類される．

場所打ち杭の施工手順は，「掘削（孔壁の防護）→孔底のスライム処理→鉄筋かごの建込み→コンクリート打設→養生→杭頭部の処理」となる．掘削方法は，工法によって差があるが，スライム処理（掘削時のずり，崩壊した孔壁土砂の残りを取り除く作業）以降は，ほほ同じ工程である．

表1・30　場所打ち杭各工法の特性

工法	オールケーシング工法		アースドリル工法	リバース工法	深礎工法
掘削方法	杭全長にわたりケーシングチューブを揺動圧入または回転圧入しながらハンマーグラブで掘削・排土する．		掘削孔内に安定液を満たして孔壁に水圧をかけ，ドリリングバケットにより掘削・排土する．	回転ビットで掘削した土砂を，ドリルパイプを介して自然泥水とともに吸上げ（逆循環）排土する．	ライナープレート，波型鉄板とリング枠，モルタルライニングによる方法で，孔壁の土留めをしながら内部の土砂を掘削・排土する．
掘削方式	ハンマーグラブ		ドリリングバケット	回転ビット	人力等
孔壁の保護方法	ケーシングチューブ		表層ケーシングと安定液	スタンドパイプと自然泥水	山留め材（ライナープレート等）
標準的杭径（m）	揺動式	回転式	0.8～3.0	0.8～3.0	2.0～4.0
	0.8～2.0	0.8～3.0			
標準的掘削深度（m）	20～40	30～50	30～60	30～60	10～20

2. アースドリル工法

アースドリル工法は，**ドリリングバケット**（底開きの歯のついたバケット）で掘削する工法で，素掘り可能な場合を除き，ベントナイト溶液などの**安定液**（泥水）を使って孔壁を防護する（図1・34）．安定液は，粘度pH等の管理が重要である．また，掘削深さが大きくなるとバケットの上下距離が大きくなって作業能率が低下する．なお，地表崩壊の恐れがある場合，**長層ケーシング**を挿入する．

3. オールケーシング工法

オールケーシング工法は，孔壁が崩壊するのを防ぐため，鋼製の**ケーシングチューブ**を機械の揺動力を利用して押し込み，その内側に**ハンマーグラブ**を落下させて排土する（図1･35）．

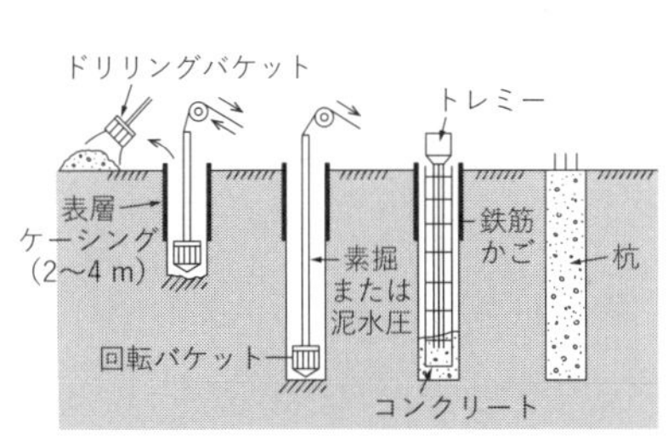

図1･34　アースドリル工法施工順序

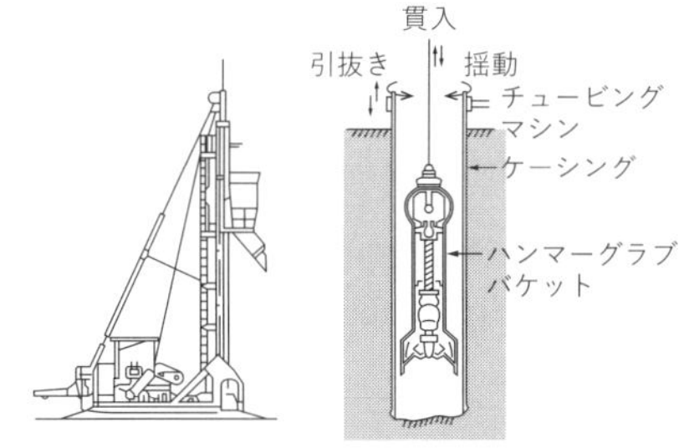

図1･35　オールケーシング工法

4. リバース工法

リバース工法は，孔底で**ビット**（掘削用きりの先）を回転させて掘り起こした土砂を吸上げ用の**サクションポンプ**によりドリルパイプの内空を通じて水と一緒に吸い出し，土砂を沈殿させた後に再び泥水を孔内に送り込むノーケーシング工法である．スタンドパイプの静水圧により孔壁防護を行う（図1･36）．

5. 深礎工法（人力掘削）

深礎（しんそ）工法は，人力掘削と円形リングを用いた土留め工法との組み合わせて施工する工法である（図1･37）．簡単な排土設備で施工できるので，山間部の傾斜地や狭い場所での施工も可能である．地下水位の高い場所での施工は不可能である．

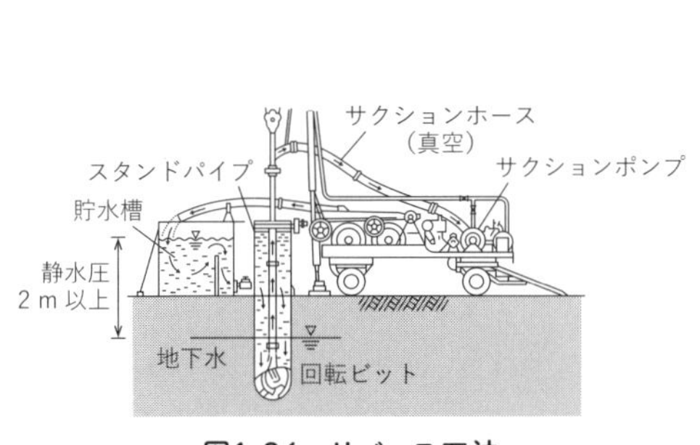

図1･36　リバース工法

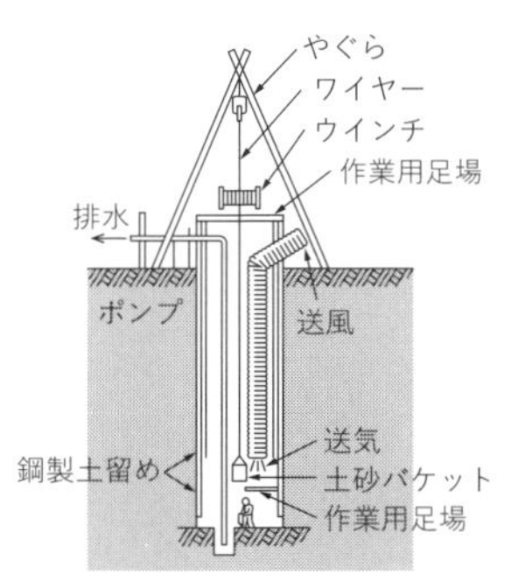

図1･37　深礎工法

理解度の確認

章末演習問題 **問29** にTryしよう！

場所打ち杭の施工管理

Q23 なぜ，孔壁防護が必要なのですか？

Answer

場所打ち杭の施工では**孔壁防護**が必要となる．孔壁防護は現地の地質に応じて，ケーシングチューブ，安定液，自然泥水，山留材等が用いられる．孔壁防護による掘削，スライム処理，鉄筋かごの建込み，水中コンクリート作業が行われる．

1. 場所打ち杭の特徴

場所打ち杭の特徴は，表1･31のとおり．**場所打ち杭工法**では，掘削壁面の崩壊を防止するため，ケーシングチューブや安定液および静水（泥水）圧を利用して杭穴の**孔壁防護**を行う．**安定液**は，不透水性の泥壁を形成し，孔壁の崩壊を防止し，コンクリートとの置換流体としての役割を果たす．安定液の性状が杭の品質に大きく影響するため，現場における粘性・比重等，安定液の管理（基準値を満たしていることを常に確認）が重要となる．

掘削土のうち，流動性を呈しコーン指数200N/㎡未満，一軸圧縮強度50kN/㎡以下の**建設汚泥**は，**産業廃棄物**として取り扱う．なお，脱水処理を行った建設汚泥は，**盛土**に使用することができる（特定有害物の確認が必要）．

表1･31　場所打ち杭工法の特徴

区分	長所	短所
場所打ち杭	①騒音，振動が小さい． ②大径の杭が施工可能である． ③長さの調整が比較的容易である． ④掘削土砂により中間層や支持層の土質を確認することができる． ⑤打込み杭工法に比べて近接構造物に対する影響が小さい．	①施工管理が打込み杭工法に比較して難しい． ②泥水処理，排土処理が必要である． ③小径の杭の施工が困難である． ④杭本体の信頼性は既製杭に比べ小さい．

2. スライム処理

スライムとは，孔壁防護に安定液（水，ベントナイト泥水など）を使用したときに生じる掘削土と安定液が混合した**掘削残土**をいう．スライムを十分に除去せずにコンクリートを打つと杭の耐力を低下させる原因となる．

除去の方法としては，掘削完了後に底ざらいバケットやエアリフト方式による**一次スライム処理**（大ざらえ）と，鉄筋かごの建込み後，エアリフトポンプの吸上げ方式による**二次スライム処理**がある．スライム処理は，杭コンクリートの品質確保のために行う．

3. 鉄筋かごの設置

鉄筋かごは，慎重に掘削孔に降下させる必要があるため，つり込みはつり金具を用いて鉛直性を保持しつつ揺れを防止する．鉄筋かごの継手は**重ね継手**（つぎて）とし，帯鉄筋の継手は**フレア**（片面）**溶接**とする．組立ての形状保持のための**溶接を行ってはならない**（道路橋示方書）．コンクリート打設開始時には，トレミー管内の泥水を外部に押し出すゴム板の**プランジャー**を使用してコンクリートと水が混り合うのを防ぐ（図1・38）．

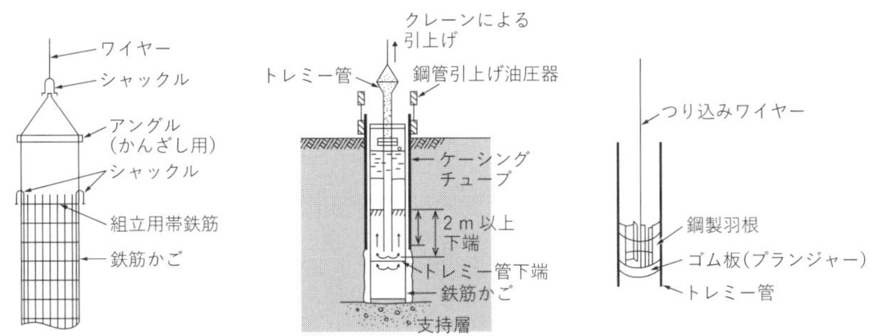

図1・38　鉄筋かごとコンクリートの打込み

4. コンクリート工

場所打ちコンクリート（深礎工法を除く）は，水中コンクリートとなる．トレミー管によるコンクリートは，スランプ18cm，単位セメント量370kg／m³以上，水セメント比50％以下，流動性の高いものを標準とする．

トレミー管の先端は，鉄筋かごの共上がりを防ぐため，打込み中のコンクリート内に**2m程度**入れること．なお，ケーシングチューブを引き抜く場合も孔壁を防護するため同様とする．杭頭部は，劣化するコンクリート部分を見込んで余分に打ち込み，硬化後に設計高まで取り壊す．**かぶり**は各工法とも**15cm**とする．ただし，深層工法で山留鋼板埋め殺しの場合で10cm，撤去で25cmとする．

例題　**場所打ち杭の特徴に関して，適当でないものはどれか．**

⑴　掘削土により基礎地盤の確認ができる．
⑵　施工時の騒音・振動が打込み杭に比べて大きい．
⑶　杭材料の運搬や長さの調節が比較的容易である．
⑷　大口径の杭を施工することにより，大きな支持力が得られる．

解　⑵

場所打ち杭は，打込み杭に比べて騒音・振動は小さい．

理解度の確認

章末演習問題 **問30** にTryしよう！

土留め工

Q24 土留め工には，どのようなものがありますか？

Answer

土留め工法は，地盤状況により，湧水の多い地盤・軟弱な地盤では鋼矢板を建て込み，腹起しと切梁を取り付ける**鋼矢板工法**が用いられる．一方，地下水位が低く湧水の少ない地盤では，**親杭横矢板工法**が用いられる．

1. 親杭横矢板工法

土留めは，土砂の崩れ落ちるのを防ぐための仮設構造物である．**親杭横矢板工法**，**鋼矢板工法**，**地中連続壁工法**が代表的である．

親杭横矢板工法は，湧水やヒービングの恐れがない地盤において，親杭に**H形鋼**や**I形鋼**を用いて**木製矢板**を横矢板とする土留めである．**親杭**と**腹起し**との密着を図るため**モルタル**で裏込めを行う．腹起しにあてがう切梁の継手は**突合せ継手**とし，カバープレートとボルトを用いて緊結する．切梁の長さが長くなるときは，**中間支持柱**，**火打ち**を設けて座屈を防止する．

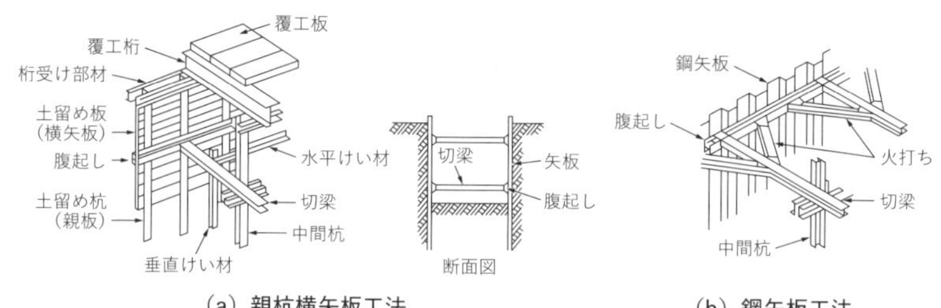

(a) 親杭横矢板工法　(b) 鋼矢板工法

図1・39　土留め工構造図

2. 鋼矢板工法

湧水のある軟弱地盤では，**鋼矢板工法**（シートパイル）を用いる．鋼矢板工法においても**腹起し・切梁・火打ち**を設け，**鋼矢板**と腹起しの密着を図るため裏込めコンクリートを施工する．地下水位の高い粘性土では，矢板の根入れ深さを大きくして**ヒービング**を防止する（図1・40）．地下水の高い砂質地盤においては，根入れを大きくして**ボイリング**を防止する（図1・41）．

掘削底面付近に**難透水層**がある場合，掘削に伴い難透水層下面に上向きの水圧（浮力）が作用し，掘削面が浮き上がりボイリング状の破壊に至る**盤膨れ**に留意する．

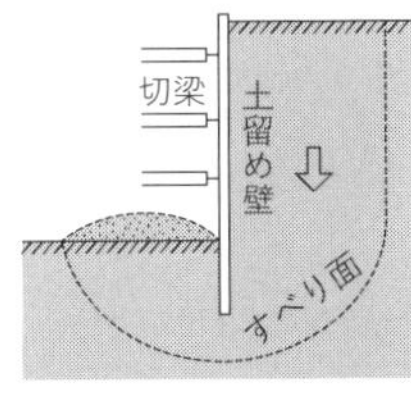

図1・40　ヒービング

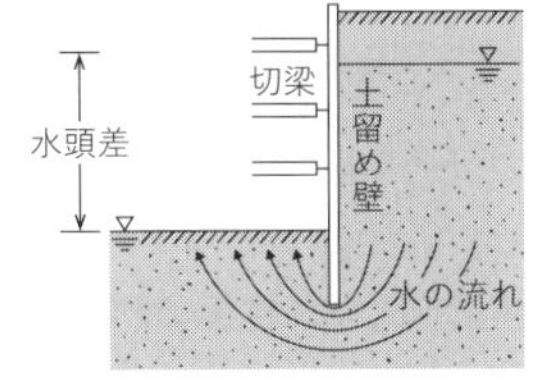

図1・41　ボイリング

表1・32　ヒービング・ボイリングの安全対策

ヒービング	ボイリング
ヒービングは，軟弱な粘性地盤において，掘削背面の土の重量が掘削底面以下の地盤の支持力より大きくなると掘削背面の土がすべり出し，掘削底面が膨れ上がる現象をいう． ［安全対策］ ①十分に安全な矢板断面を確保する ②矢板の根入れ長を大きく取る ③掘削底面下の地盤の改良をする ④掘削背面の荷重の低減等を行う	ボイリングは,地下水位の高い砂質地盤において,矢板先端の内部の土圧と水圧のバランスが崩れ，締切りの内部に水や砂が噴き上がって急激に地盤が崩壊する現象をいう． ［安全対策］ ①矢板の根入れ長を大きくする ②ウェルポイント等で地下水を排除する

3. 地中連続壁工法

地中連続壁工法は,土留め壁としてコンクリートの連続した壁（**地中連続壁**）または柱（**柱列式土留め壁**）を地中につくる工法である．地中壁は**剛性が高く**,構造物本体の一部として施工される．

表1・33　各種土留め壁の使用材料による長所・短所

名称	使用条件	使用材料の長所および短所
親杭横矢板工法	①ヒービングの恐れのない場合 ②湧水のない場合 ③横断埋設物のある場合	①材料の剛度が大きい ②埋設物のある場合でも打込み可 ③横矢板の裏に空隙ができると周辺の地盤沈下を起こす可能性あり
鋼矢板工法（シートパイル）	①水密性を必要とする場合 ②ヒービング，ボイリングの恐れのある場合 ③軟弱地盤で横矢板が挿入できない場合	①耐久性がある ②修理可能 ③反復使用が可能 ④たわみが大きい ⑤埋設物などがあれば連続施工不可 ⑥硬い地盤には打込み困難
地中連続壁工法	①深い構築の場合 ②特に遮水性・水密性が要求される場合 ③騒音規制を受けるとき ④周辺の地盤沈下を防ぎたい場合	①剛性があり本体構造として利用可 ②長さ・厚さが比較的自由に選択可 ③支持杭として利用できる ④仮土留めとした場合には工費が高い ⑤横断埋設物のある場合，連続施工不可

理解度の確認

章末演習問題 **問31** にTryしよう！

演習問題

問1　原位置試験と試験結果の利用との組合せとして，適当なものはどれか．

	［原位置試験］		［試験結果の利用］
(1)	平板載荷試験	→	地盤改良工法の設計
(2)	標準貫入試験	→	土の締まり具合の判定
(3)	ベーン試験	→	地下水の状態の推定
(4)	CBR試験	→	粘性土の沈下量の推定

問2　土質試験と試験結果の利用との組合せとして，適当なものはどれか．

	［土質試験］		［試験結果の利用］
(1)	圧密試験	→	粘性土の沈下
(2)	ポータブルコーン貫入試験	→	地盤の安定
(3)	スウェーデン式サウンディング試験	→	地盤中を伝わる地震波
(4)	弾性波探査	→	舗装厚さ

問3　土のせん断強さに関して，適当でないものはどれか．

(1)　土のせん断強さは，同じ土でも含水比や外力の加わり方等の条件によって異なる．

(2)　土のせん断強さを求める室内試験方法として，一面せん断試験，一軸圧縮試験，三軸圧縮試験などがよく用いられる．

(3)　粘着力cと内部摩擦角Φは，土の強度定数のことである．

(4)　粘着力cは，土粒子間の結合力に基づき，粗粒の土ほど大きくなる．

問4　土に関する用語のうち，適当でないものはどれか．

(1)　粒度とは，土粒子の粒径別の割合をいい，質量百分率で表される．

(2)　均等係数は，粒度分布の広がりや形状を数値的に表す指数であり，これにより粒度分布の状態を知ることができる．

(3)　土のコンシステンシーとは，一般に外力による変形・流動に対する抵抗の度合を表す性質をいう．

(4)　土の収縮限界とは，液性限界と塑性限界の差で求められる．

問5　土の基本的性質について，適当でないものはどれか．

(1)　土のコンシステンシーは，含水比に左右され，硬い，軟らかい，もろい等で表される．

(2)　土の液性限界とは，塑性体として最小のせん断強さを示すときの含水比である．

(3)　粒径加積曲線で曲線が立っているものは，単一の粒径が比較的揃っている土である．

(4)　含水比とは，土中の水の質量と土の湿潤質量との比を百分率で表したものである．

問6　土の締固め管理に関して，適当でないものはどれか．

(1)　品質規定方式は，盛土に必要な品質を仕様書に明示し，締固め工法は施工者に任せる方法である．

(2)　品質規定方式による締固めの管理は，請負契約の性格上合理的な方式であり，最近の請負工事においては多くの機関で採用されている．

(3)　工法規定方式は，使用する締固め機械の機種や締固め回数，盛土材料の巻出し厚さなど，工法そのものを仕様書に規定している．

(4)　品質規定方式による締固めの管理方法において，最も一般的なものは，現場における締固めの程度を含水比で規定する方法である．

問7　土量の変化率に関して，適当なものはどれか．

ただし，砂質土の変化率　$L = 1.20$，$C = 0.85$

中硬岩の変化率　$L = 1.50$，$C = 1.20$　とする．

(1)　ほぐした土量が同じ場合，地山土量は中硬岩の方が砂質土よりも多い．

(2)　締め固めた土量が同じ場合，地山土量は砂質土の方が中硬岩よりも少ない．

(3)　地山土量が同じ場合，ほぐした土量は中硬岩の方が砂質土よりも多い．

(4)　地山土量が同じ場合，締め固めた土量は中硬岩の方が砂質土よりも少ない．

問8　下図の工事起点No.0から工事終点No.5（工事区間延長500m）の道路改良工事の土積図（マスカーブ）において，適当でないものはどれか．

(1)　No.1〜No.2は，盛土区間である．

(2)　当該工事区間では，盛土区間よりも切土区間が長い．

(3)　No.0〜No.3は，切土量と盛土量が均衡する．

(4)　当該工事区間では，土が不足する．

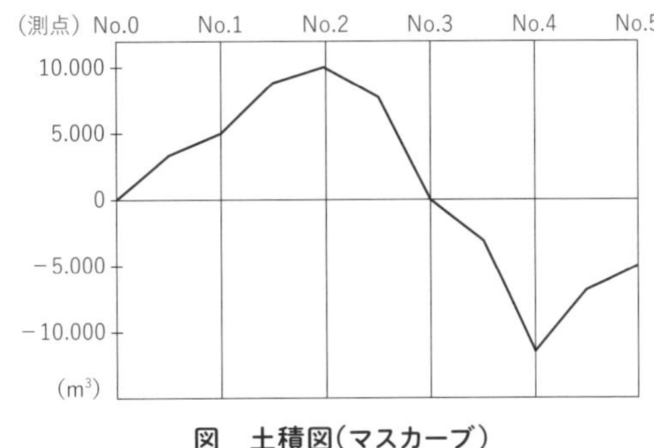

図　土積図（マスカーブ）

問9　盛土に適した盛土材料の性質とし，適当でないものはどれか．

(1)　粒度配合のよい礫質土や砂質土

(2)　締固め後の吸水による膨張が大きい土

(3)　敷均しや締固めが容易な土

(4)　締固め後のせん断強度が高く，圧縮性が小さい土

問10　盛土の施工に関して，適当でないものはどれか．

⑴　盛土の施工で重要なのは，盛土材料を水平に敷き均すこと，均等に締め固めることである．

⑵　盛土の締固めの効果や特性は，土の種類，含水状態および施工方法によって大きく変化する．

⑶　盛土の締固めの目的は，盛土の法面の安定や土の支持力の増加など得られるようにすることである．

⑷　盛土の施工における盛土材料の敷均し厚さは，路体より路床の方を厚くする．

問11　法面保護工の工種とその目的の組合せとして，適当でないものはどれか．

	［工種］		［目的］
⑴	植生マット工	→	侵食防止
⑵	補強土工	→	雨水の浸透防止
⑶	ブロック積み擁壁工	→	土圧に対抗
⑷	コンクリート張工	→	崩落防止

問12　整地・締固めに使用する機械に関して，適当でないものはどれか．

⑴　タンピングローラは，岩塊や粘性土の締固めに適している．

⑵　マカダムローラは，砕石や砂利道などの一次転圧，仕上げ転圧に適している．

⑶　振動コンパクタやランマーは，広い場所の締固めに適している．

⑷　振動ローラは，ロードローラに比べると小型で，砂や砂利の締固めに適している．

問13　建設機械に関して，適当でないものはどれか．

⑴　ブルドーザは，土砂の掘削，押土および短距離の運搬作業に使用される．

⑵　スクレープドーザは，土砂の掘削と運搬の機能を兼ね備えており，狭い場所や軟弱地盤での施工に使用される．

⑶　スクレーパは，土砂の掘削，積込み，敷均しおよび締固めまでを一連作業として行うことができる．

⑷　振動ローラは，ローラを振動させながら回転して締め固める機械で，砂利などの締固めの施工に使用される．

問14　軟弱地盤の改良工法のうち，地震時の液状化防止対策工に該当するものはどれか．

⑴　深層混合処理工法　　⑵　ウェルポイント工法

⑶　グラベルドレーン工法　　⑷　バイブロフローテーション工法

問15　地盤改良工法に関して，適当でないものはどれか．

⑴　載荷工法は，軟弱な地盤を良質な材料に入れ換えて，地盤のせん断強さを増大させる工法である．

(2) サンドマット工法は，軟弱地盤上に厚さ0.5～1.2m程度の敷き砂を施工し，地表面付近の強度を増加させる工法である．

(3) ディープウェル工法は，地盤が砂・砂利層で透水性が高い場合で，1箇所の井戸で広範囲にわたって地下水位を下げる工法である．

(4) 薬液注入工法は，地盤の透水性を減少させるとともに，土粒子間を固結し強さを増大させる工法である．

問16　コンクリート用セメントに関して，適当でないものはどれか．

(1) セメントの水和作用の現象である凝結は，使用時の温度が高いほど遅くなる．

(2) セメントの密度は，化学成分によって変化し，風化するとその値は小さくなる．

(3) 粉末度とは，セメント粒子の細かさを示すもので，粉末度の高いものほど水和作用が早くなる．

(4) 初期強度は，普通ポルトランドセメントの方が高炉セメントB種より大きい．

問17　コンクリートの混和材料に関して，適当でないものはどれか．

(1) AE剤は，微小な独立した空気の泡を分布させ，コンクリートの凍結解に対する抵抗性を増大させる．

(2) フライアッシュは，セメントの使用量が節約でき，コンクリートのワーカビリティーをよくする．

(3) ポゾランは，水酸化カルシウムと常温で徐々に不溶性の化合物となる混和材の総称であり，ポリマーはこの代表的なものである．

(4) 減水剤は，コンクリートの単位水量を減らすことができる．

問18　フレッシュコンクリートに関して，適当なものはどれか．

(1) ワーカビリティーは，変形あるいは流動に対する抵抗の程度を表す性質である．

(2) ブリーディングは，練混ぜ水の表面水が内部に浸透する現象である．

(3) スランプは，柔らかさの程度を示す指数である．

(4) コンシステンシーは，打込み・締固め・仕上げなどの作業の容易さを表す性質である．

問19　コンクリートの劣化機構に関して，適当でないものはどれか．

(1) 化学的侵食は，硫酸や硫酸塩などによりコンクリートが溶解する現象である．

(2) 塩害は，コンクリート中に侵食した塩化イオンが鉄筋の腐食を引き起こす現象である．

(3) 中性化は，コンクリートの酸性が空気中の炭酸ガスの侵入などにより失われていく現象である．

(4) 疲労は，荷重が繰り返し作用することで，コンクリートに微細なひび割れが発生し，やがて大きな損傷となっていく現象である．

問20　コンクリートの配合に関して，適当でないものはどれか．

⑴　配合設計では，所要の強度や耐久性をもつ範囲で，単位水量をできるだけ少なくする．

⑵　水セメント比は，コンクリートの強度，耐久性や水密性などを満足する値の中から大きい値を選定する．

⑶　スランプは，運搬，打込み，締固めなどの作業に適する範囲内でできるだけ小さくする．

⑷　空気量は，AE剤などの混和剤の使用により多くなり，ワーカビリティーを改善させる．

問21　レディーミクストコンクリートの受入検査の項目とその時期として，適当でないものはどれか．

⑴　空気量の検査用試料採取を工場出荷時に行った．

⑵　圧縮強度の検査用試料採取を荷卸し時に行った．

⑶　フレッシュコンクリートの状態検査を荷卸し時に行った．

⑷　塩化物イオン量の検査用試料採取を工場出荷時に行った．

問22　コンクリートの運搬・打込みに関して，適当でないものはどれか．

⑴　コンクリート打込み中に硬化が進行した場合は，均質なコンクリートに改めて練り直してから使用する．

⑵　高所からのコンクリートの打込みは，原則として縦シュートとするが，やむを得ず斜めシュートの場合は材料分離を起こさないよう使用する．

⑶　コンクリートを直接地面に打ち込む場合は，あらかじめ均しコンクリートを敷いておく．

⑷　現場内においてコンクリートをバケットを用いてクレーンで運搬する方法は，コンクリートに振動を与えることが少ない．

問23　コンクリートの施工に関して，適当でないものはどれか．

⑴　締固めは，打ち込まれたコンクリートからコンクリート中の空隙をなくし，密度の大きいコンクリートをつくるために行う．

⑵　コンクリート構造物は，温度変化に抵抗するため伸縮継目を設けない．

⑶　コンクリートの締固めには，内部振動機を用いることを原則とし，内部振動機の使用が困難な場所には型枠振動機を使用してもよい．

⑷　打継目は，型枠の転用や鉄筋の組立てなど，コンクリートをいくつかの区画に分けて打ち込むために必要となるものである．

問24　コンクリートの養生に関して，適当でないものはどれか．

(1)　コンクリートの露出面は，表面を荒らさないで作業ができる程度に硬化した後に養生用マットで覆うか，または散水等を行い湿潤状態に保つ．

(2)　コンクリート打込み後，セメントの水和反応を促進するために，風などにより表面の水分を蒸発させる．

(3)　コンクリートは，十分に効果が進むまで急激な温度変化等を防ぐ．

(4)　コンクリートは，十分に硬化が進むまで衝撃や余分な荷重を加えない．

問25　各種コンクリートに関して，適当でないものはどれか．

(1)　暑中コンクリートは，材料を冷やし，日光の直射から防ぎ，十分湿気を与える．

(2)　マスコンクリートでは，セメントの水和熱による温度変化に伴い温度応力が大きくなるため，コンクリートのひび割れに注意する．

(3)　膨張コンクリートは，膨張材を使用し，主に乾燥収縮に伴うひび割れを防ぐ．

(4)　寒中コンクリートは，ポルトランドセメントとAE剤を使用するのが標準で，単位水量はできるだけ多くする．

問26　基礎地盤および基礎工に関して，適当でないものはどれか．

(1)　基礎工の施工にあたっては，周辺環境に与える影響にも十分留意する．

(2)　支持地盤が地表から浅い箇所に得られる場合には，直接基礎を用いる．

(3)　基礎地盤の地質・地層状況，地下水の有無については，載荷試験で調査する．

(4)　直接基礎の基礎底面と支持地盤を密着させ，十分なせん断抵抗を有するよう施工する．

問27　道路構造物の直接基礎の施工に関して，適当なものはどれか．

(1)　基礎地盤が岩盤の場合は，基礎底面地盤にはある程度不陸を残し，平滑な面としない．

(2)　基礎底面の鉛直支持力が不足する場合は，突起を設けて鉛直支持力の増大を図る．

(3)　基礎地盤が砂地盤の場合は，不陸を残さないように基礎底面地盤を整地し，その上に割栗石や砕石を配置する．

(4)　砂層，砂礫層は，N値が20以上あれば良好な支持層とみなす．

問28　既製杭の施工に関して，適当でないものはどれか．

(1)　中掘り工法における杭の沈設方法は，掘削と同時に抗体を回転させ圧入する．

(2)　打撃工法における打込み途中で一時休止すると，時間の経過とともに打込みは比較的容易になる．

(3)　打撃工法における打込み精度は，建込み精度により大きく左右される．

(4)　中掘り杭工法における先端処理方法には，最終打撃方式，セメントミルク噴出攪拌方式，コンクリート打設方式がある．

問29　場所打ち杭工法と掘削方法の組合せとして，適当でないものはどれか.

	［工法］		［掘削方法］
(1)	リバース工法	→	掘削する杭穴に水を満たし，掘削土とともにドリルパイプを通して孔外の水槽に吸い上げ，水を再び杭穴に循環させて連続的に掘削する.
(2)	オールケーシング工法	→	ケーシングチューブを土中に挿入し，ケーシングチューブ内の土をハンマーグラブを用いて掘削する.
(3)	アースドリル工法	→	アースドリルで掘削を行い，地表面からある程度の深さに達したら表層ケーシングを挿入し，安定液で地山の崩壊を防ぎながら掘削する.
(4)	深礎工法	→	ケーソンを所定の位置に鉛直に据え付け，内部の土砂をグラブバケットで掘削する.

問30　場所打ち杭工法に関して，適当なものはどれか.

(1)　オールケーシング工法は，スタンドパイプを建て込み，孔内水位を地下水より2m以上高く保持し，孔壁に水圧をかけて崩壊を防ぐ.

(2)　アースドリル工法は，表層ケーシングを建て込み，孔内に注入した安定液の水位を地下水位以上に保ち孔壁の崩壊を防ぐ.

(3)　リバース工法は，ライナープレート，モルタルライニングによる方法等によって，孔壁の土留めをしながら内部の土砂を掘削する.

(4)　深礎工法は，杭の全長にわたりケーシングチューブを揺動圧入または回転圧入し，地盤の崩壊を防ぐ.

問31　掘削時に用いる土留め工法とその特徴の組合せとして，適当でないものはどれか.

	［土留め工法］		［特徴］
(1)	鋼矢板工法	→	地中に鋼矢板を連続して構築し，鋼矢板の継手部のかみ合せで止水性が確保される.
(2)	親杭横矢板工法	→	H形鋼の親杭と土留め板（横矢板）により壁を構築するもので，施工が比較的容易であるが，止水性は期待できない.
(3)	地中連続壁工法	→	深い掘削や軟弱地盤において，土圧，水圧が小さい場合等に用いられる.
(4)	鋼管矢板工法	→	地盤変形が問題となる場合に適し，深い掘削に用いられる.

第2章
専門土木工事と施工管理

この章では，総合的な企画・指導・調整のもと，複数の専門工事を組み合せて行う土木一式工事の構成部分をなす「専門土木工事」の施工管理について説明する．

一般に，建設工事は，土木一式工事業者（元請）が工事全体の施工管理を担当し，各下請の専門土木工事業者が専門土木工事の施工管理を担当する．元請・下請にかかわらず工事の施工にあたっては，専門土木工事の内容について，十分な知識と技術が必要となる．

鋼材の種類と力学的特性

Q25 鋼材の種類には，どのようなものがありますか？

Answer

鉄と炭素の合金である**鋼材**（Steel）には，表2･1に示す構造用鋼材･鋼管，接合用鋼材，棒鋼がある．SM490は溶接構造用圧延鋼材で引張強さが490N/㎟以上，棒鋼SR235は降伏点強度235N/㎟以上を表す．

1. 鋼材の種類

鉄金属材料である**鋼材**は，強さや伸びに優れ，加工性もよいことから土木構造物や土木工事に欠くことのできない重要な土木材料の一つである．

一般構造用圧延(あつえん)鋼材は，建築や橋などの構造物に用いる一般構造用の熱間圧延鋼材（720℃以上の高温で圧延）で，鋼板・帯鋼・平鋼・形鋼などがある．**溶接構造用圧延鋼材**（SM490）は，溶接性を考慮した熱間圧延鋼材である．一方，**棒鋼**（SR235：丸鋼，異形棒鋼）は，RC構造物に用いられる鉄筋である．

鋼材は，炭素含有量によって**鉄**（炭素含有量0～0.02%），**鋼**（0.02～2.1%），**鋳鉄(ちゅうてつ)**（2.1～6.7%）に分類される．炭素が増えると，引張強さ，降伏点，硬さも増し，衝撃力，伸び，絞りが減る（延性・靭性(じんせい)が減少し，硬く，もろくなる）．

表2･1　鋼材の種類

分類	種類	記号	例	数字の意味	備考
構造用鋼材	一般構造用圧延鋼材	SS	SS400	引張強度	鋼板，形鋼
	溶接構造用圧延鋼材	SM	SM490 SM400A	引張強度	鋼板，形鋼 溶接性に優れている．
	溶接構造用耐候性熱間圧延鋼材[*1]	SMA	SMA400 SMA490	引張強度	鋼板，形鋼 防食性に優れている．
鋼管	一般構造用炭素鋼鋼管	STK	STK400 STK490	引張強度	鋼管杭など
接合用鋼材	摩擦接合用高力六角ボルト，トルシア形	—	F8T[*2] S10T	引張強度	現場継手用鋼材
棒鋼	熱間圧延棒鋼	SR	SR235	降伏点強度	RC用丸鋼
	熱間圧延異形棒鋼	SD	SD295 SD345	降伏点強度	RC用異形棒鋼

＊1　**耐候性鋼材**は，初期において発生した錆が緻密層（保護性錆）を形成し鋼材の保護膜となり，それ以後は錆は進行しない．錆の生成は，大気に触れ，雨によって浮錆が流され，日照によって錆表面が乾燥することが必要．水中や土中など，常時錆表面が濡れている場合は生成されない．

＊2　F8T：引張強度（T）780N/㎟以上を示す．

2. 鋼材の力学的特性

物体に加えた後，外力を取り除くとひずみが消えて元の形に戻る性質を**弾性**（だんせい）といい，外力を取り除いてもひずみ残る性質を**塑性**（そせい）という．

鋼材に引張力を加えたときの**応力－ひずみ曲線**を図2･1に示す．OPは，応力とひずみが比例し**フックの法則**が成り立つ．鋼材の機械的強さは試験片の**引張強さ**（最大応力点U）で表し，棒鋼は**上降伏点Y_u**で表す．

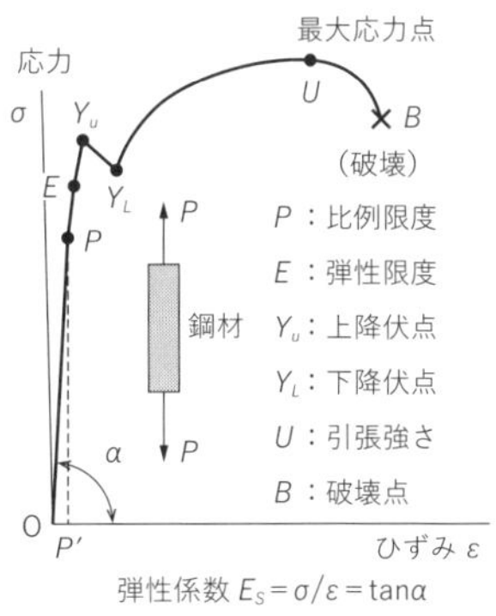

図2･1 応力とひずみ

降伏点とは，応力－ひずみ曲線において，引張荷重の応力は増加せずに，**ひずみだけが増加する点**の応力をいう．構造用鋼材は**降伏点が存在する**が，鋳鋼，高張力鋼（PC鋼材）は明確な**降伏点を示さない**．

軟鋼（なんこう）（低炭素鋼）は，降伏点を超えて引張応力を加えると，応力の増加に比べてひずみ（伸び）の増加が急激に増し，最大荷重U（引張強さ）になった後，**十分伸びてから破断**に至る．

鋼材の破断には，伸び・絞りを伴って破断する**延性破断**（えんせい）と，伴わなずにもろく破断する**脆性破断**（ぜいせい）がある．衝撃力に対して強い，またはもろくならない性質を**靭性**（じんせい）（シャルピー衝撃試験によって調べる）といい，靭性が大きい鋼材は，粘りが強く，割れの発生および伝播を防ぐ．

例題 **鋼材に関して，適当でないものはどれか．**

(1) 鋼材は，強さや伸びに優れ，加工もよく，土木構造物に欠くことのできない材料である．

(2) 軟鉄（低炭素鋼）は，延性，展性に富み溶接などの加工性が優れているので，橋梁などに広く用いられている．

(3) 鋼材は，応力度が弾性限界に達するまでは塑性を示すが，それを超えると弾性を示す．

(4) 鋼材は，気象や化学的な作用による腐食が予想される場合，耐候性鋼材などの防食性の高いものを用いる．

解 (3)

弾性限度まで弾性を，それを超えると塑性を示す．

なお，(2)「展性」とは，圧力や打撃を加えた際にひび割れなどの破壊が起こずに薄く広がる性質（塑性の一種）をいう．

理解度の確認

章末演習問題 **問1**，**問2** にTryしよう！

鋼材の加工と接合
Q26 鋼材の加工や接合は，どのようにするのですか？

Answer

鋼材の加工および継手は，設計図どおりに行う．曲げ加工は，常温で局所的に大きなひずみを与えないように留意する．鋼材の接合には，溶接継手（すみ肉溶接，突合せ溶接）と高力ボルト接合（摩擦による接合，重ね継手，突合せ継手）がある．

1. 鋼材の溶接接合

溶接接合には，被覆アーク溶接，サブマージアーク溶接，さらに大気中の窒素や酸素と溶融金属とを遮蔽するガスシールドアーク溶接法等がある．接合箇所の部材形状等により，母材を溶融状態にして結合させる**融接**（ゆうせつ）による**突合せ溶接**，**すみ肉溶接**，熱や圧力を加えて接合する**圧接**（あっせつ）による**鉄筋圧接**，融点の低いろうを用いる**ろう接**（はんだ付け）がある．

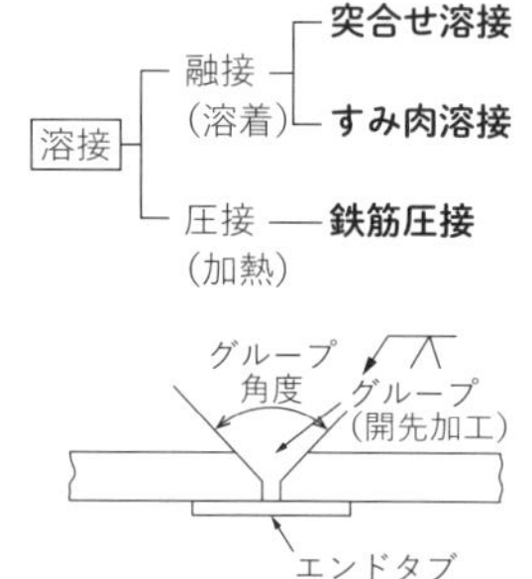

図2・2　突合せ溶接

①**突合せ溶接**（グループ溶接）：接合する部材間に溝を設け（開先加工：I形，V形，X形），溶着金属を盛る方法（図2・2）．

②**すみ肉溶接**：直交する2つの面を接合する三角形の断面形状を有する溶接で，せん断力によって力を伝達する方法（重ね継手やかど継手など）．

組立（仮付け溶接）は，本溶接と同等の技術をもつ者が行い，**仮付け長さ**は割れを防ぐため80mm以上とし，**すみ肉サイズ**は4mm以上とする．溶接部には，ひび割れ，ブローホール（溶接金属材の気孔），スラグの巻込み，のど厚不足，サイズ不足，アンダーカット，オーバーラップ等の欠陥が生じないように施工し，内部は**超音波探傷試験**，外部は**目視による外観検査**を行う（図2・3）．

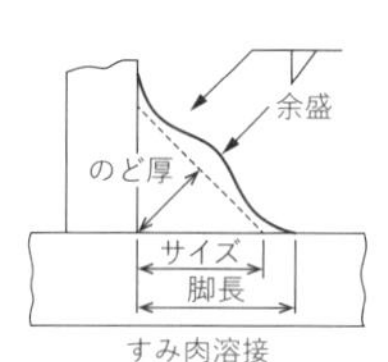

（a）のど厚不足　（b）補強盛過大　（c）アンダーカット　（d）オーバーラップ

図2・3　すみ肉溶接の欠陥例

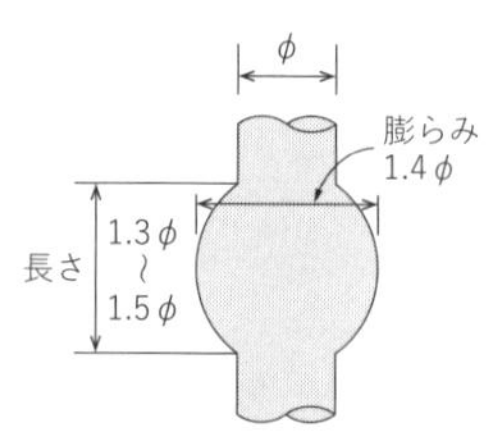

図2・4　鉄筋の圧接部

③**鉄筋圧接**は，鉄筋両端を加熱して溶かし，両端を押し合せて鉄筋を接合する．**膨らみ**は鉄筋径の**1.4倍以上**，中心軸の偏心，圧接面のずれが生じないこと（図2·4）．

2. 高力ボルト接合

高力ボルト接合（こうりょく）は，接合部材間の接触面に生じる**摩擦力**によって応力を伝達する（図2·5）．規定のボルト軸力に達するよう，**トルク法**，**回転法**，**トルシア形高力ボルト**で管理する．

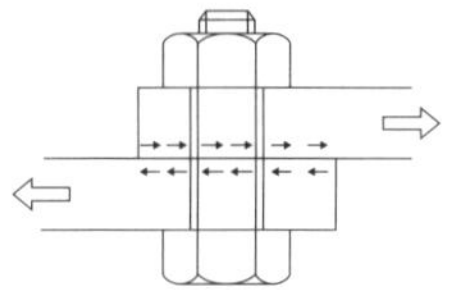

図2·5　高力ボルト接合

①**トルク法**：ボルト軸力が均一に導入できるように締付けトルクを調整する．締付け軸力の60%まで仮締めし，本締めで所定の締付け力の10%増しとして**二度締め**とする．

②**回転法**：ボルト軸力による伸びを**回転量**で表すもので，手締めの後にナットを回転させると鋼の伸び性状によって，ボルト軸力がほぼ一定に落ち着くことを利用する．トルクレンチ（所定のトルクで締め付ける工具），スパナで力いっぱい締め付けた状態からボルト長が径の5倍以下の場合で，1/3回転（120°）± 30°の回転を与える．

なお，回転法は，摩擦接合用高力六角ボルト**F8T**，**F10T**のみに用いる（道路橋示方書）（F = Friction：摩擦，T = Tension：引張強度）．

③**トルシア形高力ボルトS10T**（S：Shear = せん断）：トルクレンチで締め付け，**ピンテール基部の破断**によりトルクを制御する．

締付検査は，トルク法による場合は，自動記録計により原則として**ボルト全数**について行うか，トルクレンチにより**各ボルト群の10%の本数**を標準として検査する．回転法の場合は，全数につきマーキングによる**外観検査**を行う．いずれも**ナットを回して行う**ことが原則である．

3. 高力ボルト継手の施工

接触面の表面処理法は，摩擦係数$\mu \geqq 0.4$を確保するため，接合面にあらかじめ次の処理を行う（$\mu = F/N$，F：摩擦力，N：押し付ける力）．

①黒皮を除去し**粗面**とする．浮き錆，油，泥などを十分に清掃する．

②塗装の場合は，厚膜型無機ジンクリッチペイントを使用する．

肌すき処理は，継手部の母材に板厚差がある場合は，**フィラープレート**（詰め板）等を用いて板厚差が生じないようにする．

ボルト群の締付けは，中央部から端部（外側）に向かって行い，原則として**二度締め**する．また，溶接と高力ボルト摩擦接合を併用する場合は，溶接の完了後に高力ボルトを締め付けるのを原則とする．

理解度の確認

章末演習問題 **問3**，**問4** にTryしよう！

鋼橋の架設工法

Q27 鋼橋は，どのようにして架けるのですか？

Answer

鋼橋の架設工事は，あらかじめ構築した下部工上に工場で製作した橋梁部材を架け渡す作業で，架設工法は，橋梁の形式，支間長，現場条件により架設支持方法や架設機械を選定する．コンクリート橋には，プレキャスト架設工法と場所打ち架設工法がある．

1. 架設(かせつ)工法の種類

鋼橋(こうきょう)の架設方法は，部材の支持方法と架設機械（機材）により表2･2のように分けられる．各種支持方法と機材を組み合せて架設する．

表2･2　鋼橋の架設工法の種類

分類	工法
支持方法による分類	一括架設　：大ブロック工法 足場式　　：ステージング（ベント）工法 片持式　　：片持式（キャンチレバー）工法 ケーブル式：ケーブルエレクション工法
架設機械による分類	クレーン工法 架設桁（トラス）工法 手延機工法

2. 鋼橋の架設工法（支持方法）

①**フローティングクレーン工法**（一括架設工法）：海上の橋梁架設等，あらかじめ工場やドックで組み立てた大ブロックをフローティングクレーンで一括架設する工法である（図2･6）．作業空間および橋体を搬出できる岸壁や揚重設備を確保でき，かつ架設工期が制約される場合に採用されるが，流速・潮流が2ノット（3.7km/h）程度を超える現場では施工が困難となる．

②**ベント式工法**：橋桁の継手が完成するまでの短期間，臨時に部材を支持する**ベント**（ステージング，高さ30mが限度）を橋桁の下に設置し架設する工法である．**キャンバー**（そり）調整が容易である（図2･7）．

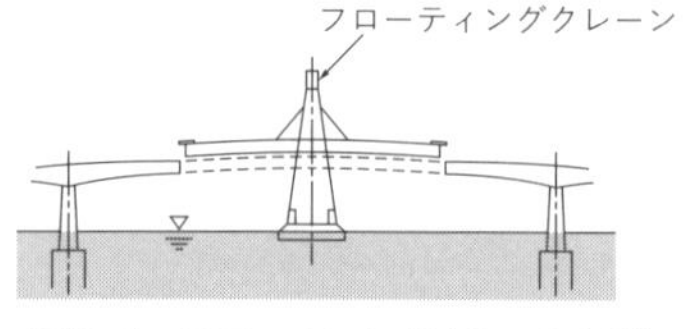

図2･6　フローティングクレーン工法

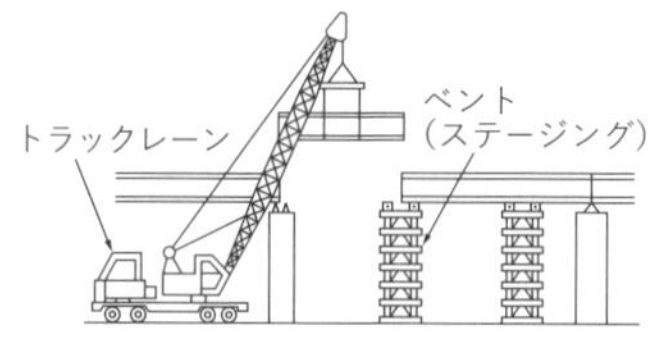

図2･7　ベント式工法
（トラッククレーンによる）

③**片持ち式工法**：主桁等をアンカーとして片持ち式に部材を組み立てる工法である．山間部あるいは航行のある河川上でステージングを設けることができない場合など仮設備をできるだけ少なくしたい場合に適する（図2・8）．

④**ケーブル式工法**：橋桁を架設するためケーブルを張り渡し，架設部材をケーブルクレーンにてつり込み架設する工法で，橋桁を下から支持できない峡谷部等では有効である．ケーブルのたわみによりキャンバー（そり）調整が非常に困難となる（図2・9）．

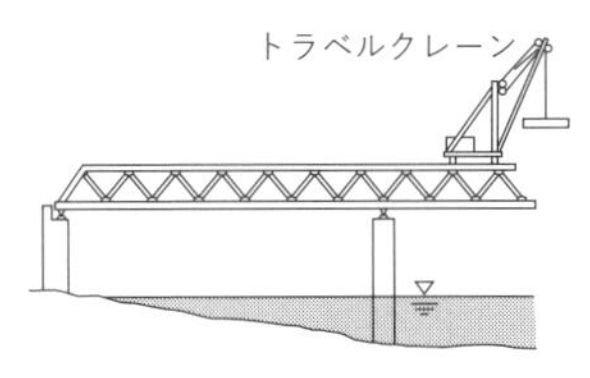

図2・8　片持ち式工法（トラベルクレーンによる）

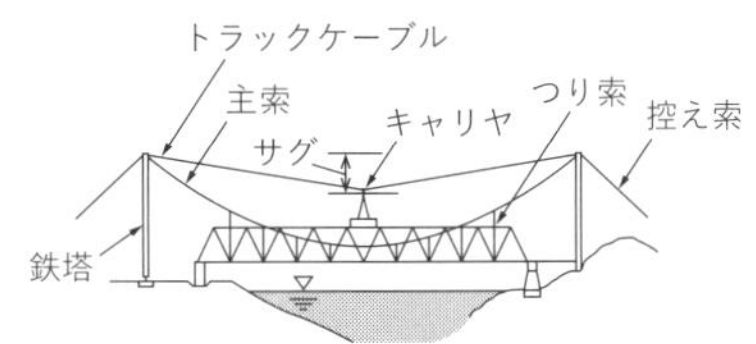

図2・9　ケーブル式（エレクション）工法

3. 鋼橋の架設工法（架設機械）

①**架設桁工法**（かせつけた）：桁下の空間が使用不可能なときの架設に採用される．架設トラスなどをあらかじめ架設地点に設けておき，その上で橋桁をブロックごとに組立て，主桁を送り出して順次架設していく工法で，曲線桁や箱桁の施工に適用される（図2・10）．

②**送出し式工法**：既設桁やベント上の桁の先端に手延機を連結し，桁長を延ばし移動台車により桁を引き出して架設する工法で，重要な交通機関や河川などステージング等が常時設けられない場合，緩やかな曲線桁の施工に適する．手延機を取り付けた架設桁の支持点は，既設桁上の台車の位置にあり，完成時の支持点とは異なる（図2・11）．

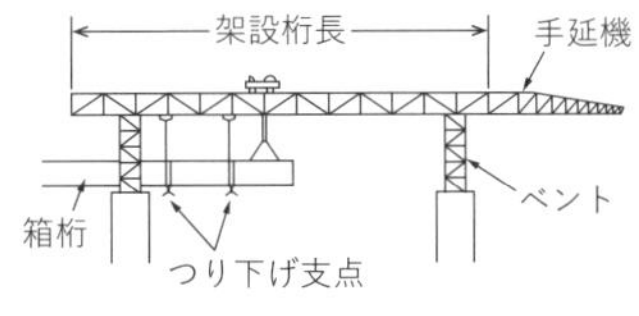

図2・10　架設桁工法

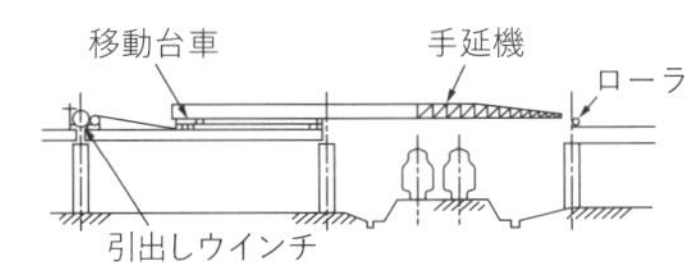

図2・11　送出し式工法

例題　**桁下高が高い峡谷部のアーチ橋の架設工法はどれか．**

(1)　ベント式架設工法　　(2)　片持ち式架設工法

(3)　ケーブル式架設工法　　(4)　送出し式架設工法

解　(3)

理解度の確認

章末演習問題 **問5** にTryしよう！

堤防の施工

Q28 築堤（堤防）は，どのように施工しますか？

Answer

河川工事は，流水を円滑にし（治水），河川水を有効に利用（利水）するための河川改修や河川工作物の設置，河川維持工事をいう．堤防は，河道を安定させて河川水を安全に流下させるとともに，河川の氾濫を防止する構造物である．

1. 河川堤防の種類

河川堤防は，河川水を安全に流下させ，**堤内**（住居・農地のある側）への洪水よる河川の氾濫を防止する．堤防の法線はなめらかに，かつ流れの方向と一致させる．その設置の目的や形状によって図2･12のように分類する．

堤防は，長大な土構造物であるため，流水・越流による**洗掘**に対し弱く，砂質土砂で地震時の液状化現象などの弱点をもつ．

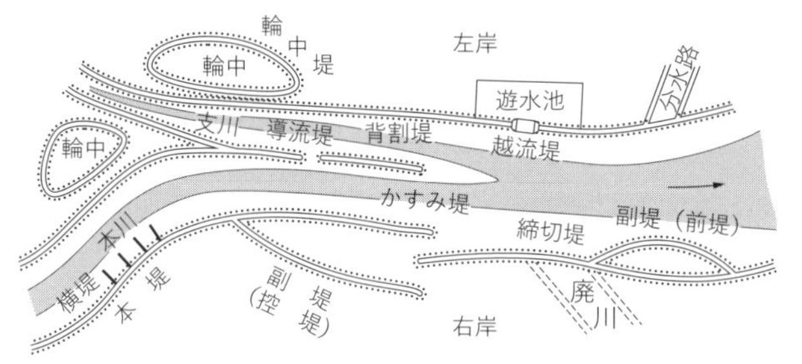

河川を上流から下流に向って，右側を右岸，左側を左岸という．

図2･12　堤防の種類

2. 河川堤防の土工

堤防は洪水の氾濫を防止し，外力に対して安定した断面とする．堤防の高さは，計画高水位に**余裕高さ**を加えた高さ以上とする．河川堤防の**堤内地**（川裏側）の盛土材料は，**堤外地**（川表側）より**透水性の大きい**ものを用い，排水を良好にする．盛土完了後の基礎地盤の圧密沈下，堤体の圧縮による沈下を見込み，**計画堤防高**（天端・法面・小段等）**に余盛り**をする．**築立**は上流より**下流**に，**河川堤防法線と平行**になるように行う．

旧堤防を利用し堤防の拡築を行う際は，川幅を狭くしないため**裏法**（堤防で守られている側）**面に腹付け**とし，すべりを防ぐため旧法面を**段切り**（50～60 cm）した後に**盛土**を施工する．旧堤防の天端の高さを増すものを**かさ上げ**，幅を増すものを**腹付け**という．旧堤防の背後に新堤防を築造する**引堤工事**（ひきてい）では，新堤防が安定するまで**新旧堤防を併存させる**（約3年）．

パイピングは，浸透水が堤体の中を**裏法面**に向かって浸透し，水の通りを広げていく現象で，堤体の破壊の原因となる．

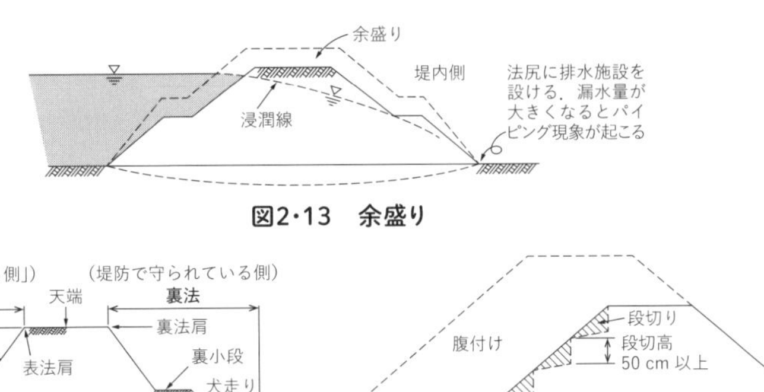

図2・13　余盛り

図2・14　堤防断面の名称

図2・15　腹付けと段切り

3. 築堤材料

築堤材料としては，湿潤による**軟化・膨張が小さく**，法面の**すべり**や**乾燥収縮を起こしにくく**，締固め後の**透水係数が小さく**，**粒度分布のよい土**が望ましい（図2・16）．草や木の根などを含んだ土・腐土等は締まりにくく，すべりを起こしやすいので築堤材料としては望ましくない．

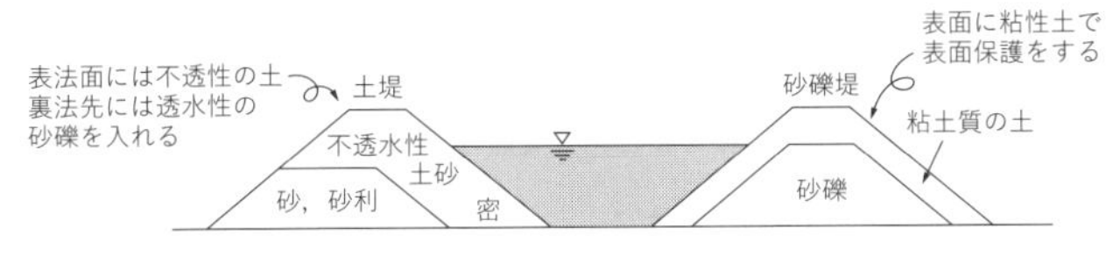

図2・16　盛土材

例題　**河川堤防に関して，適当でないものはどれか．**

(1)　河川の流水がある側を堤外地，堤防で守られる側を堤内地という．

(2)　引堤工事を行った場合の旧堤防は，新堤防の完成後，直ちに撤去する．

(3)　河川の流水がある側を表法面，堤防で守られる側を裏法面という．

(4)　腹付け工事は，旧堤防との接合を高めるため階段状に段切りを行う．

解　(2)

新堤防が安定するまで約3年間，旧堤防を併存しておく．

理解度の確認

章末演習問題 **問6** にTryしよう！

護岸工・水制工

Q29 なぜ,護岸工や水制工が必要なのですか?

Answer

護岸工は，河岸・堤防を被覆し，流水から堤防を保護する．法覆工は，流水による侵食・洗掘防止のため法面を被覆し，基礎工は法覆工を支持し護岸脚部の洗掘防止する．根固工は護岸脚部の洗掘を防ぐ．**水制工**は，流水を制御する．

1. 護岸工の施工

護岸には，高水時の表法を保護する**高水護岸**と低水路を維持する**低水護岸**がある．低水護岸の天端部分が裏側から洪水により破壊されないように法肩部分1～2m程度の幅で**屈とう性**をもつ**天端保護工**を設ける．

川表側に設ける**法覆工**は，直接流水が当たるので緩流部では芝付工，柳枝工（栗石粗朶工），蛇かご工等の軽易な工法を，中流部では石張工・コンクリート張工を，急流部では練り石張工・コンクリート張工等を施工する．

法留め工（基礎工）には，枠工，矢板工，詰ぐり工等が，また，**根固工**には，捨石工，沈床工，コンクリートブロック工等がある．**根固工**は，河床変動に追随させるため**乱積み**とし，屈とう性をもたせ，掃流力に耐える重量とする．根固工は，基礎工および法覆工とは**縁を切った構造**とする．また，洪水時の洗掘および将来の河床低下を考慮して**低く設置**する．根固工の天端高さは，**現状河床高**または**計画河床高以下**とする．

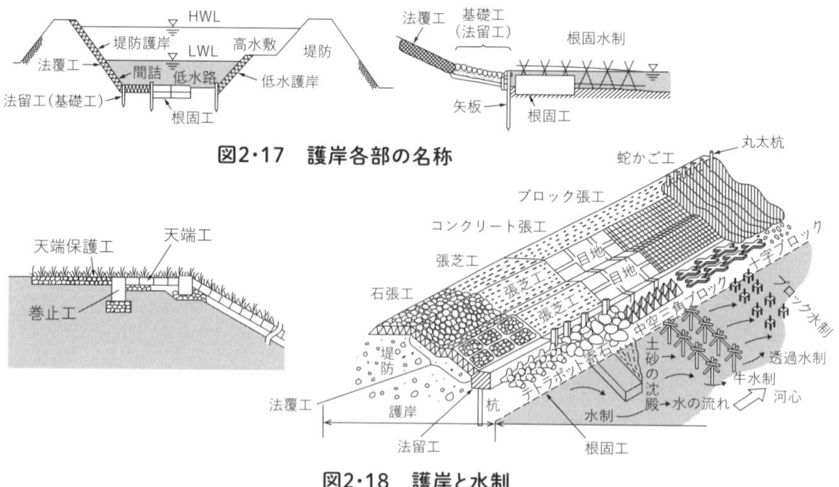

図2・17 護岸各部の名称

図2・18 護岸と水制

2. 水制工の施工

水制工（すいせい）は，流水に対して流れの方向および流速を制御し，河床の洗掘防止等，**河道の安定**を図り，**間接的に堤防を保護する**もので，河岸からある角度で河川の中心部に向かって突出した工作物をいう．水制工設置の目的は，次のとおり．

①流水の方向を変える
②河岸に近い部分の流速を緩和する
③低水路の幅や水深の維持を図る
④土砂の沈殿を促して堤体および河岸の安全を図る

透過水制は，流れの一部が透過するようにつくられたもので，維持が容易であるとともに，水制による流速減少のため土砂の沈殿に有効である．**不透過水制**は，流水を透過させない構造のため，水ハネが著しく，流水に強く抵抗するための十分な強度と重量が必要である．

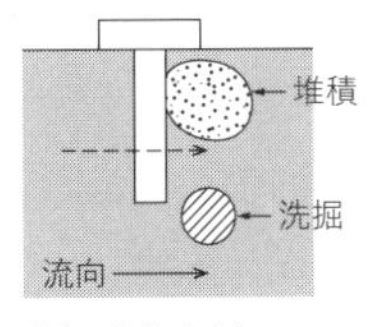

(a) 直角水制

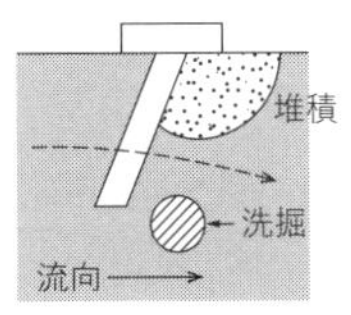

(b) 上向水制

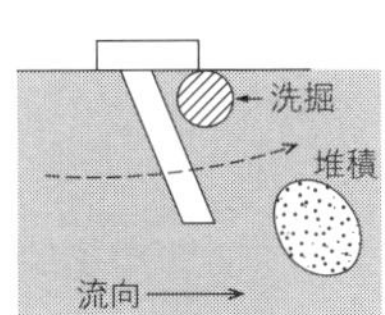

(c) 下向水制

図2・19　水制の方向

多自然川づくりでは，河川が本来有する生息環境や多様な影観を保全・創出し，治水・利水と環境を両立させる．**護岸・水利工事**では，木材や**現地の石など**自然材料を使って，生息環境の維持，植生の復元等，自然との調和を目指す．

例題　**河川護岸に関して，適当なものはどれか．**

(1)　根固工は，急流河川や流水方向にある水衝部などで河床洗掘を防ぎ，基礎工等を保護する．
(2)　護岸基礎工の天端の高さは，洗掘に対する保護のため平均河床高と同じ高さで施工する．
(3)　法覆工は，堤防法勾配が緩く流速が小さな場所では積ブロックで施工する．
(4)　高水護岸は，単断面河川において高水時に裏法面を保護する．

解　(1)

なお，(2)基礎工の天端は，計画河床または現河床の低い方より0.5～1m埋込む．(3)法勾配が緩い緩流部では，芝付工，空石張工等の軽易な工法とする．(4)表法面を保護する．

理解度の確認

章末演習問題 **問7** にTryしよう！

砂防工事
Q30 なぜ，砂防工事が必要なのですか?

Answer

砂防工事は，山地の荒廃を防ぎ，河川における土砂生産の抑制と流送，土砂の貯留・調整によって土砂災害を防止し，河道および河床勾配を安定させる．流出土砂抑制対策として，山腹工事，渓流工事，地すべり工事がある．

1. 山腹(さんぷく)工事の施工

山腹工は，山地の荒廃を防ぎ山腹を整え，斜面の崩壊や土砂移動を減少させ，流路への**土砂供給量を減らす目的**で行う．表土の流出により生じた**侵食溝**は，石積工等の谷留め（基礎工）を施してから埋め戻し，入念に締め固める．

表2·3　砂防工作物の機能

砂防工作物	機能
山腹工	山腹斜面上での土砂移動を減少させる 山腹から流路への土砂供給量を減少させる
砂防ダム	侵食に対する基準面の設定 渓床土砂の移動の抑止および流送土砂の貯留・調節 流送土砂の粒径分級（質的調節）
床固工	渓床低下の規制
護岸工，水制工	側方より流路への土砂供給量の減少
流路工	河床変動高の規制，流路平面形の固定

表2·4　山腹工事

山腹階段工	傾斜地を階段状にして植栽し安定を図る
山腹法切工	傾斜を緩くして整地する
谷留め工	谷間部の土砂崩壊や流出の抑制．山腹を蛇かごや擁壁などで被覆する
排水工	地表面に芝や石を張り水路を設けたり，暗きょ工として蛇かごや穴あき管を地中に敷設する

2. 渓流工事

砂防ダム（砂防えん堤）は，土石流を食い止め，土砂を貯めて渓流の勾配を緩やかにし，一度に大量の土砂が下流に流出することを防ぐ．**渓流工事の主体**をなすもので，目的に応じて**単独**または**階段状**に連続して施工する．基礎の根入れは，岩盤で1m以上，砂礫層で2m以上とする．水通し天端は，摩耗を防ぐため**富配合**(ふはいごう)（単位セメント量の多い）**のコンクリート**または**グラノリシックコンクリート**（粗骨材とセメントで構成），鋼板による保護工，張石工等の特殊な保護工が取られる**下流側法勾配は1：0.2**を標準とする.

構造物の規模，施工現場の状況から夏場に施工しなければならない場合もあり，安全に施工するため，図2·20**①本ダム**は半完成の状態（下部のみ完成）で，**②副ダム**，**③側壁**，**④水叩工**の順に施工し，最後に**⑤本ダム上部**を完成させる．副ダムと水叩工をまとめて**前庭保護工**という.

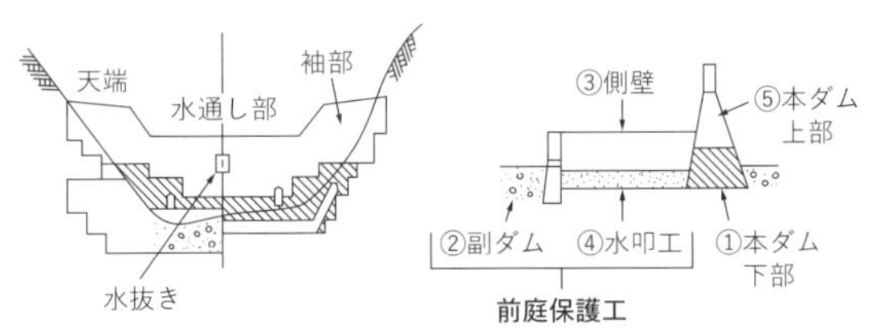

図2·20　砂防ダム施工順

流路工（渓流保全工）は，**扇状地のような流出土砂の堆積区域**で乱流と土砂の二次生産が盛んな所に用いられる工法で，**床固工**と組み合せて両岸に**護岸工**を施工し，一定の流路を確保し流路を安定させる.

流路工は，**掘込み方式**を原則とし，天井川となる築堤工は避ける．流路工の施工は，上流部で砂防工事をある程度行い，流出土砂を減少させた後に施工するため，**上流から下流に向かって**行う．流路工内に**転石**があると河道が**異常洗掘**され，護岸工の破壊の原因となる恐れがあるので，**転石処理**を行う.

床固工（床留め工）は，流路工の一部として用いられ，渓流において**渓床**ならびに**渓岸維持**のために設けられる横断構造物（横工）で，**現河床の固定**と**常水路の固定**を目的とする．床固工など横断工作物の直下流は，洗掘されやすいので，床掘り跡は転石，捨石，捨ブロック等で埋め戻しておく．床固工は**高さ5m以下**，護岸とは**絶縁**して施工する.

例題　**砂防ダムに関して，適当なものはどれか.**

(1)　本ダム下部の法面は，越流土砂による損傷を受けないよう，一般に法勾配を1：0.5とする.

(2)　本えん堤の堤体基礎の根入れは，砂礫層では1m以上行う.

(3)　砂防ダムの施工は，最初に副ダムを，次に本ダムの基礎部を施工する.

(4)　前庭保護工は，本えん堤を越流した落下水による洗掘を防止する.

解　**(4)**

なお，**(1)**1：0.2を標準に，**(2)**は2m以上，**(3)**本ダム下部→副ダムの順.

理解度の確認

章末演習問題 **問8** にTryしよう！

地すべり防止対策

Q31 地すべりの防止は，どのようにするのですか？

Answer

地すべり対策工法のうち，**抑制工**は不安定な斜面に対し，地形や地下水の状態などの自然条件を変化させ，地すべり運動を停止または緩和させる工法をいう．**抑止工**は，構造物を設けて地すべり運動の一部または全部を停止させる工法である．

1. 地すべり対策工法

地すべりは，降雨・融雪浸透，地下水の増加，河川の侵食等の**自然的誘因**と，切土工・盛土工による**人為的誘因**がある．主な地すべり対策として**抑制工・抑止工**の2つの工法がある．その詳細は表2･5に示すとおり．

工法の主体は**抑制工**とする．たとえば，地すべりが活発に継続している場合は抑制工を先行させ，活動を軽減してから**抑止工**を施工する．

表2･5 地すべり防止対策工法

工法名		特徴
抑制工	地表水排除工	地表水が地すべり地域に流入するのを防止する 降雨等の**浸透防止工**と，地表水の速やかな排除を行う**水路工**がある
	浅層地下水排除工	土粒子の間隙に存在する地下水の排除を目的とする 地表水および浅層地下水を排除する**明暗きょ工**と，地表下2m程度の浅い層に設ける**暗きょ工**，および暗きょ工では排除できない地下水に対しては放射状に排水トンネルを設ける**横ボーリング工**等が用いられる（**図2･21**，**図2･25**）
	深層地下水排除工	**立体排水工**は，特に滞水層が多い場合に垂直ボーリング工と排水トンネル工または横ボーリング工を組み合わせて，浅層・深層地下水を排除する（**図2･22**） **集水井工**は，深さ10～30m程度の井戸で深層地下水の排除を行い，すべり地盤の含水比を下げる．集水井の底部は水が浸透しない構造とし，すべり面より2m以上浅くなるよう施工する（**図2･23**）
	排土工	地すべり頭部の荷重を減じることにより，滑動力を減少させる（**図2･24**）
	押え盛土工	地すべりにより地盤が崩壊するのを防ぐため，すべり破壊を起こす恐れのある地盤末端部に盛土を施し，斜面の安定を図る
抑止工	杭工	地すべり斜面に鋼管またはコンクリート杭等を挿入し，そのくさび効果をすべり面に付加することによって斜面の安定度を高める．杭の建込み位置は，運動ブロックの中央部より下部の，勾配の緩やかな圧縮部ですべり厚さの厚い位置とする
	シャフト工（深礎杭工）	すべり面に場所打ちコンクリート杭を施工する．径2.5～6.5mの縦杭を掘り，これに鉄筋コンクリートを充填した深礎杭（シャフト）とする工法
	アンカー工	比較的小さい削孔に高強度の鋼材などの引張材を挿入し，これを土塊に定着させて，鋼材の引張強さを利用することにより地すべり滑動力に対抗する工法．抑止杭や土留め壁と組み合わせて用いられる場合もある
	擁壁工	コンクリート擁壁等で地すべり活動を停止させる

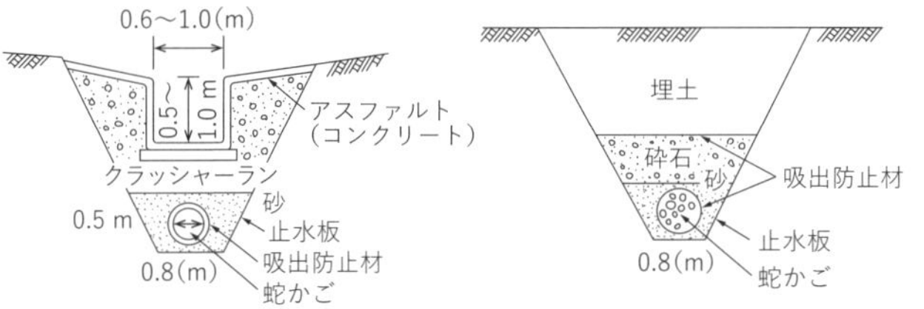

(a) 明暗きょ工　　(b) 暗きょ工

図2・21　浅層地下水排除工

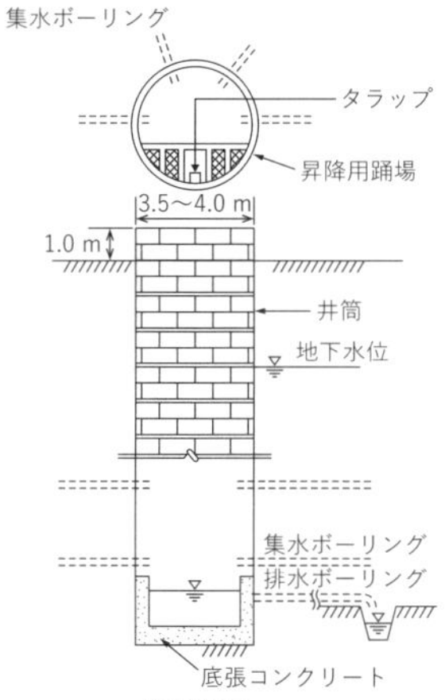

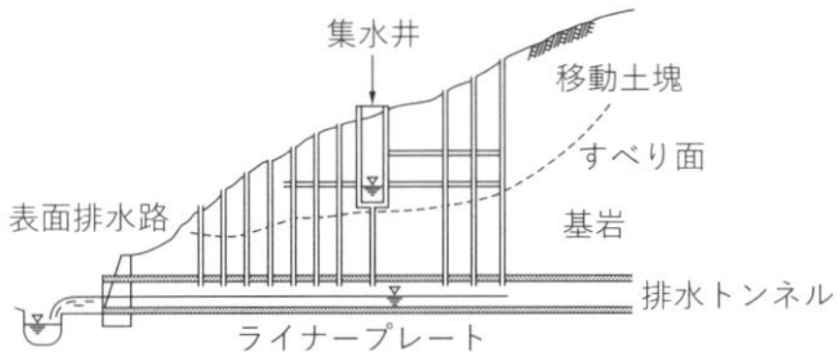

図2・22　立体排水工（深層地下水排除工）

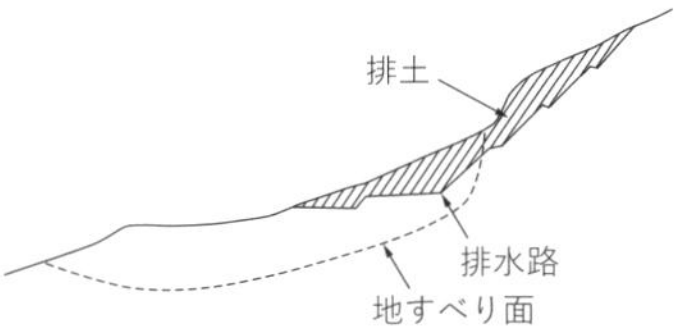

図2・23　集水井工（深層地下水排除工）

図2・24　排土工

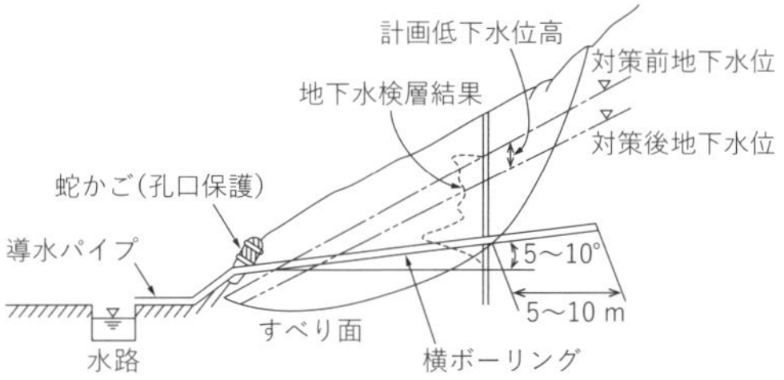

図2・25　横ボーリング工

2. 急傾斜地崩壊防止工

急傾斜地崩壊防止工は，急傾斜地の崩壊に起因する災害からの安全を確保する目的で，滑動の抑制（抑制工）と抑止（抑止工）を図る工法である．

例題　**地すべり防止対策工に関して，適当なものはどれか．**

⑴　シャフト工は，地すべり頭部などの不安定な土塊を排除し，土塊の活動力を減少させる．

⑵　杭工は，鋼管などの杭を地すべり土塊の下層の不動土層に打ち込み，斜面の安定を高める．

⑶　横ボーリング工は，地すべり斜面水平よりやや下向きに施工する．

⑷　水路工は，地すべり地周辺の地表水を速やかに地すべり地内に集水する．

⑵

なお，⑴シャフト工→排土工．⑶下向き→上向き．⑷集水する→排除する．

理解度の確認

章末演習問題 **問9** に Try しよう！

道路の構造（路床・路盤）

Q32 舗装の構造は，どのようになっていますか？

Answer

舗装は，交通荷重を分散させ安定した路面を形成する施設で，アスファルト舗装（たわみ性装）またはコンクリート舗装（剛性舗装）と路盤からなる．路床は舗装構造を決定し，舗装の施工基面（施工の基準となる高さ，FL）となる．

1. 路床の施工

路床は，舗装下の約1mの部分で，盛土部においては盛土仕上げ面より，切土部においては掘削した面より約1m下の部分をいう．路床は，その上部に築造される**舗装**（ほそう）（表層・基層・路盤）と一体となって交通荷重を支持する．

軟弱地盤などの原地盤を改良する構築路床の築造工法には，**盛土工法**，**安定処理工法**および**置換工法**等がある．なお，路床の下部を**路体**という．

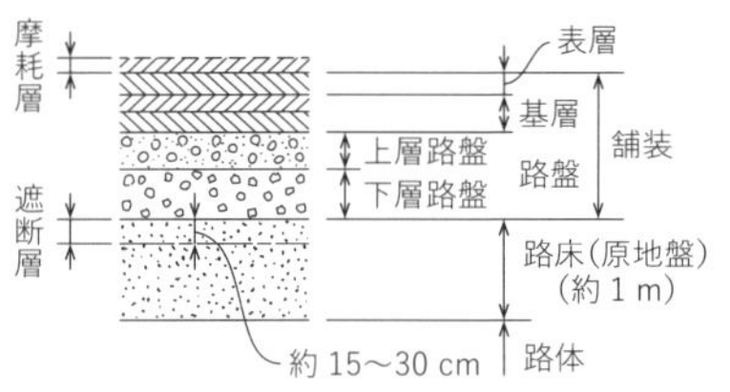

図2·26　アスファルト舗装

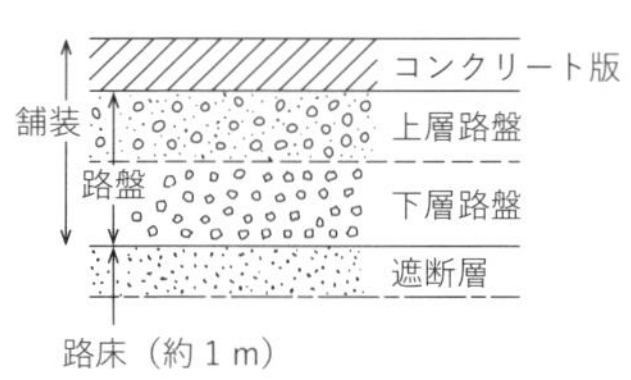

図2·27　コンクリート舗装

路床の強度や状態は，舗装の厚さを決定する基礎となるもので，**路床土の強度特性**は**CBR試験**によって判定する．**舗装厚さ**は，路床のCBR（**設計CBR**という），交通条件，気象条件，路床の状態および経済性等すべての条件を総合的に考慮して決定する．

$$\mathrm{CBR} = \frac{\text{締め固めた土の荷重強さ(MN/m}^2\text{)}}{\text{標準荷重強さ 6.9(MN/m}^2\text{)}} \times 100\ (\%) \quad \cdots\cdots\cdots\cdots \text{式 (2·1)}$$

路床は，雨水が浸透し含水比が増すと，こね返しや締固め不足のため**弱点**となりやすい．路床には，雨水を効果的に排水できるよう**自然勾配**を付けたり，**仮排水溝**の設置を行う．

路床面は所定の縦横断形状に仕上げ，転圧する．粘性土や高含水土では，こね返しや過転圧にならないように注意する．**プルーフロリング**は，路床・路盤の締固めが適当であるか，不良箇所がないかを調べるため，施工時に用いた転圧機械と同等以上の締固め効果を有する**ロードローラ**，**ダンプトラック**等を時速4km程度で走行させ，沈下状況を観察する施工管理手法である．なお，**遮断層**（軟弱地盤上に設ける厚さ15～30cmの砂層）は，荒らさないよう軽く転圧する程度とする．

安定処理は，軟弱路床の改良と路床支持力増加による舗装厚さの低減を目的とし，現地発生材等にセメント，石灰，アスファルト乳剤などを添加し，**路床・路盤を改良する**ものである．

2. 路盤工（上層路盤・下層路盤）

舗装は，交通荷重を安全に下層に伝えるため，**上層ほど強い材料**を使う．**路盤**（ろばん）は，下層路盤と上層路盤に分けられ，**下層路盤**は比較的支持力の小さい安価な材料（修正CBR20以上）を，**上層路盤**には支持力の大きい良質な材料（修正CBR80以上）を用いる．なお，**修正CBR**は，**路盤材料の強さを表す**もので，最適含水比で三層，各層92回突き固めた後，水浸し膨張させたときのCBRをいう．

下層路盤の材料は，修正CBR 20以上の山砂利などを利用し，425μmふるい通過分の**塑性指数PIを6以下**，**最大粒径を50mm以下**とする．下層路盤材料がこの規定を満たすことができない場合は，セメントまたは石灰等で**安定処理**を施す．なお，**塑性指数＝液性限界－塑性限界**である．

上層路盤には，粒度調整，瀝青安定処理，セメント安定処理，石灰安定処理等の工法が用いられる（表2･6）．

表2･6　上層路盤工法の概要･品質規格

工法の種類	工法の概要（規格）
粒度調整工法	母材の粒度が路盤材料として不適当な場合に，不足する粒径の粗粒材，細粒材を補足材として加えて適当な粒度の粒状材料をつくり，これを締め固めて路盤を築造する工法. 修正 CBR80% 以上，塑性指数 PI I4 以下
瀝青安定処理工法	瀝青材料，セメント・石灰を路盤材料に添加混合し，これら安定処理士を締め固めて路盤を築造する工法. 修正 CBR20% 以上，PI 9 以下（ただし，石灰安定処理 PI 6 ～ 18） 瀝青の場合，安定度 3.43kN 以上
セメント安定処理工法	セメントの場合，一軸圧縮強さ（7 日）2.9MPa
石灰安定処理工法	石灰の場合，一軸圧縮強さ 0.98MPa
セメント・瀝青安定処理工法	舗装発生材，地域産材料またはこれらに補足材を加えたものを骨材とし，これにセメントおよび瀝青材料を添加して処理した工法. 一軸圧縮強さ 1.5 ～ 2.9MPa 一次変位量 5 ～ 30（1/100cm）注1) 残留強度率 65％以上注2)

注 1）一次変位量：一軸圧縮強さが最大を示すときの変位量
注 2）残留強度率：2 ×（一次変位量の強さ）/ 一軸圧縮（一次変位量）強さ × 100（％）
（**残留強度**は大きな変位後に得られる最小せん断強さ）

理解度の確認

章末演習問題 **問10**，**問11** にTryしよう！

アスファルト舗設

Q33 アスファルト舗設は，どのようにするのですか？

Answer

アスファルト系の表層をもつ舗装を**アスファルト舗装**という．アスファルト混合物の敷均しは，アスファルトフィニッシャで行う．締固め作業は，ロードローラおよびタイヤローラで①継目転圧，②初転圧，③二次転圧，④仕上げ転圧の順で転圧する．

1. アスファルトの敷均し，締固め作業

アスファルト混合物の舗設に先立ち，路盤上に**瀝青材料**（れきせい）（アスファルト乳剤，PK-3）を1～2ℓ/m²散布する（**プライムコート**）．プライムコートは，粒状材料を締め固めた路盤の防水性を高め，その上に舗設するアスファルト混合物層とのなじみをよくし，路盤の損傷，降雨による洗掘，表面水の浸透防止や路盤から上がってくる毛管水の防止等の効果がある．瀝青散布材料は，路盤が緻密な場合には**浸透性のよいもの**を，寒冷時には**揮発性のよいもの**を用いる．

アスファルト混合物の**敷均し時の温度**は，**110℃を下回らない**うちに行う．気温5℃以下，強風の時は，敷均し作業を行ってはならない．また，作業中に雨が降り始めた場合は，敷均し作業を中止する．締固め温度は高いほどよいが，あまり高すぎると**ヘヤクラック**や**変位**を起こす．反対に，温度が低すぎると**締固め効果が不十分**となり，仕上げ面に**凹凸ができる**．一般には，**初転圧110～140℃**，**二次転圧の終了温度**は**70～90℃**である．なお，転圧終了後の**交通開放**は**50℃以下**とする．

初転圧は，10t程度の**タンデムローラ**または**マカダムローラ**で**駆動輪を前に**して，道路の横断的に低い側から高い側と一往復程度転圧する．**二次転圧**は，**タイヤローラ**または**振動ローラ**で転圧する．**仕上げ転圧**は，**タイヤローラ**を用いて，ローラマークの消せるうちに行う（図2･28）．

図2･28　アスファルト舗装の施工機械編成例

ヘアクラック（幅1mm程度の短いひび割れ）が多く見られる場合は，ローラの線圧（N/cm）過大，転圧温度の高すぎ，過転圧が考えられる．振動によって転圧する場合，**転圧速度が速すぎると**不陸や波が発生し，**遅すぎると**過転圧となる．舗設の締固め速度は，ロードローラで2〜3km/h，振動ローラで3〜6km/h，タイヤローラで6〜10km /hである．

継目や構造物との**接続部**では，密度が小さくなりやすいので十分に転圧し密着させる．下層の継目に**上層の継目を重ねてはならない**．**タックコート**は，瀝青材料またはセメントなどの下層とその上に舗設するアスファルト混合物間および継目との付着をよくするため，下層のアスファルト混合物またはコンクリート床板，継目の表面に**アスファルト乳剤**（PK-4）を0.3〜0.6ℓ/㎡散布する．

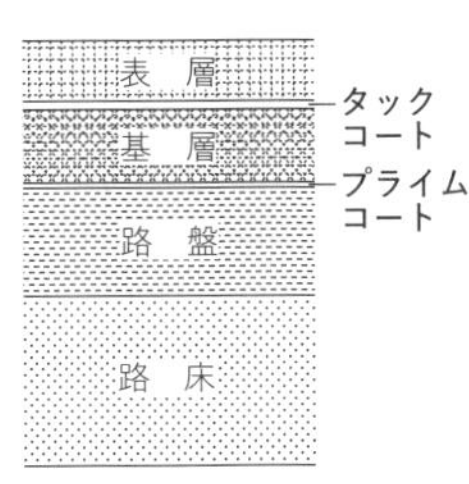

図2・29　プライムコートとタックコート

2. 舗装の補修工法

舗装の共用性能を一定以上に保つため，**補修**（修繕と維持）を行う．一方，**修繕**は構造的破損に対して機能の回復を，**維持**は機能的破損に対して舗装の機能の保持を図るものである．

表層の摩耗や**わだち掘れ**などの補修には，**オーバーレイ工法**が有効である．なお，オーバーレイ厚さが大きくなる場合や流動によるわだち掘れが大きい場合，また路面のたわみが大きい場合，路床・路盤に破損が生じている場合等は，路盤を打ち換える**打換え工法**を検討する．補修工法は以下のとおり．

①**オーバーレイ工法**：既設舗装の上に厚さ3cm以上の加熱アスファルト混合物を舗設する工法で，不良箇所が含まれる場合は局部打換え等を行う．3cm未満の場合を**薄層**（はくそう）**オーバーレイ工法**という．わだち掘れ部のみを加熱アスファルト混合物で舗設するものを**わだち部オーバーレイ工法**といい，主に摩擦等によってすり減った部分を補う．

②**打換え工法**：設舗装の路床，路盤，基層，表層を打ち換える．

③**線状打換え工法**：路盤の支持が不均一の場合や継目に生じる線状のひび割れ（縦横5mm程度）に沿って打ち換える．通常，加熱アスファルト混合物層のみ打ち換える．

④**表層・基層打換え工法**：既設舗装の表層または基層まで打ち換える工法で，切削により表層・基層を撤去するものを**切削オーバーレイ工法**という．

理解度の確認

章末演習問題 **問12**，**問13** にTryしよう！

コンクリートダム

Q34 コンクリートダムは，どのようにつくるのですか？

Answer

貯水池を目的とするダム（⇔砂防ダム）には，築堤材料により**コンクリートダム**と**フィルダム**がある．コンリートダムは，①転流工（河川の流れを迂回）→②掘削→③コンリート打設（堤体工）→④グラウト工の順に施工する．

1. コンクリートダム

ダムの基礎掘削に先立ち，河川のつけ替え工事（**転流工**）を行う．施工場所の広さ，施工条件により，川幅の広い場合は**半川締切**（はんせんしめきり），水量が少なく川幅の広い場合は**仮排水路**（開水路），川幅の狭い渓谷の場合は**仮排水トンネル**がある．

堤体基礎掘削（ダム基礎掘削）は，重機による掘削および爆破工法が用いられるが，計画掘削線に近づいたら爆破による岩盤掘削を避け，手掘り，ジャック，ハンマー等で掘削し，基礎岩盤を乱さないように仕上げる．

コンクリート打設工法により，**柱状工法**と**面状工法**がある．ダムのブロック割りは，ダム軸に**直角方向の横継目**によって分割する．横継目，縦継目を設けてブロック状に分割する**ブロック方式**，横継目のみで縦継目を設けない分割を**レヤー方式**がある（図2･30）．**拡張レヤー工法**は，レヤー方式をダム軸方向に拡張し，**数ブロックを一度に打設する**もので，上下流方向のみならずダム軸方向に拡張してコンクリートを**面状**に打設する工法．広い施工現場での安全確保や汎用性の高い機械の導入ができる合理化工法である．

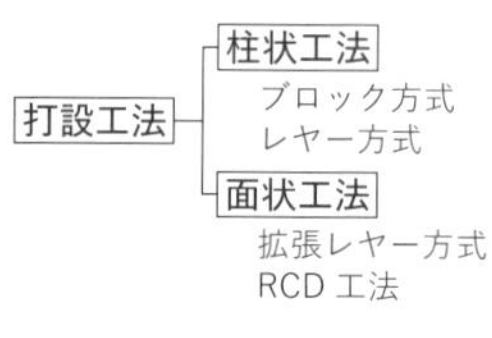

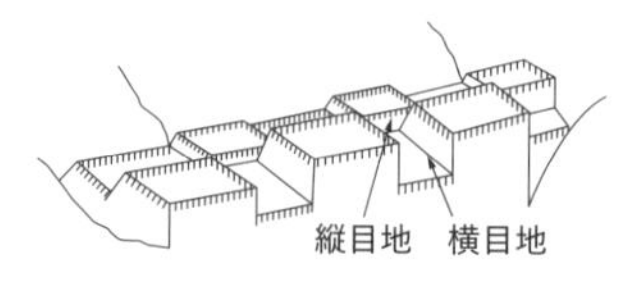

(a) ブロック方式

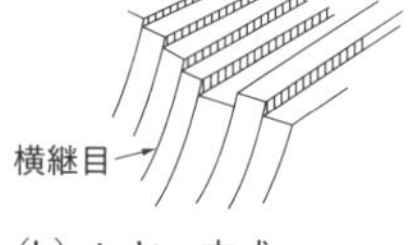

(b) レヤー方式

図2･30　コンクリート打設方式

クーリングは，コンクリート打設に伴って発生する**水和熱を下げるため**，コンクリート中に**パイプを布設**して冷水を循環させる**パイプクーリング**，低温のコンクリートを打設する**プレクーリング**等がある．パイプクーリングにおいて，**一次クーリング**（打設後15～30日間）は，水和熱によるコンクリートの温度上昇を低下させるために行い，**二次クーリング**（グラウト前40〜60日間）は，**グラウト**（空洞，空隙，隙間などを埋めるために注入する流動性の液体，薬液投入）のため継目を開かせるために行う．

グラウトには，基礎岩盤中の**浸透水を止水する**ための**カーテングラウト**，基礎岩盤の変形や強度の改良のための**コンソリデーショングラウト**，コンクリート硬化後ダムの一体化を図るため目地に対して行う**ジョイントクラウト**，ダムの取付部や貯水池等ダム周辺の漏水を防止する**リムグラウト**がある．

表2·7　コンクリートダムとフィルダム

コンクリートダム	アーチ式ダム	水平断面がアーチ型をしたコンクリートダム 水圧を側面と底面の岩盤で支えるため川幅の狭い谷間にしか適さない アーチ曲線形は，単心円・三心円・放物線・双曲線等	
コンクリートダム	重力式ダム	コンクリート堤体の自重と基礎岩盤が一体となって水圧に耐える構造 大きな沈下または不等沈下を起こす基礎地盤には適さない	
フィルダム	ロックフィルダム	岩石を積み上げて堤体を築造するもので，ダム地点に採石場がある場合には経済的で，比較的軟弱な地盤にも対応できる	（留意事項） フィルダムでは，水が**ダム頂を越流する**とダム材料の流失により**破壊**が起こる．洪水に対して十分な排水能力をもつ**余水吐き**が必要
フィルダム	アースダム	土を積み上げて堤体を築造するもので，他の形式に比べて条件の悪いところでも施工が可能である	

2. RCD工法

RCD工法（Roller Compacted Dam Concrete）は，**スランプ0**の**超硬練りのフライアッシュコンクリート**をインクライン（傾斜鉄道），ケーブルクレーンとダンプトラックの組合せにより打設地点まで運搬し，ブルドーザ，モータグレーダ等で敷均し，振動ローラで締め固める合理化工法である（図2·31）．

単位セメント量，単位水量の少ない**貧配合**（ひんはいごう）のコンクリートのため，パイプクーリングは行わず，必要に応じてプレクーリングとする．堤体の収縮目地のうち，**縦目地は設けない**．横継目は振動目地切り機によりコンクリートの打込み後，造成する．

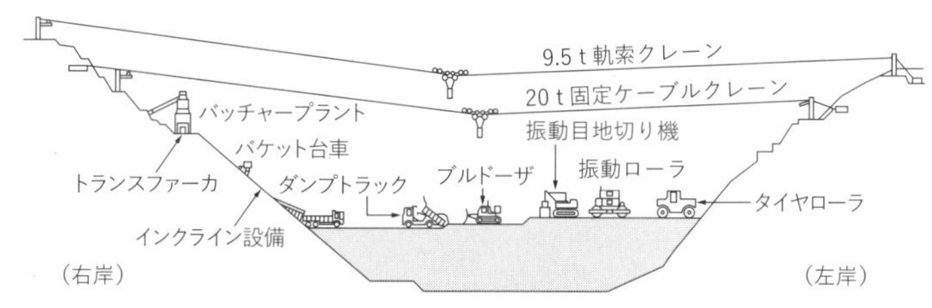

図2·31　RCD工法による施工システム

理解度の確認

章末演習問題 **問14**，**問15** にTryしよう！

トンネル工事
Q35 トンネルは，どのように掘るのですか？

Answer

トンネルの施工は，**切羽**（トンネルの先端断面）部で，**掘削→支保工→覆工**を繰り返して掘り進む線的な工事である．なお，地質の確認・湧水の有無等，工事を安全に施工するため，本坑掘削に先立ち掘るトンネルを**導坑**いう．

1. 掘削工法と方式

トンネル工法には，山岳トンネル，シールド工法，開削工法等がある．**掘削工法**には，**全断面掘削工法**，**導坑先進工法**，**ベンチカット工法**等がある．掘削は，地質に応じて，**人力掘削**，**爆破掘削**，**機械掘削**で行う．爆破掘削は，主に**硬岩から中硬岩の地山**に適用される．

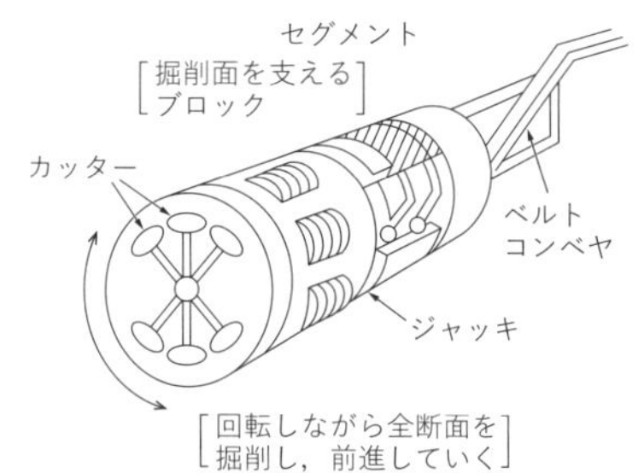

図2・32　トンネルボーリングマシン

掘削機械には，**自由断面掘削機**（機体先端のロードヘッダに配置された切削チップを回転させて掘削），**ブレーカー**，**トンネルボーリングマシン**（機械制御による全断面掘削，図2・32）があり，主に**中硬岩から軟岩および土砂地山**に適用される．

掘削方式により，**コンクリートの覆工方法**が変わる．側壁コンクリートを打設し，アーチコンクリートへ立ち上げるのを**本巻工法**，逆にアーチコンクリート打設後にそれを仮受けし，側壁コンクリートを打つのを**逆巻工法**という．

①**全断面掘削工法**：地質が良好な場合にトンネル全断面を一度に掘削する工法で，覆工は本巻工法である．断面30～40㎡以下の中小トンネル．

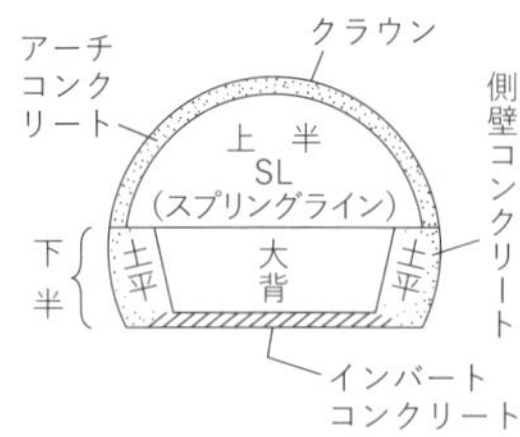

図2・33　切羽部の名称

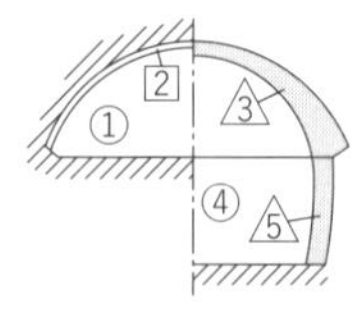

（a）上部半断面先進掘削工法

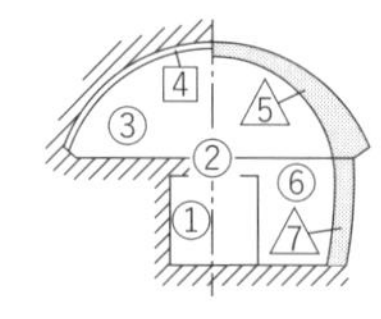

（b）底設導坑先進上部半断面掘削工法

図2・34　トンネルの掘削方式

②**側壁導坑先進掘削工法**：地質が軟弱な場合にトンネル断面を区分し，土平部を導坑として先進させ，側壁コンクリートを打設する本巻工法（図2·34 (a)）．

③**底設導坑先進上部半断面工法**：底設導坑を先進，大背，土平をの順に掘削し，アーチコンリートを施工する．覆工は逆巻工法となる（図2·34 (b)）．

④**ベンチカット工法**：トンネル全断面では掘削できないが半面では切羽が保てる場合，上半を掘削しながら下半を追従して掘削する本巻工法である（図2·35）．上半と下半との長さを**ベンチ長**という．ロングベンチカット工法は，断面の閉合までの期間が長くなるめ，比較的安定した地盤に適する．なお，地山条件が悪くなるほどベンチ長を短くし，断面の閉合を早くする．

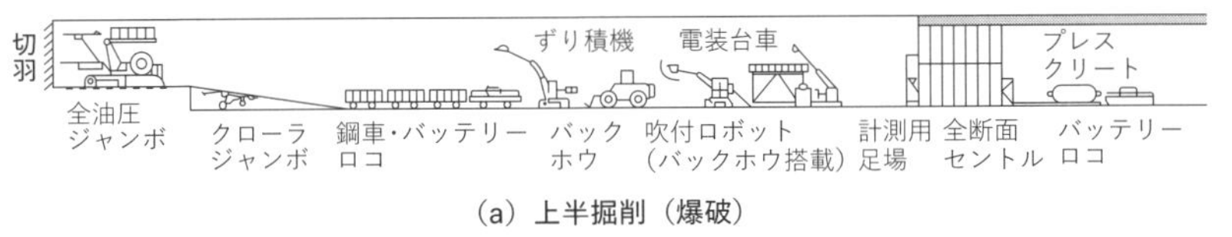

(a) 上半掘削（爆破）

①②施工順序

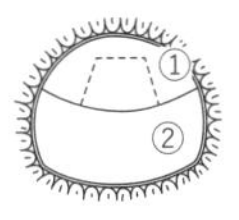

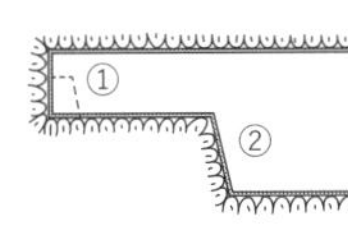

(b) ショートベンチ工法

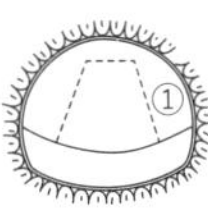

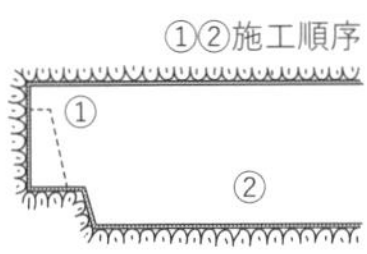

(c) ミニベンチ工法

図2·35　ベンチカット工法と上半削岩

2. トンネル支保工

掘削に伴い地山を安定させるため，**速やかに支保工を施工**する．支保工には，**吹付コンクリート**，**ロックボルト**，**鋼製支保工**がある．

NATM工法（New Austrian Tunneling Method）は，原則として従来の鋼アーチ支保工等を用いず，地山の支保機能を有効に利用し，地山の緩みを抑える**吹付コンクリート**と地山を補強する**ロックボルト**で支持する．地山のひび割れ，風化防止に有効な対策である．

3. 覆工コンクリート

覆工コンクリート（無筋コンクリート16～21N/㎟，巻厚20～40㎝）は，地山との一体化を図るため，**地山の変位収束後**にコンクリートを打設する．コンクリートの打設は，コンクリートポンプまたはアジデータ付きプレーサで，**1区画**（9～15m）**連続して打設する**．なお，地盤が膨張性のときや大断面トンネルでは**インバート先打ち方式**で早期に併合する．

理解度の確認

章末演習問題 **問16** にTryしよう！

海岸工事（海岸堤防）

Q36 海岸堤防の特徴は,何ですか?

Answer

海岸堤防の特徴は，高潮，波浪，津波等の侵入・海岸侵食を防ぐこと．海岸堤防の形状は，その構造や使用材料により区分する．コンクリートやアスファルトで法面等を被覆し，堤体土砂の流出を防ぐとともに，波返し工を設けて越波を防ぐ．

1. 海岸堤防の構造形式

海岸堤防は，海岸線に沿ってつくられ，構造型式により**直立堤**(ちょくりつてい)，**傾斜提**（および**緩傾斜提**），**混成堤**の3種類に分けられる（図2・36，表2・8）．一方，**防波堤**は，外海からの波浪を防ぎ，港内を静穏に保つ施設をいう．

海岸堤防に設ける**波返し工**は，波やしぶきが堤内への侵入を防ぐため，表法被覆工を延長して設ける（図2・38）．

表2・8　海岸堤防の特徴

	長所	短所
直立堤	①使用材料が比較的少量ですむ ②底面の幅が狭くてすむ ③堤体を透過する波，漂砂を防止できる	①底面反力大．波による洗掘の恐れがあり，堅固な基礎地盤が必要 ②反射波が多い
傾斜提	①海底地盤の凹凸に関係なく施工可能 ②軟弱地盤にも適用できる ③波による洗掘に対し順応性がある ④施工設備が簡単で工程が単純である ⑤補修が容易 ⑥反射波が少ない	①比較的多量の材料を要する ②維持，補修費がかかる ③広い底面の幅が必要 ④堤体を透過する波，漂砂が比較的多い ⑤漂砂による港内埋設の恐れあり
混成堤	①水深の大きい箇所，比較的軟弱な地盤にも適する ②捨石部と直立部の高さの割合を操作して，経済的な断面とすることが可能 ③堤体を透過する波，漂砂が少ない	①直立部と捨石部の境界付近に波力が集中して洗掘を生じやすい ②施工法および施工設備が多様になる

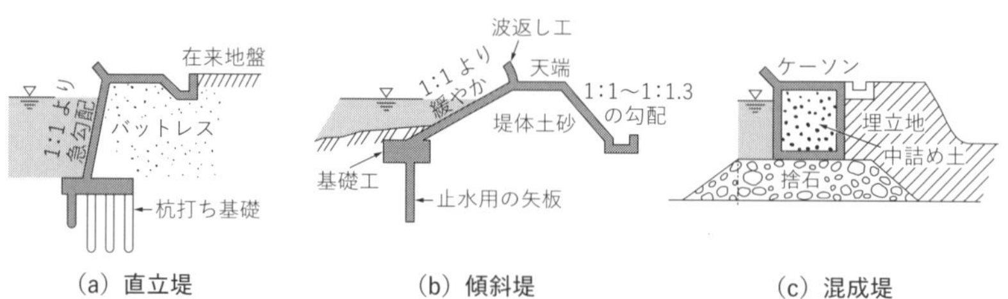

図2・36　海岸堤防の種類

消波工は，**テトラポット・六脚ブロック・中空三角ブロック**等で，波のエネルギーを分散・消滅し，**波圧や打上げ高さを減ずるため**に行う．消波効果を確保するため適度に空隙をもたせ，消波工天端は，海岸堤防の天端より高くしないこと．また，天端幅はブロック2個以上を並べた幅以上とする．

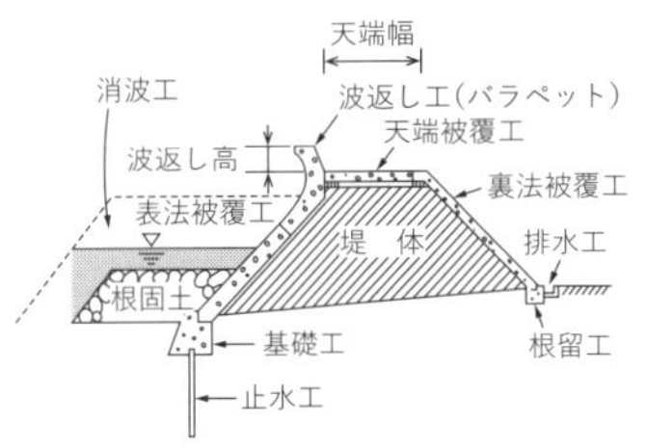

図2·37　海岸堤防各部の名称

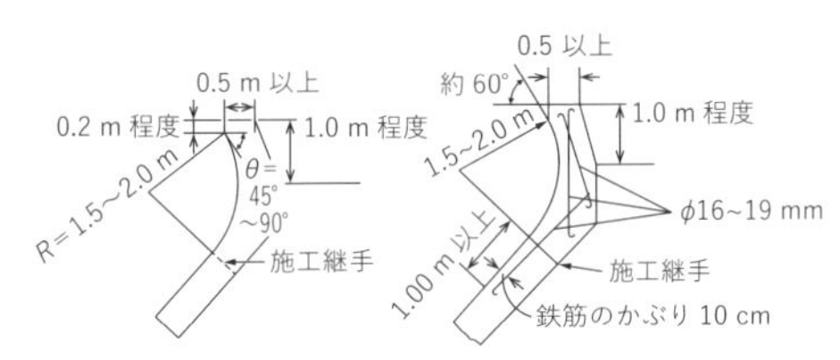

図2·38　波返し工の配筋図

2. 侵食防止対策工

養浜・砂流出防止施設は，養浜砂の長期的な安定のために土砂の流出を防止する補足構造物で，次のものがある．

①**離岸堤**：汀線から離れた沖側の海面に，汀線とほぼ平行となるよう設置する構造物である（図2·39）．**消波・波高減衰**を目的とするものと，その背後に砂を堆積させて**侵食防止**や**海浜造成**を図るものとがある．離岸堤の施工順序は侵食区域の**下手側から着手**し，順次上手側とする．

②**突堤**：海岸線から沖の方に突出す形の堤体で，沿岸漂砂を制御し汀線の維持・前進を図ることを目的とする．数基の突堤群として設け，異形ブロック等の透過性のものと，コンクリートブロックやセルラーブロック等の不透過性のものとがある．

③**人工リーフ**：海岸から少し沖の海底に海岸線とほぼ平行に築いた**人工の暗礁**（潜堤），消波構造物でマウンド状に積み上げた自然石と表面の吸い出し防止材により構成され，幅広の浅水域における**砕波**や砕波後の波が進行する際のエネルギー逸散により波浪減衰させ，海浜の安定を図る（図2·40）．

④**養浜**：海岸に人工的に砂を供給することを養浜という．養浜によりつくられた海浜を**人工海浜**という．

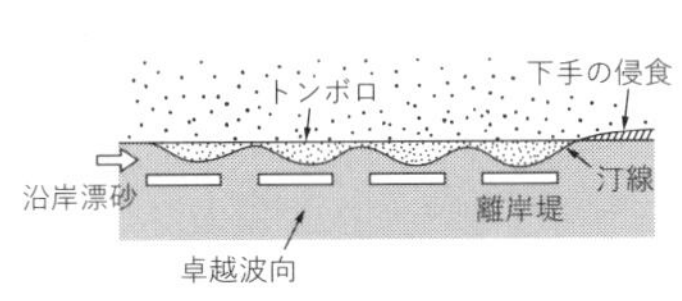

図2·39　離岸堤

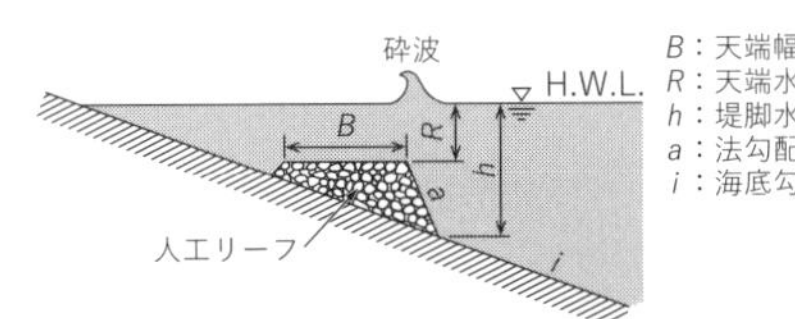

図2·40　人工リーフの断面

理解度の確認

章末演習問題 **問17** にTryしよう！

港湾工事（係留施設）

Q37 係留施設には，どのようなものがありますか？

Answer

係留施設とは，船舶が船荷の積み下ろし，船客の乗降，停泊などの目的で接岸・係留する施設をいい，岸壁，桟橋，ドルフィン（柱状体を設けて船をつなぐ施設），荷揚げ場，係留浮標等をいう．主な係留施設として，重力式係船岸，矢板式係船がある．

1. 岸壁構造による分類

係留施設（岸壁）は，船の荷役，乗客の乗降，船舶等の停泊などの目的で船を接岸する施設で，構造上，**重力式**，**セル式**，**矢板式**等に分けられる．

喫水の深い船舶・外国船舶が出入りする**特定港内**または特定港の付近で工事や作業をするときは，**港則法**（第31条，工事の許可および進水等の届出）の規定により，**港長の工事許可**を受けなければならない．

表2・9　主な係留施設

重力式岸壁	場所打ちコンクリート部を除きすべてプレキャストコンクリート部材を使用するため，施工が容易で信頼性が高い．なお，ケーソンヤード等の陸上製作施設が大規模となる
セル式岸壁	直線型矢板を導枠に沿って円形に閉合するように打込み，中詰めした構造．比較的単純で急速施工に適し，地盤支持力の大きいところで経済的．打込みは順回りの後，逆回りの順で1回当たり0.5～2.0m 打込む．中詰砂は良質土を用いて入念に締め固める
矢板式岸壁	矢板の根入れとタイロッド等による控え工により，背後の土圧に耐える構造．施工速度が速く，設備が簡単で工費も安いなどの利点があるが，欠点として，船舶の衝撃に弱く，鋼矢板の腐食防止に注意が必要となる

2. 鋼矢板式岸壁の施工

矢板の打込みには，ディーゼルハンマー，スチームハンマー，バイブロハンマー等が用いられる．打込みに際しては，導杭・導材を用いて矢板のねじれや傾斜を防止し，不揃いを生じないようにする．矢板打込み後，直ちに**腹起し**を取り付け，**控え壁**の設置，**タイロッド締付け**，**裏込め**を行う．

タイロッドは，その長さを調節できるように**ターンバックル**を設けるとともに埋立て後の**地盤沈下**による曲げ応力が生じないよう，矢板，控え壁の取付け部に**リングジョイント**を設ける．

タイロッドは，水平または所定の勾配を保つように取り付け，**矢板法線に対して直角に設置**する．腹起しが矢板に対して直角に取り付けられないと，タイロッドが土圧や外力に対して十分な強度が発揮できず，破壊する恐れがある．

リングジョイントは，タイロットに曲げ応力を生じさせないように設けるヒンジであり，上下に回転でき，引張力のみに抵抗する．

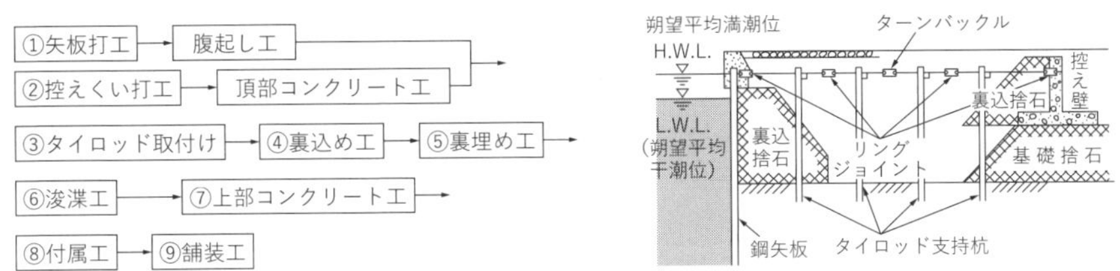

図2·41　鋼矢板式岸壁の施工

3. 浚渫工

海底や河床などの土砂を掘削することを**浚渫**（しゅんせつ）といい，浚渫船による作業が主流となる．浚渫船はその方式により，ポンプ船やバケット船，ディッパ船，グラフ船等に分類される（表2·10）．

ポンプ船（図2·42）は比較的柔らかい土質の広範囲の浚渫作業に，**ディッパ船**は硬い地盤の掘削に，**グラブ船**（図2·43）は狭い範囲での小規模な浚渫作業に，**バケット船**（図2·44）は浚渫能力が大きく大規模浚渫に用いられる．

浚渫船のうち，泥倉保有式や排砂管をもつものは浚渫土砂を運搬する付属船を必要としないが，それ以外の船種では土運搬，引船・押船が必要となる．

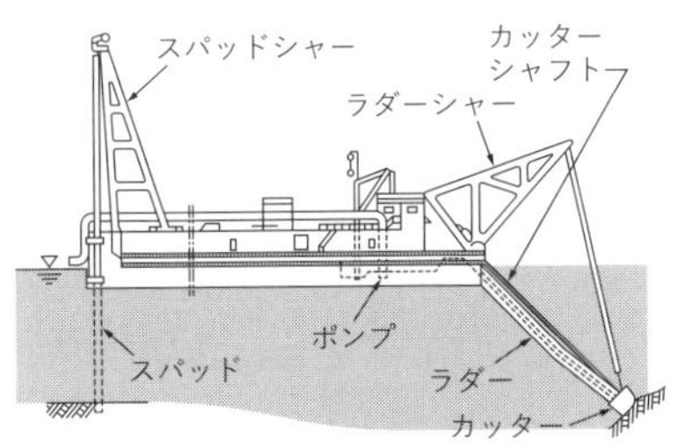

図2·42　ポンプ船（非航式）

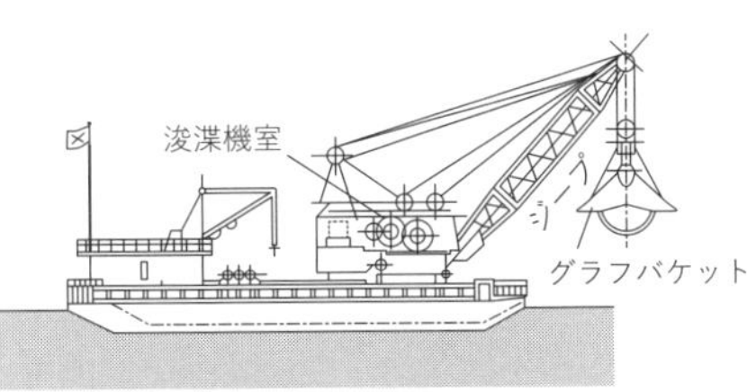

図2·43　グラブ船

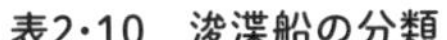

表2·10　浚渫船の分類

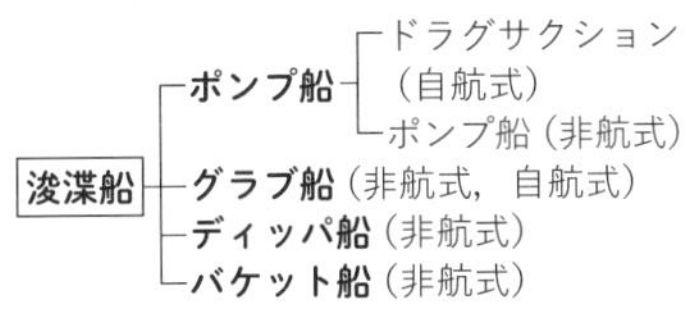

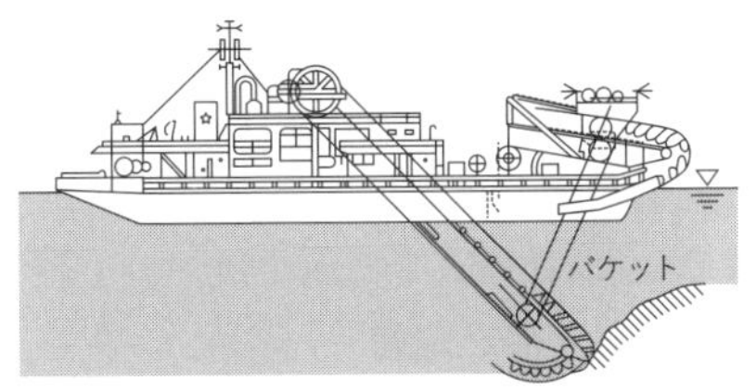

図2·44　バケット船

理解度の確認

章末演習問題 **問18** にTryしよう！

軌道および営業線近接工事

Q38 なぜ,軌道にはカント・スラックを設けるのですか?

Answer

線路(軌道)は,レール,枕木,道床からなる.軌道曲線部では,列車の通過を円滑にするためレールと車輪フランジとのきしみを防ぐため軌間を拡大し(**スラック**),遠心力によって車両が外側へ飛び出すのを防ぐため**カント**を設ける.

1. 線路の構造

軌間とは,レール頭部14㎜以内でレール頭部間の最短距離をいい,標準軌間を1.435㎜(新幹線)とし,これより広いものを**広軌**,狭いものを**狭軌**(1.067㎜,JR在来線)という.

図2・45　線路の構造

建築限界は,車両運行に支障のないように「線路の上下左右に一定の空間を確保するための限界」を指す.実際の**車両の大きさ(車両限界)**に加えて車両の振動,軌道の変位,その他を考慮してある程度の余裕をもたせる.建築限界の範囲内にはどのような構造物も設けてはならず,また,建築限界外であっても重機や足場の転倒等により建築限界を侵す恐れがあるとき,作業にあたっては十分余裕をみておく必要がある.

軌道曲線部には,レールと車輪フランジとのきしみを防ぐため,**曲線内側に軌間を拡大(スラック)**し,列車の通過を円滑にする.外側レールを高くし,内側と外側レール間に**高低差(カント**:片勾配)をつけ,遠心力によって車両が外側へ飛び出すのを防ぐ(分岐の場合を除く).曲線部の曲率の急変を緩和し,カントやスラックのすり付けを収める部分として,直線と円曲線,円曲線と円曲線の間に**緩和曲線**を設ける.

省力化軌道として,スラブ軌道を支持する**コンクリート路盤**や**アスファルト路盤**,**有道床軌道**として重要度の高い線区の**アスファルト路盤**(強化路盤)および一般線区の**砕石路盤**(土路盤)がある.

道床は,**路盤**と枕木との間の層をいい,砕石やコンクリートが敷かれる.道床は,列車走行に伴う荷重および振動をレールから枕木・路盤へ伝達するクッションの役割を果たす.

省力化軌道に用いる**スラブ道床**は，コンクリート路盤上にスラブ軌道を設置し，レールを敷く構造で，新幹線，高架線路に用いられる．

有道床軌道に用いられる砕石路盤の**道床バラスト**は，花崗岩・安山岩および硬砂岩とし，沈下に対する抵抗を増すために各種の粒径が適当に混合した粒度のよい材料で，角ばったものを用いる．

表2・11　路盤の種類

軌道の種類	路盤の種類	
省力化軌道	コンクリート路盤	
	アスファルト路盤	
有道床軌道	強化路盤	砕石路盤
		スラグ路盤
	土路盤	

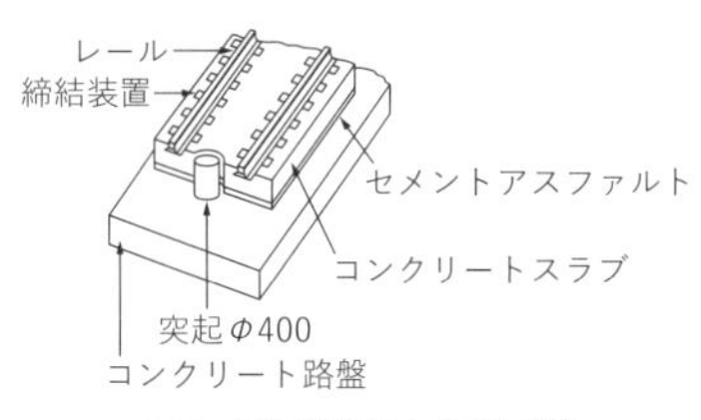

スラブ軌道（省力化軌道）

2. 営業線近接工事，線路閉鎖工事

営業線近接工事は，**営業線**に近接して施工する工事で，列車運転に支障を及ぼさないように特別な保安対策を立てて行う（図2・46）．たとえば，工事用重機や高いタワー，ブーム等を使用する作業は，列車の近接から通過までの間一時作業を中断する．

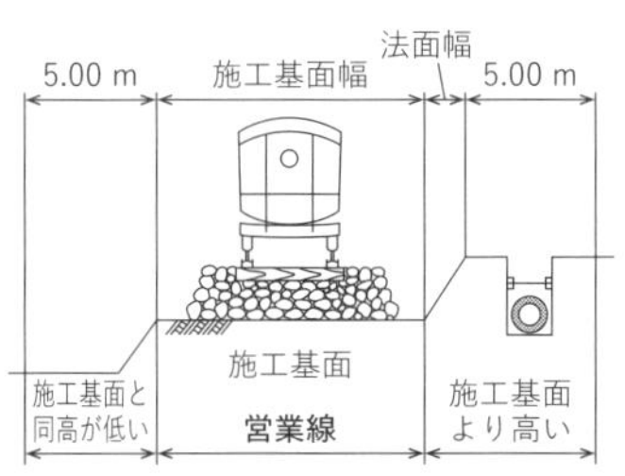

図2・46　営業線近接工事の適用範囲

線路閉鎖工事は，線路や軌道における作業，線路をまたいで行う桁の架設，線路付近の爆破作業，建築限界に支障する作業等，特定区間に列車が進入しないような措置を取って行う工事をいう．

表2・12　請負者の事故防止体制（土木・建築工事）

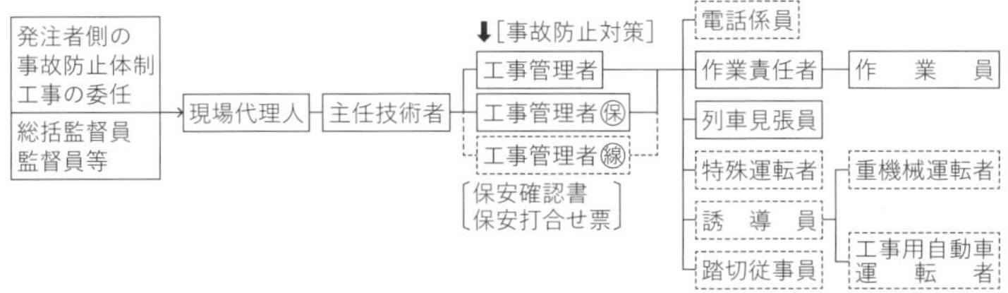

工事管理者：事故防止について，工事管理者㊫と打合わせ列車の運転状況を確認し，施工の指揮および施工管理をする．
工事管理者㊫：事故防止などの保安業務
列車見張員：列車の進来・通過を監視し，従業員に列車接近の合図をする．

理解度の確認

章末演習問題 **問19**，**問20** にTryしよう！

鋼構造物の塗装

Q39 塗料の種類と性能は，どのようなものですか？

Answer

鋼材の防錆防食には，塗装を用いる．**塗料**は，油や合成樹脂を主成分とする**展色剤**，塗膜性能を改善する**添加剤**，着色や光沢の調節・耐候性の向上・塗膜厚さの増加を目的とする**顔料**および溶剤・希釈剤等の**溶剤類**からなる．

1. 塗料の性能

鋼材は，水と酸素に接触すると錆びる（腐食）．**塗装**は，鋼材を腐食から防ぐために行う．**塗料**は，鋼材表面に直接塗装して鋼材の腐食を防止する**下塗り塗料**と，外部環境に対する強い保護力と美観を保つ**上塗り塗料**に分類され，塗り重ねることで塗膜が形成される．なお，下塗り塗料と上塗り塗料との組成の違いなどによる付着力低下防止のため**中塗り塗料**を行う．

塗膜は，水や塩分，腐食性ガスなどの厳しい環境の下に晒されるため，環境に適合した塗料を使う必要がある．**塗膜劣化現象**には，錆，はがれ（剥離），**チェッキング**（塗膜表面の割れ），**クラッキング**（塗膜内部・鋼材面までの割れ），膨れ，失沢（光沢の減少），チョーキング（白亜化）などがある．

2. 素地調整・前処理塗装（プライマー）

鋼材の黒皮を除去あるいは錆・塗膜を除去し，適度な粗面に清浄する**素地調整**（下地処理）を行う．素地調整の良し悪しは,塗膜後の耐久性を左右する．作業内容は**1種～4種**（ケレン等）に区分され，塗替え作業時の素地調整の際，塗膜の劣化に応じて適用する（表2･13）．

素地調整後の表面は発錆しやすいので，できるだけ早く一時的防錆を目的とした金属前処理塗装を行う．**金属前処理塗装**には，エッチングプライマー，シン

表2･13　素地調整の種別

種別	作業内容	作業方法
1種（1種ケレン）	錆，塗膜を除去し，清浄な鋼材面とする	ブラスト法*
2種（2種ケレン）	錆，塗膜を除去し鋼材面を露出させる．ただし，くぼみ部分や狭隘部分には錆や塗膜が残存する	ディスクサンダー，ワイヤーホイルなどの動力工具と手工具の併用
3種（3種ケレン）	錆，劣化塗膜を除去し鋼材面を露出させる．劣化していない塗膜（活膜）は残す	同上
4種（4種ケレン）	粉化物および付着物を落とし，活膜を残す	同上

＊**ブラスト法**：研磨材を高圧力で打ち付けて表面を磨く．

クリッチプライマーが使用される．一次防錆と塗重ね塗膜の付着向上に必要な塗料である．塗装の工程は，**素地調整 → プライマー → 下塗り → 中塗り → 上塗り**となる（図2･47）．

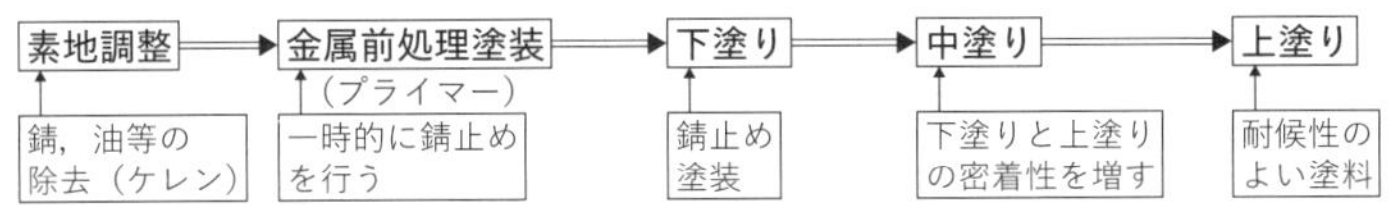

図2･47　塗装の手順

3. 下塗り塗料・上塗り塗料

下塗り塗料には，鋼材面やプライマーと密着し，防錆性に優れた塗料が用いられる．錆止めペイントは塗料中の顔料分も多く硬い膜を形成し，水や酸素の透過を防ぐ．

上塗り塗料は，展色剤成分の多い塗料で，塗膜は物理的強度が大きく，光沢や発色の保持性もよく，腐食性因子に対する抵抗の大きい塗料が用いられる．鉛系錆止めの**酸化重合系塗料**の上に，溶解力の大きい塩化ゴム系塗料などの**揮発乾燥型塗料**を直接塗り重ねると**溶解するので注意**する．

塗装の**塗り重ね間隔が短い**と下地未乾燥塗膜は，塗り重ねた塗料の溶剤によって，しわ，にじみ，膨潤し，膨れ，割れなどの障害が生じる．**塗り重ね間隔が長すぎる**と，下塗塗膜が劣化や硬化し，塗膜との付着性が悪くなる．塗り重ね間隔は，塗面を擦って跡がつかないことを目安に硬化乾燥とする．

4. 塗布作業（気象条件）

塗付作業時の気象条件は，塗付作業ばかりでなく塗膜の耐久性に大きな影響を与えるので次の事項に十分注意する．

①**気温5℃以下のとき，塗装してはならない．** 塗料の粘稠（ねんちょう）性（ねばりけ，密度が高くなる）が上昇し，作業性が悪くなるためである．また，化学反応が遅く，均一で良好な塗膜が形成されにくい．

②**湿度85％以上のとき，塗装してはならない．** 塗料が加水分解して粘着性が生じ，作業性を低下させ，塗膜面に結露が生じ，はがれや膨れが生じる．

③**降雨雪のとき，塗装してはならない．** 塗膜が水分を含み，膨れ上がったり，流れたりする．

④**強風のとき，塗装してはならない．** 塗膜の性能を低下させる．

⑤**炎天下で鋼材表面の温度が高いとき，塗装してはならない．** 泡が生じる．

理解度の確認

章末演習問題 問21 にTryしよう！

シールド工法と推進工法
Q40 シールド工法は，どのように掘削するのですか？

Answer

シールド工法は，発進基地の立坑より掘削機（シールド）を油圧ジャッキで推進させ，掘られたトンネル内でセグメントを組み立ててトンネルとする．一方，**推進工法**は，推進管自体を油圧ジャッキで推進させるため，内部でセグメントを組み立てる必要がない．

1. シールド工法

シールド工法は，**シールド機**（掘削機）を油圧ジャッキによって推進させ，シールド機内でセグメントを組み立て，それを反力としてシールドを推進する工法をいう．シールドは，フード部に切削機械を，ガーダー部に推進用のジャッキを，テール部に覆工作業室を備えている．シールド前端のフード部で地山の支持・土留めを行いながら掘削し，シールド後部のテール部において推進した分だけ**セグメント**を覆工し，セグメントと周囲の地山の間隙に**裏込め注入**を行う．切羽部の方式により，切羽と作業室を分離する隔壁を有する**密閉型**と有しない**開放型**がある（表2・14，図2・48）．

表2・14　シールドの形式

シールド工法	密閉型（機械掘り式）	土圧式	土圧シールド
			泥土圧シールド
			泥水加圧式シールド
	開放型	部分開放型	ブラインド式シールド
		全面開放型	手掘り式シールド
			半機械掘り式シールド
			機械掘り式シールド

①**開放型（オープン式シールド）**：地下水が少なく切羽が自立する地盤において，フード部の作業台上で掘削し，地上に掘削土を搬出する．

②**密閉型（ブラインド式シールド）**：きわめて軟弱な粘性土地盤において，切羽が自立するよう小さな区分に分ける隔壁を，フード部とガーダー部間に設けて開口部をつくり，ずり（掘削土砂）を搬出する．

密閉型は，**フード部**と**ガーダー部**（駆動装置，排土装置，シールドジャッキ等の格納部分）の間に**隔壁**を設け，**チャンバー**（切羽と隔壁の間）内に圧気・泥水などを充満させて切羽の安定を図り，土砂の掘削とずり出しを行う．

泥水加圧式シールドでは，切羽を密閉し，水圧により切羽を保ちながら掘削土を泥水として搬出する．坑内作業は大気圧で施工できる．なお，地下水排除のために高気圧下で切羽を安定させて掘削する工法を**圧気シールド**という．坑内作業は，地下水，土砂の墳発，酸素欠乏等，労働者の安全衛生管理に注意を要する．

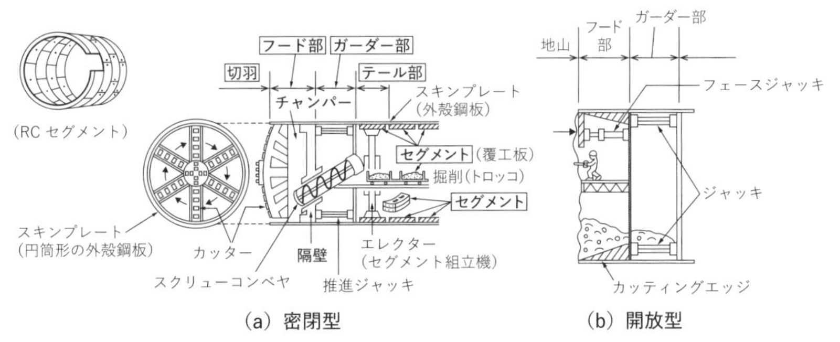

(a) 密閉型　(b) 開放型

図2·48　シールド工法の分類

2. 推進工法・小口径管推進工法

推進工法は，**発進立坑にジャッキ設備**を設け，**支圧壁を反力**として先端に刃口等の装備を付けた推進管を土中に押し込み，**先端切羽の土砂を掘削**して到達立坑へと推進する（図2·49）．シールド工法とは異なり，管自体を推進するため（推進管は強度・管厚が大きい），内部でセグメントを組み立てる必要がないので，**小さな管径の工事**に用いられる．ただし，曲線部の施工が困難で，管周辺の摩擦抵抗のため管きょ延長には限界がある．

小口径管（しょうこうけいかん）**推進工法**は，**内径700m以下**の推進管を敷設するもので，先導体と誘導管を圧入させ，それを案内として推進管を推進する**圧入式**，先導体内（オーガー，ボーリング）で切削する**オーガー式**と**ボーリング式**，**泥水式先導体**で推進する**泥水式**の4種類がある（図2·50）．

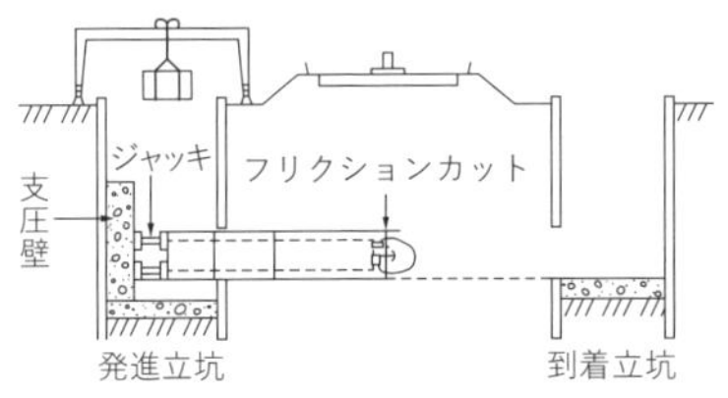

図2·49　推進工法

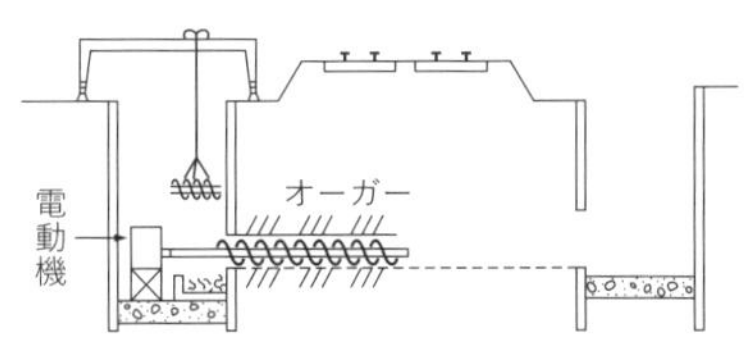

図2·50　小口径推進工法（オーガー式）

理解度の確認

章末演習問題 **問22**，**問23** にTryしよう！

配水管布設工（上水道）

Q41 水道水は，どのように供給されているのですか？

Answer

湖や河川から**取水**した原水は，浄水場へ運ばれ（**導水**），水質基準を満たすよう浄化（**浄水**）されて，配水池に**送水**される．配水池から各地域に**配水**され，給水管から使用者に**給水**される．社会生活を営む上で必要不可欠なライフラインである．

1. 導水管・配水管

上下水道施設は，電気・ガスのエネルギー供給施設とともに私たちの生活や社会活動を営む上で必要不可欠な**ライフライン**である．

上水道に用いられる**導水管**や**配水管**の管種には，**ダクタイル鋳鉄管**（強度や延性を改良した鋳鉄管），**鋼管**，**硬質塩化ビニル管**，**ポリエチレン管**がある（表2･15）．

管の**メカニカル継手**には，ねじ込み式，溶接式，フランジ式がある．受け口に挿し口を挿入し，その**隙間**にゴム輪を押し込み，ボルトで締め付ける方法で，一般的な継手として用いられる．

一方，**フランジ継手**は，将来取外しを要する箇所やポンプや制水弁の前後など特殊な箇所に使用され，一体性をもたせる点において優れているが，屈曲に対して余裕がなく，温度変化に対する伸縮性に乏しい（図2･51）．

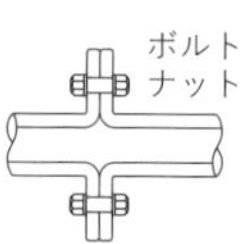

図2･51 フランジ継手

表2･15　管きょの特徴

材質別	長所	短所
ダクタイル鋳鉄管（内面モルタルライニング）	①耐食性，強度が大．施工性がよい ②強じん．衝撃に強い ③メカニカル継手は可とう性・伸縮性がある	①重量が比較的重い ②継手の脱出に対し，異形管防護等を必要とする ③外面防護・継手防護が必要
鋼管（塗覆装鋼管）	①強度大．強じん．衝撃に強い ②溶接継手により，一体化ができ，継手脱出対策が不要 ③重量が比較的軽い ④加工性がよい	①温度伸縮継手 ②電食に対する配慮が必要 ③継手の溶接・塗装に時間がかかり，湧水地盤での施工が困難 ④たわみが大きい
硬質塩化ビニル管	①耐食性，耐電食性に優れる ②重量が軽く，施工性がよい ③接着が可能，価格が安い ④内面粗度が変化しない	①低温時に耐衝撃性が低下する ②有機溶剤，熱，紫外線に弱い ③温度伸縮，可とう継手が必要
ポリエチレン管	①耐震性・耐久性に優れ，柔軟性がある	①強度が劣り，直射日光に弱い

2. 管の敷設

導水管・配水管を**公道に布設**する場合，**土かぶり**（土の厚さ・深さ）は基本として**1.2m以上**（Φ900㎜以上で1.5m以上）とする．他の地下埋設物と交差または近接して布設するときは，少なくとも**30㎝以上の間隔**を保つ．配水管は，管内水が停滞しないように**網目式**に配置する．

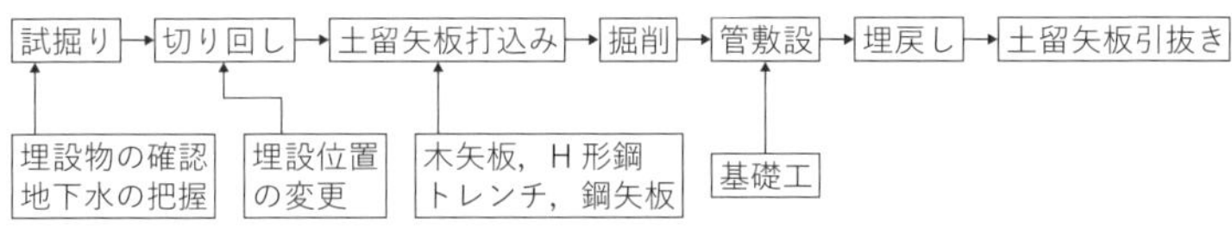

図2・52　管きょの敷設のフローシート

水道管橋・橋梁添架管については，**最も高い位置**に**空気弁**を設ける．寒冷地にあっては適当な**防凍工**を施す．橋梁添架管は，橋梁の可動端の位置に合わせて，必要に応じて**伸縮継手**を設ける．

管の布設は，原則として**低所から高所に向かって行う**．管の据付けにあたっては，管の鋳出（いだ）し文字や記号（識別マーク）は必ず上にする．縦断勾配のある路線の配管の場合，据付けの方向は受け口を**高い方向に向けて配管**する．

管布設時や管清掃時に管底に残る泥や砂等を排出させるため，**管路の凹部**で適当な**泥吐管**を設置する．

3. 上水道管の更新工法・更生工法

更新工法とは，機能の低下した既設上水道管を**新しい管に交換**して機能を回復するもので，**布設替え**（開削撤去布設工法）と**管内管施工**（小口径用の既設管破砕推進工法，大口径用の既設管内挿入工法・巻込工法）がある（図2・53）．

更生工法とは，既設上水道管の**管はそのまま**で，内面の錆を落としかつ内面保護（モルタル，樹脂ライニング工法）を行い，機能を回復させる工法をいう．

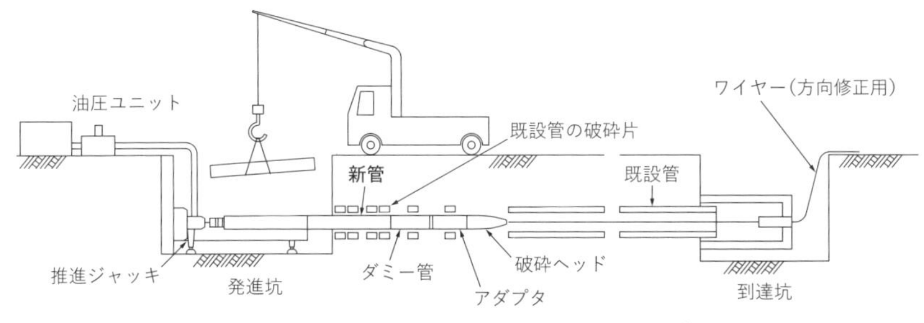

図2・53　管内管施工（既設管破砕推進工法）

理解度の確認

章末演習問題 **問24**，**問25** にTryしよう！

下水道管きょ（下水道）

Q42 下水道管きょは，どのように接合するのですか？

Answer

下水には，**雨水**と家庭から排出される**汚水**がある．雨水と汚水を別々の管に流入させて排除する方式（**分流式**）が取られる．下水は，下水処理施設に集めて処理し，安全で無害な水にして河川・海に放流する．管きょの接合方法は下記のとおり．

1. 下水道管きょの基礎工

下水道は，雨水を排除し，汚水を処理し生活環境を改善する施設である．

基礎工は，**下水道管きょ**の布設を円滑かつ正確に行うため，また不良地盤での管きょの不同沈下を防ぐために施工する．地盤がよい場合には**砂基礎**や**砂利基礎**が用いられ，地耐力が不足する場合は**砕石基礎**とする．普通地盤では**枕木基礎**とし，軟弱地盤では**はしご胴木基礎**，**鳥居基礎**（杭打ち基礎）とする．なお，管に働く外圧が大きい場合は**コンクリート基礎**とし管の強度を補う（図2･54）．

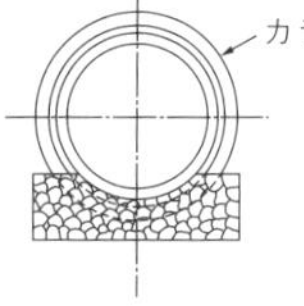

（a）砂利・砕石基礎

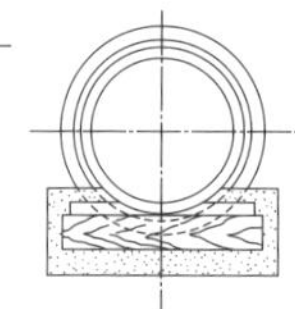

（b）枕木基礎

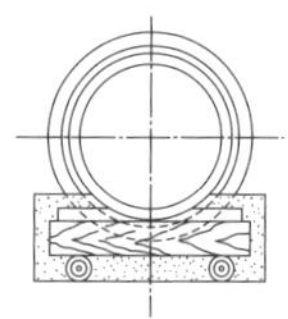

（c）はしご胴木基礎

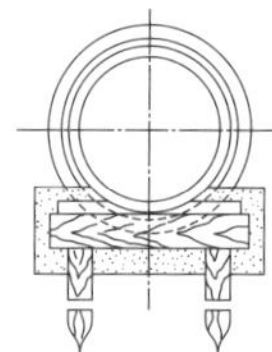

（d）鳥居基礎

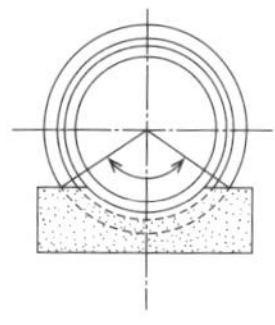

（e）コンクリート基礎

図2･54　剛性管きょの基礎工

表2･16　下水道管きょの管種と基礎工

管種＼地盤		硬質土および普通土	軟弱土	極軟弱土
剛性管	鉄筋コンクリート管	砕石基礎 コンクリート基礎	はしご胴木基礎 コンクリート基礎	はしご胴木基礎 鳥居基礎 鉄筋コンクリート基礎
	陶管	砂基礎 砕石基礎	砕石基礎 コンクリート基礎	
可とう性管	硬質塩化ビニル管	砂基礎	砂基礎 ベットシート基礎 ソイルセメント基礎	ベットシート基礎 ソイルセメント基礎 はしご胴木基礎 布基礎
	強化プラスチック複合管	砂基礎 砕石基礎		
	ダクタイル鋳鉄管 鋼管	砂基礎	砂基礎	砂基礎 はしご胴木基礎 布基礎

2. 下水道管きょの接合

管路の方向や勾配・管径の変化する箇所，下水管が合流する箇所などの接合箇所には，**人孔（マンホール）**を設置し，**管きょの維持・清掃・点検**に利用する．2本の管きょが合流する場合は，中心角60°または90°，勾配10°（1/1000）以上，**本管の上方に**取り付ける．

下水管の接合方法は図2·55に示すとおり，管径が変化する場合は**(a) 水面接合**，**(b) 管頂接合**，**(c) 管中心接合**，**(d) 管底接合**，地表勾配が急な場合には**(e) 段差接合**や**(f) 階段接合**が用いられる．一般には，流水の効率を考慮に入れ，水理学的に有利な**水面接合**か**管頂接合**とする．

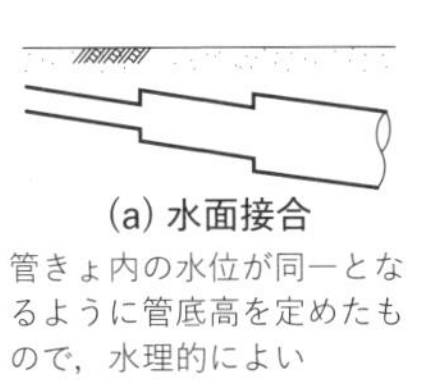

(a) 水面接合
管きょ内の水位が同一となるように管底高を定めたもので，水理的によい

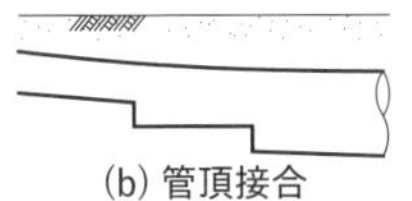

(b) 管頂接合
管の内面頂部を合わせて接合する方法．流れが円滑となるが，掘削深さが増す

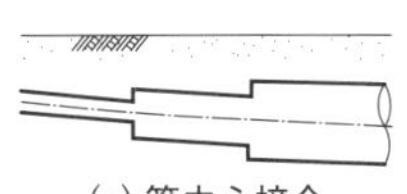

(c) 管中心接合
上下流の管中心線を一致させるように接合．施工が比較的容易で，水面接合の代用として広く用いられる

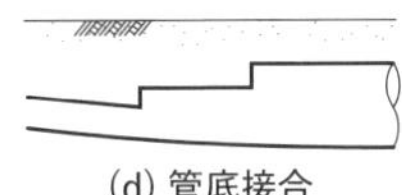

(d) 管底接合
管の内面底部を合わせて接合する方法．掘削深さが小さくてすむが，バックウォーターが起こりやすく，上流管きょの水理条件が悪くなる

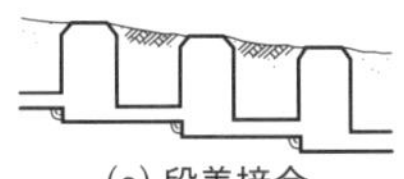

(e) 段差接合
地表勾配が急な場合，地表勾配と土かぶりの関係および流速調節の目的で行う

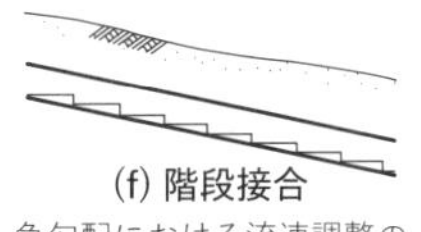

(f) 階段接合
急勾配における流速調整のために階段状に接合する

図2·55　主な管きょ接合と方法

3. 下水管の更生工法

更生工法とは，既設管きょの破損，クラック，腐食等が発生し，構造的・機能的に保存できなくなった場合，**既設管きょの内面に新管を構築**する工法．

表2·17　下水管の更生工法による分類

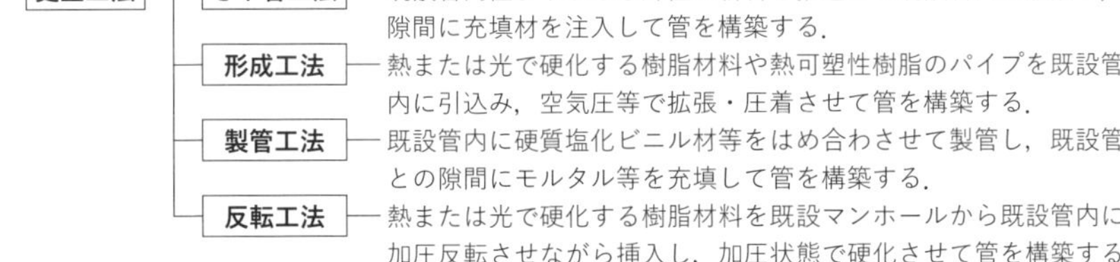

分類	工法	内容
更生工法	さや管工法	既設管内径より小さな外径の新管を推進して既設管内に敷設し，隙間に充填材を注入して管を構築する．
	形成工法	熱または光で硬化する樹脂材料や熱可塑性樹脂のパイプを既設管内に引込み，空気圧等で拡張・圧着させて管を構築する．
	製管工法	既設管内に硬質塩化ビニル材等をはめ合わさせて製管し，既設管との隙間にモルタル等を充填して管を構築する．
	反転工法	熱または光で硬化する樹脂材料を既設マンホールから既設管内に加圧反転させながら挿入し，加圧状態で硬化させて管を構築する．

理解度の確認

章末演習問題 **問26**，**問27** にTryしよう！

演習問題

問1　下図の鋼材の引張試験における応力度とひずみに関して，適当でないものはどれか．

(1)　点(A)は，応力度とひずみが比例する最大限度で比例限度という．

(2)　点(B)は，荷重を取り去ればひずみが0に戻る弾性変形の最大限度で弾性限度という．

(3)　点(C)は，応力度が増えないのにひずみが急激に増加し始める点で上降伏点という．

(4)　点(D)は，応力度が最大となる点で破壊強さという．

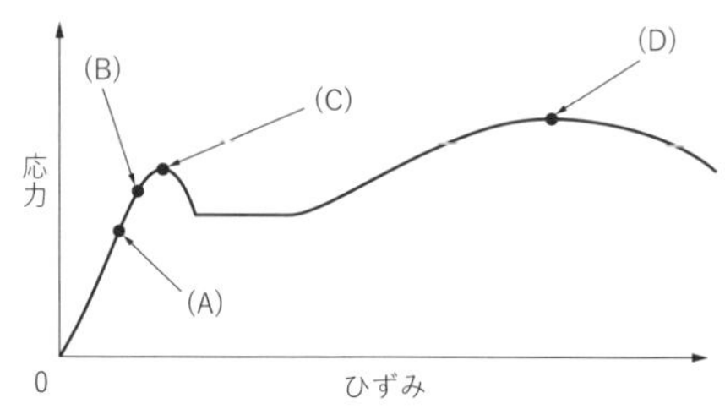

図　応力-ひずみ曲線

問2　鋼材に関して，適当でないものはどれか．

(1)　吊り橋や斜張橋に用いられる線材には，炭素量の多い硬鋼線材などが用いられる．

(2)　温度の変化や荷重によって伸縮する橋梁の伸縮継手には，鋳鋼などが用いられる．

(3)　無塗装橋梁に用いられる耐候性鋼材は，炭素鋼にクロムやニッケル等を添加している．

(4)　鉄筋コンクリート構造物に使用される鉄筋は，炭素鋼で展性・延性が小さく加工が難しい．

問3　鋼橋の溶接に関して，適当でないものはどれか．

(1)　グルーブ溶接は，溶接する部分を加工して隙間をつくり溶接する継手である．

(2)　橋梁の溶接は，一般にスポット溶接が多く用いられる．

(3)　すみ肉溶接には，重ね継手とT継手がある．

(4)　溶接部の強さは，溶着金属部ののど厚と有効長によって求められる．

問4　橋梁のボルトの締付けに関して，適当でないものはどれか．

(1)　ボルトの締付けにあたっては，設計ボルト軸力が得られるように締め付ける．

(2)　ボルトの締付けは，各材片間の密着を確保し十分な応力を伝達させるようにする．

(3)　ボルト軸力の導入は，ボルトの頭部を回して行うことを原則とする．

(4)　トルシア形高力ボルトを使用する場合は，本締めに専用締付け機を使用する．

問5　橋梁の架設工法とその架設方法の組合せとして，適当でないものはどれか．

	［架設工法］		［仮設方法］
(1)	ベント式	→	橋桁部材を自走クレーンで吊り上げ，ベントで借り受けしながら組み立て架設する．
(2)	ケーブルクレーン工法	→	橋桁を架設地点の隣接する箇所であらかじめ組み立てた後，所定の場所に縦送りし架設する．
(3)	片持式工法	→	橋桁や架設した桁を用いてトラベラークレーンなどで部材を吊りながら張り出して組み立て架設する．
(4)	一括架設工法	→	組み立てられた部材を台船で現場まで曳航し，フローティングクレーンで吊り込み架設する．

問6　河川堤防に用いる土質材料に関して，適当でないものはどれか．

(1)　堤体の安定に支障を及ぼすような圧縮変形や膨張性がないこと．
(2)　できるだけ透水性があること．
(3)　有害な有機物，水に溶解する成分を含まないこと．
(4)　施工性がよく，特に締固めが容易であること．

問7　河川護岸の構造に関して，適当でないものはどれか．

(1)　法覆工は，堤防や河岸の法面を被覆し保護する．
(2)　天端保護工は，流水によって高水護岸の裏側から破壊しないように保護する．
(3)　根固工は，河床の洗掘を防ぎ，基礎工，法覆工を保護する．
(4)　基礎工は，法覆工を支える基礎であり，洗掘に対して保護する．

問8　砂防ダムに関して，適当でないものはどれか．

(1)　水通しは，一般に矩形断面とし，洪水流量を正確に観測できるようにする．
(2)　袖は，洪水を越流させないようにし，両岸に向かって上り勾配とする．
(3)　水叩きは，落下水の衝撃を緩和し，洗掘を防止するために前庭部に設ける．
(4)　水抜きは，主に施工中の流水の切替えや堆砂後の浸透水を抜いて水圧を軽減するために設ける．

問9　地すべり防止工事に関して，適当でないものはどれか．

(1)　横ボーリング工は，帯水層を狙ってボーリングを行い，地下水を排除する．
(2)　集水井工は，井筒を設けて地下水を集水し，その排水をポンプで強制排水する．
(3)　杭工は，鋼管などの杭を地すべり斜面に挿入して，斜面の安定度を高める．
(4)　排土工は，土塊の滑動力を減少させる工法で，中小規模の地すべり防止工によく用いられる．

問10　アスファルト舗装における路床の施工に関して，適当でないものはどれか．

(1)　CBRが3未満の軟弱な路床の土に舗装を行う場合には，サンドイッチ舗装工法が用いられる．

(2)　路床の安定処理工法は，現位置で路床土とセメントや石灰などの安定材を混合して路床の支持力を改善するものである．

(3)　粒状の生石灰を用いる場合は，混合終了したのち仮転圧し，生石灰の消化を待ってから再び混合する．

(4)　路床に用いる盛土材料・置換材料などの敷均しには，ブルドーザを使用してはならない．

問11　アスファルト舗装の路床および下層路盤の施工に関して，適当でないものはどれか．

(1)　下層路盤に粒状路盤材料を使用した場合の一層の仕上り厚さは，30cm以下とする．

(2)　路床が切土の場合であっても，表面から30cm程度以内にある木根や転石などを取り除いて仕上げる．

(3)　路床盛土の一層の敷均し厚さは，仕上り厚さで20cm以下とする．

(4)　下層路盤の粒状路盤材料の転圧は，一般にロードローラと8～20tのタイヤローラで行う．

問12　アスファルト舗装のプライムコートおよびタックコートの施工に関して，適当でないものはどれか．

(1)　プライムコートは，新たに舗設する混合物層とその下層の瀝青安定処理層，中間層，基層との接着をよくするために行う．

(2)　プライムコートには，通常，アスファルト乳剤(PK-3)を用いて，散布量は一般に1～2ℓ/m²が標準である．

(3)　タックコートの施工で急速施工の場合，瀝青材料散布後の養生時間を短縮するため，ロードヒータにより路面を加熱する方法を採る．

(4)　タックコートには，通常，アスファルト乳剤(PK-4)を用いて，散布量は一般に0.3～0.6ℓ/m²が標準である．

問13　アスファルト舗装の施工に関して，適当でないものはどれか．

(1)　初転圧の転圧温度は，一般に110～140℃である．

(2)　二次転圧は，一般に8～20tのタイヤローラで行うが，振動ローラを用いることもある．

(3)　二次転圧の終了温度は，一般に50℃である．

(4)　仕上げ転圧は，8～20tのタイヤローラあるいはロードローラで2回(1往復)程度行う．

問14　コンクリートダムの施工に関して，適当でないものはどれか．

(1)　ダム基礎掘削には，基礎岩盤に損傷を与えることが少なく，大量掘削が可能なベンチカット工法が用いられる．

(2)　コンクリートの締固めは，ブロック工法ではバイブロドーザなどの内部振動機を用い，RCD工法では振動ローラが一般に用いられる．

(3)　RCD工法での横継目は，一般にダム軸に対して直角方向には設置しない．

(4)　基礎岩盤のコンクリート打込み後の養生は，打込み時期あるいは打込み箇所に応じて散水やシートで覆うなど適切に行う．

問15　コンクリートダムのRCD工法に関して，適当でないものはどれか．

(1)　コンクリートの運搬には，一般にダンプトラックが使用される．

(2)　コンクリートの敷均しは，ブルドーザなどを用いて行うのが一般的である．

(3)　コンクリートの締固めは，バイブロドーザなどの内部振動機で締め固める．

(4)　コンクリートの横目地は，敷均し後に振動目地切り機などを使って設置する．

問16　トンネル工事の支保工に関して，適当でないものはどれか．

(1)　吹付コンクリートは，地山の凹凸を残すようにして付着を確実に確保する．

(2)　支保工の施工は，掘削後速やかに行い，支保工と地山をできるだけ密着あるいは一体化させ，地山を安定させる．

(3)　支保工に補強などの必要性が予測される場合は，速やかに対処できるよう必要な資機材を準備しておく．

(4)　ロックボルトの孔は，ボルト挿入前にくり粉が残らないよう清掃する．

問17　下図は傾斜型海岸堤防の構造を示したものである．（イ）～（ニ）に示す構造名称の組合せとして，適当なものはどれか．

	（イ）	（ロ）	（ハ）	（ニ）
(1)	波返し工	表法被覆工	根固工	基礎工
(2)	裏法被覆工	根固工	波返し工	基礎工
(3)	波返し工	表法被覆工	基礎工	根固工
(4)	基礎工	裏法被覆工	波返し工	根固工

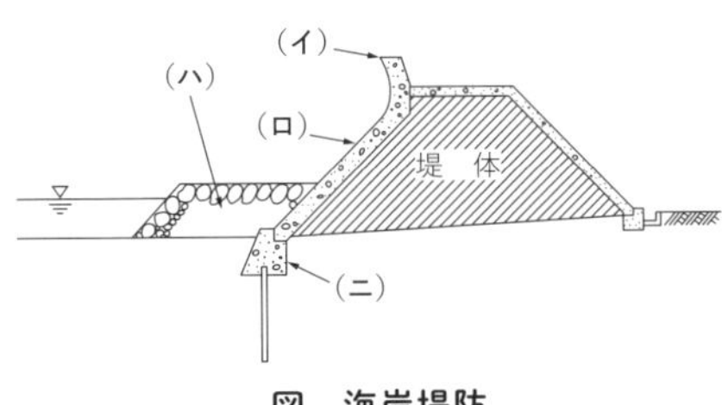

図　海岸堤防

問18　グラブ船による浚渫工に関して，適当なものはどれか．

(1)　グラブ船は，ポンプ船に比べ，底面を平たんに仕上げるのが容易である．

(2)　グラブ船は，岸壁など構造物前面の浚渫や狭い場所での浚渫にも使用できる．

(3)　非航式グラブ船の標準的な船団は，グラブ船，土運船の2隻で構成される．

(4)　浚渫後の出来形確認測量は，原則として音響測深機は使用できない．

問19　鉄道工事における砕石路盤に関して，適当でないものはどれか．

(1)　砕石路盤は，軌道を安全に支持し，路床へ荷重を分散伝達し，有害な沈下や変形を生じないなどの機能を有する必要がある．

(2)　砕石路盤の施工管理においては，路盤の層厚，平坦性，締固めの程度などの確保ができるように留意する．

(3)　砕石路盤の施工は，材料の均一性や気象条件などを考慮して，所定の仕上り厚さ，締固めの程度が得られるようにする．

(4)　砕石路盤は，噴泥が生じにくい材料の多層の構造とし，圧縮性が大きい材料を使用する．

問20　鉄道営業線内および営業線近接工事の保安対策に関して，適当でないものはどれか．

(1)　列車の接近から通過するまでの間，工事用重機を使用する場合は，工事管理者の立ち合いの下，慎重に作業する．

(2)　工事管理者は，工事現場ごとに専任の者を常時配置するよう定められている．

(3)　線閉責任者は，線路閉鎖工事が作業時間帯に終了できないと判断した場合は，施設指令所に連絡しその指示を受ける．

(4)　列車見張員は，工事現場ごとに専任の者を配置するよう定められている．

問21　鋼構造物の現場塗装に関して，適当でないものはどれか．

(1)　上塗り塗装は，下塗り塗装の塗料が乾燥する前に行う．

(2)　運搬組立中に工場塗装のはがれた部分は，工場塗装と同じ塗装をする．

(3)　現場継手部分は，組立完了後サンドペーパー動力ブラシを入念にかけ，素地調整後，直ちに下塗り塗料を塗布する．

(4)　現場塗料に先立ち，工場塗料の部材表面（特に継手部分）を入念に清掃する．

問22　シールド工法に関して，適当なものはどれか．

(1)　シールドのガーダー部は，セグメントの組立作業ができる．

(2)　シールドのフード部は，切削機構で切羽を安定させて掘削作業ができる．

(3)　シールドのテール部は，露出した地山の崩壊を防ぐため覆工作業に用いる部材である．

(4)　セグメントは，カッターヘッド駆動装置，排土装置やジャッキでの推進作業ができる．

問23　シールド工法に関して，適当でないものはどれか．

⑴　土圧式シールド工法は，切羽の土圧と掘削した土砂が平衡を保ちながら掘進する工法である．

⑵　泥水式シールド工法は，大径の礫の搬出に適している工法である．

⑶　泥土圧シールド工法は，掘削した土砂に添加剤を注入し，泥土圧を切羽全体に作用させて平衡を保つ工法である．

⑷　泥水式シールド工法は，泥水を循環させ切羽の安定を保ち，カッターで切削された土砂を泥水とともに坑外まで流体輸送する工法である．

問24　上水道の管布設工に関して，適当でないものはどれか．

⑴　ダクタイル鋳鉄管の切断は，切断機で行うことを標準とする．

⑵　鋼管の据付けは，管体保護のため基礎に良質な砂を敷き均す．

⑶　管の切断は，管軸に対して直角に行う．

⑷　管の敷設は，原則として高所から低所に向かって行う．

問25　上水道の配水管の種類と特徴に関して，適当でないものはどれか．

⑴　ダクタイル鋳鉄管は，じん性に富み衝撃に強いが，これに用いるメカニカル継手は伸縮性や可とう性がないため地盤の変動に追随できない．

⑵　鋼管は，溶接継手により一体化でき，地盤の変動には長大なラインとして追随できるが，電食に対する配慮が必要である．

⑶　硬質塩化ビニル管は，耐食性に優れ重量が軽く施工性がよいが，低温時において耐衝撃性が低下する．

⑷　ステンレス鋼管は，ライニングや塗装を必要としないが，異種金属と接続させる場合には絶縁処理を必要とする．

問26　下水道管きょの基礎の種類と適応条件の組合せとして，適当でないものはどれか．

	［基礎の種類］		［適応条件］
⑴	コンクリート基礎	→	管きょに働く外圧が大きい場合に用いる．
⑵	砕石基礎	→	比較的地盤のよい場所で岩盤の場合に用いる．
⑶	鳥居基礎	→	地盤が強固で地耐力が期待できる場合に用いる．
⑷	はしご基礎	→	地盤が軟弱で地質や上載荷重が不均質な場合に用いる．

問27　下水道管きょの接合方式に関して，適当でないものはどれか．

⑴　水面接合は，概ね計画水位を一致させて接合する．

⑵　管頂接合は，流水は円滑となり水理学的には安全な方法である．

⑶　管底接合は，上流部において動水勾配線が管頂より上昇する恐れがある．

⑷　階段接合は，一般に小口径管きょまたはプレキャスト製管きょに用いられる．

〔**トピックス　土木工学と土木施工管理**〕

土木工学は，一般に，構造工学，水工学，地盤工学，土木計画学の4分野で構成される．これらの知識と技術に基づき，自然災害の軽減，安全な公共空間の構築に貢献している．

1．構造工学は，生活空間に必要な構造物を設計するための創造技術
2．水工学は，河川等の水流の運動・解析等の環境マネジメントと創造技術
3．地盤工学は，地盤と構造物の相互作用，調査計測等の防災技術
4．土木計画学は，安全で快適な国土・地域・都市を創造する公共政策技術

土木施工管理は，これらの土木工学の知識・技術に基づき計画された構造物を安全に施工するための工事管理技術をいう．

第3章
土木工事と法規

土木工事の関係法令は広い範囲に及ぶが，この章では主な法令の基本事項を学ぶ．建設工事の施工にあたっては，工事を実施する上で法令を遵守（コンプライアンス）しなければならない．

建設業法は，建設工事の適正な施工を確保する上で必要な基準・規則であり，労働基準法や労働安全衛生法は，労働条件の向上を図り，労働者の安全と健康を確保する上で重要で，環境保全関係法は社会的な要請から，また，他の法令は各種専門土木工事を実施する上で必要な基準・規制となる．

労働契約

Q43 なぜ,労働条件の明示が必要なのですか?

Answer

労働条件の基本となる**労働契約**は，使用者（事業主のために行為をする者）と個々の労働者とが労務給付（労働することを条件に賃金を得る）に関して締結する契約をいう．労働契約に際して，労働条件の明示が必要となる．

1. 労働基準法（総則）

労働基準法は，労働条件に関する最低基準を定めた法律であり，労働契約関係について規定する最も基本的な法律である．

労働条件の原則（第1条）：労働条件は，労働者が人たるに値する生活を営むための必要を充たすべきものでなければならない．この法律で定める労働条件は最低のものであるから，その向上を図るよう努めなければならない．

労働条件の決定（第2条）：労働条件は，労働者と使用者が対等の立場において決定すべきものである．労働者および使用者は，労働協約，就業規則及び労働契約を遵守し，誠実にその義務を履行しなければならない．

均等待遇の原則（第3条）：使用者は，労働者の国籍・信条・社会的身分を理由として，賃金・労働時間その他の労働条件について差別的取扱いをしてはならない．

男女同一賃金の原則（第4条）：使用者は，労働者が女性であることを理由として，賃金について，男性と差別的取扱いをしてはならない．

強制労働の禁止，中間搾取の排除（第5・6条）：使用者は，暴行，強迫，監禁その他精神または身体の自由を不当に拘束する手段によって，労働者の意思に反して労働を強制してはならない．また，何人も法律に基づいて許される場合の他，業として他人の就業に介入して利益を得てはならない．

労働者（第9条，定義）：労働者とは，職業の種類を問わず，事業または事業所に使用されるもので，賃金を支払われる者をいう．

賃金，平均賃金（第11・12条，定義）：**賃金**とは，賃金，給与，手当，賞与その他の名称を問わず，労働の対償として使用者が労働者に支払うすべてのものをいう．また，**平均賃金**とは，直近3ヶ月間に支払われた賃金の総額（基本給，家族手当，通勤手当，残業代）を，その期間の総日数（歴日数，休日，欠勤日を含む）で除した金額をいう．

2. 労働契約

この法律違反の契約（第13条）：労働基準法に定める基準に達しない労働契約は，その部分については無効とする．この場合において，無効となった部分は労働基準法で定める基準とする．

契約期間等（第14条）：労働契約は期間の定めのないものを除き，一定の事業の完了に必要な期間を定めるものの他は，3年を超える期間について締結してはならない．ただし，専門的知識を有する場合，5年以内とする．

労働条件の明示（第15条）：使用者は，労働契約の締結に際し，労働者に対して賃金，労働時間その他の労働条件を明示しなければならない．この場合，賃金および労働時間に関する事項，その他の命令で定める事項（表3·1の❶〜❺）については，書面の交付により明示しなければならない．また，表中⑥〜⑫の事項は，定めのある場合に明示しなければならない．明示された労働条件が事実と相違する場合には，労働者は即時に労働契約を解除することができる．

表3·1　使用者が明示すべき労働条件（則第5条）

❶	労働契約の期間（有期労働契約の場合に限る）	⑥	退職手当その他の手当，賞与に関すること
❷	就業場所・従事すべき業務に関する事項	⑦	食費，作業用品に関すること
❸	始業・終業の時刻，休憩時間，休日・休暇・交代制勤務等の就業時転換事項	⑧	安全および衛生に関すること
		⑨	職業訓練に関すること
❹	賃金の決定・計算・支払の方法，賃金の締切および支払時期，昇給に関する事項	⑩	災害補償，業務外扶助に関すること
		⑪	表彰および制裁に関すること
❺	退職に関する事項（解雇の事由を含む）	⑫	休職に関すること

賠償予定の禁止（第16条）：使用者は，労働契約の不履行について違約金を定め，または損害賠償額を予定する契約をしてはならない．

前借金相殺の禁止（第17条）：使用者は，前借金その他労働することを条件とする前貸の債権と賃金を相殺してはならない．

例題　**労働基準法に関して，誤っているものはどれか．**

(1)　労働契約の締結時に明示された労働条件が事実と相違する場合，労働者は即時に労働契約を解除できる．

(2)　使用者は，前貸金と賃金を相殺することができる．

(3)　労働者とは，事業または事業所に使用される者で賃金を支払われる者をいう．

(4)　使用者とは，事業主または事業の経営担当者等，労働者に関する事項について，事業主のために行為するすべての者をいう．

解　(2)

第17条（前借金相殺の禁止）の規定．なお，(4)は労働者（第9条）の規定．

理解度の確認

章末演習問題 **問1** にTryしよう！

解雇の制限・賃金・休日等

Q44 解雇の制限･賃金･休日の原則は，何ですか？

Answer

解雇の制限・予告の規定は，労働者の再就職活動が最も困難な時期の解雇の制限を定めたものである．また，突然の解雇による労働者の生活の破綻，混乱を避けるため，合理的理由を欠く解雇は無効となる．

1. 解雇の制限

解雇の制限（第19条）：使用者は，労働者が業務上負傷し，または疾病にかかりその療養のために休業する期間およびその後30日間は解雇してはならない．産前産後の女性が休業する期間およびその後30日間は解雇してはならない．

解雇の予告（第20・21条）：使用者は，労働者を解雇しようとする場合は少なくとも30日前に予告をしなければならない．30日前に解雇の予告をしない場合は，30日分以上の平均賃金を支払わなければならない．予告日数は，1日について平均賃金を支払った場合，日数を短縮することができる．解雇の予告の規定は，表3･2に示す労働者には適用されない．

表3･2　解雇の予告適用除外（第21条）

①	日々雇い入れられる者（1ヶ月を超えて引続き使用される場合には適用される）
②	2ヶ月以内の期間を定めて使用される者
③	季節的業務に4ヶ月以内の期間を定めて使用される者
④	試用期間中（14日以内）の者

退職時の証明（第22条）：労働者が，退職時において，使用期間，業務の種類，その事業における地位，賃金または退職の事由について証明書を請求した場合は，使用者は遅滞なくこれを交付しなければならい．

2. 賃金

賃金の支払（第24条）：賃金は毎月1回以上一定の期日を定めて通貨（口座支払いは可能）で，直接労働者にその全額を払わなければならない．

非常時払（第25条）：使用者は，労働者が非常の場合の費用に充てるために請求するとき支払い期日前であっても，既往の労働に対する賃金を支払わなければならない（非常の場合：出産，疾病，災害，結婚，死亡など）．

休業手当（第26条）：使用者の責に帰すべき事由による休業の場合，休業期間であっても平均賃金の60%以上の手当を払わなければならない．

3. 労働時間，休憩，休日および年次有給休暇

労働時間（第32条）：使用者は労働者に休憩時間を除き1週間に40時間，1日に8時間を超えて労働させてはならない．

変形労働時間制（第32条の4）：労使協定，就業規則等により，1ヶ月あるいは1年を限度として，平均して1週間の労働時間が40時間を超えない定めをした場合は，特定の日に8時間または特定の週に40時間の労働時間を超えて労働させることができる．

休憩（第34条）：使用者は，労働時間が6時間を超える場合は少なくとも45分，8時間を超える場合は少なくとも60分の休憩時間を，労働時間の途中に与えなければならない．休憩時間は，一斉に与えなければならないが，労動組合の書面による協定がある場合は，この限りでない．

休日（第35条）：使用者は，労働者に対し毎週少なくとも1日の休日を与えなければならない．4週間を通じ4日以上の休日を与える場合はこの限りでない．

時間外および休日の労働（第36条）：使用者は，労働組合等と書面で協定（労使協定）をし，行政官庁に届け出た場合は法定の労働時間・休日の規定（第32・35条）にかかわらず，労働時間を延長または休日労働させることができる．

時間外，休日および深夜の割増賃金（第37条）：労働時間を延長しまたは休日に労働させた場合は，通常の労働時間または労働日の賃金の2割5分以上5割以下の範囲以内（1ヶ月60時間以内の場合）で割増賃金を支払わなければならない．深夜業（午後10時から午前5時）にあっては2割5分以上の，時間外と深夜労働が重複するときは5割以上の，休日労働と深夜労働が重複するときは6割の割増賃金を支払わなければならない．割増賃金の基礎となる賃金には，家族手当，通勤手当，子女教育手当，その他臨時に支払われた賃金等は算入しなくてもよい．

年次有給休暇（第39条）：使用者は雇入れの日から起算して6ヶ月間継続勤務し全労働日の8割以出勤した労働者に対して，継続しまたは分割した10労働日の有給休暇を与えなければならない．6ヶ月経過後，1年ごとに加算した有給休暇を与える．

年次有給休暇

6ヶ月経過日から起算した継続勤務年数	労働日
1年	1労働日
2年	2労働日
3年	4労働日
4年	6労働日
5年	8労働日
6年以上	10労働日

労働時間等に関する規定の適用除外（第41条）：労働時間，休憩および休日に関する規定は，監督もしくは管理の地位にある者は適用しない．

理解度の確認

章末演習問題 **問2** ～ **問4** にTryしよう！

年少者・女性労働基準

Q45 なぜ,年少者・女性の保護が必要なのですか?

Answer

年少者（満18歳に満たない者）や女性労働者には，発育過程の年少者の健康や福祉の確保および女性（妊婦，産婦，その他の女性）の母体の保護の観点から危険有害業務の就業制限が取られる（表3·3）.

1. 年少者労働基準および女性労働基準規則

年少者労働基準：**年少者**とは満18歳に達しない男女をいい，労働時間，時間外，休日労働等の18歳以上の労働者に許されている例外規定は，適用できない（第60条）．満15歳に満たない者（**児童**）は，労働者として使用してはならない．（第56条，最低年齢）.

女性の就業制限業務：母性保護の見地から，妊産婦およびその他の女性の妊娠・出産・哺育等に有害な一定の業務については，就業制限が定められている．

年少者の証明書（第57条）：使用者は満18歳に満たない者について，その年齢を証明する戸籍証明書を事業場に備え付けなければならない．

未成年者の労働契約（第58・59条）：親権者または後見人は，未成年者に代って労働契約を締結してはならない．未成年者は，独立して賃金を請求することができる．親権者または後見人は賃金を代って受け取ってはならない．

深夜業（第61条）：使用者は，年少者を午後10時から午前5時までの間の労働に就かせてはならない．ただし，満16歳以上の男性が交替制勤務に就く場合についてはこの限りでない．

危険有害業務の就業制限（第62，64条）：使用者は，年少者を削岩機，鋲打（びょうだ）機等身体に著しい振動を与える機械器具を用いる業務に就かせてはならない．使用者は，表3・3（年少者・女性の就業制限業務）に掲げる年齢および性の区分に応じて，重量物を取り扱う業務等に就かせてはならない．

2. 災害補償

療養補償・休業補償・障害補償（第75～77条）：労働者が業務上負傷しまたは疾病にかかった場合，使用者は必要な療養の費用を負担（**療養補償**）し，休業する場合には，療養中，平均賃金の60%の**休業補償**をしなければならない．また，治った場合において，身体に障害が存するときは**障害補償**を行わなければならない．

休業補償および障害補償の例外（第78条）：労働者が自らの重大な過失によって業務上負傷しまたは疾病にかかり，かつ使用者がその過失について行政官庁の認定を受けた場合は，休業補償または障害補償を行わなくてよい．

打切補償（第81条）：療養補償を受ける労働者が，療養開始後3年を経過しても負傷または疾病が治らない場合は，平均賃金の1200日分の**打切補償**を行い，その後はこの法律の規定による補償を行わなくてもよい．

表3·3　年少者·女性の就業制限業務（抜粋）

<table>
<tr><th rowspan="2">作業の内容</th><th colspan="4">就業制限の内容</th></tr>
<tr><th>年少者</th><th>妊婦</th><th>産婦</th><th>その他の女性</th></tr>
<tr><td>1　重量物を取扱う作業〈労基法 64 条の 3，年少者労働基準規則 7 条，女性労働基準規則第 2 条〉
<table>
<tr><th rowspan="2">年　齢</th><th colspan="2">断続作業の場合</th><th colspan="2">継続作業の場合</th></tr>
<tr><th>男</th><th>女</th><th>男</th><th>女</th></tr>
<tr><td>満 16 歳未満</td><td>15kg 以上</td><td>12kg 以上</td><td>10kg 以上</td><td>8kg 以上</td></tr>
<tr><td>満 16 歳以上 満 18 歳未満</td><td>30kg 以上</td><td>25kg 以上</td><td>20kg 以上</td><td>15kg 以上</td></tr>
<tr><td>満 18 歳以上</td><td>–</td><td>30kg 以上</td><td>–</td><td>20kg 以上</td></tr>
</table></td><td>表の重量未満は取扱可</td><td>×</td><td>×</td><td>表の重量未満は取扱可</td></tr>
<tr><td>2　坑内の作業〈労基法 63 条，64 条の 2〉</td><td rowspan="14">×</td><td rowspan="14">×</td><td>×</td><td>▲</td></tr>
<tr><td>3　クレーン，デリック，揚貨装置の運転（女性は 5t 以上のもの）</td><td>△</td><td>○</td></tr>
<tr><td>4　クレーン，デリック，揚貨装置の玉掛け作業（2 人以上で行う補助作業は除く）</td><td>△</td><td>○</td></tr>
<tr><td>5　運転中の原動機，原動機から中間軸までの動力伝導装置の掃除，給油，検査，修理，またはベルトの掛替えの作業</td><td>△</td><td>○</td></tr>
<tr><td>6　動力により駆動される土木建築用機械，船舶荷扱用機械の運転</td><td>△</td><td>○</td></tr>
<tr><td>7　岩石または鉱物の破砕機，粉砕機に材料を供給する作業</td><td>△</td><td>○</td></tr>
<tr><td>8　土砂が崩壊の恐れのある場所，深さ 5m 以上の地穴での作業</td><td>△</td><td>○</td></tr>
<tr><td>9　高さ 5m 以上で墜落の危害を受ける恐れのある場所での作業</td><td>△</td><td>○</td></tr>
<tr><td>10　足場の組立，解体，変更作業（地上，床上での補助作業は除く）</td><td>△</td><td>○</td></tr>
<tr><td>11　鉛，水銀，クロム，ひ素，黄りん，フッ素，青酸等の有害物のガス，蒸気，または粉じんを発散する場所での作業</td><td>×</td><td>×</td></tr>
<tr><td>12　多量の高熱物体の取扱い，または著しく暑熱な場所での作業</td><td>△</td><td>○</td></tr>
<tr><td>13　多量の低温物体の取扱い，または著しく寒冷な場所での作業</td><td>△</td><td>○</td></tr>
<tr><td>14　異常気圧下での作業</td><td>△</td><td>○</td></tr>
<tr><td>15　削岩機，鋲打機等身体に著しい振動を与える機械器具での作業</td><td>×</td><td>○</td></tr>
<tr><td>16　深夜労働</td><td>▲</td><td>△</td><td>△</td><td>○</td></tr>
</table>

×……就業させてはならない作業
△……申し出た場合，就業させてはならない作業
○……就業させてもさしつかえない作業
▲……条件付きで就業可能な作業

妊婦……妊娠中の女性
産婦……産後 1 年以内の女性
年少者…満 18 歳未満の者

理解度の確認

章末演習問題 **問5** にTryしよう！

建設現場の安全衛生管理

Q46 元請・下請の安全衛生管理体制はどのようにすべき?

Answer

建設業は数次の下請によって工事がなされ，同一の作業場に所属の異なる労働者が混在します．この混在による労働災害を防止するため，元請事業者の**統括安全衛生責任者**および各事業場ごとの**総括安全衛生管理者**による安全衛生管理体制が取られる．

1. 安全衛生管理体制1（個別事業場）

労働安全衛生法は，労働者の安全と衛生についての基準を定めたものである．

労働災害を防止するため，個別事業場ごとに**総括安全衛生管理者**による安全衛生管理体制が，各事業者が混在する現場では特定元方事業者（建設業で**元請業者**）による**統括安全衛生責任者**の安全衛生管理体制が取られる．

総括安全衛生管理者（第10条）:事業者は，常時100人以上の労働者を使用する個別事業場（単一企業）ごとに**総括安全生管理者**を選任し，その者に**安全管理者**，**衛生管理者**または**救護技術管理者**を指揮させるとともに，下記①～④の業務について統括管理させる．

常時50人以上の事業場ごとに**安全管理者**（安全に係る技術的事項），**衛生管理者**（衛生に係る技術的事項），**産業医**（労働者の健康管理）および**作業主任者**（労働災害の防止のための管理）を選任しなければならない（図3･1）．また，常時10～49人の事業場の場合は，**安全衛生推進者**を選任し，安全衛生業務を担当させる（則第11～12の2条）．

①労働者の危険または健康障害の防止措置

②労働者の安全・衛生教育の実施

③健康診断の実施・健康管理

④労働災害の原因調査および再発防止対策

事業場ごとの管理体制	業種＼人数	事業場ごとに常時働いている労働者総数 10人以上 ▽	50人以上 ▽	100人以上 ▽
	建設業，林業，鉱業等	安全衛生推進者 衛生推進者	安全管理者 衛生管理者 産業医 安全衛生委員会	統括安全衛生管理者

図3･1　各事業場ごとの安全衛生管理体制

2. 安全衛生管理体制２（混在現場）

統括安全衛生責任者（第15条）：特定元方事業者は，同一場所で元請・下請を合わせて常時50人以上（ずい道，一定の橋梁建設または圧気工法による作業は常時30人以上）の労働者が混在して作業を行う場合，混在によって生じる労働災害を防止するため，**統括安全衛生責任者**を選任し，その者に下記①～⑥の**特定元方事業者の講ずべき措置**（第30条）を統括管理させる（図3･2）．

①協議組織の設置・運営を行う．

②作業間の連絡・調整を行う．

③作業場所の巡視をする（毎作業日に少なくとも1回）．

④関係請負人が行う労働者の安全または衛生の教育に対する指導・援助．

⑤工程に関する計画，作業場所の機械等の配置計画を作成する．

⑥労働災害を防止するための必要事項（合図・標識・警報の統一など）．

元方（もとかた）安全衛生管理者（第15条の2）：統括安全衛生責任者を選任した事業者は，有資格者のうちから**元方安全衛生管理者**を選任し，その者に特定元方事業者の講ずべき措置のうち，技術的事項を管理させなければならない．

安全衛生責任者（第16条）：統括安全衛生責任者を選任すべき事業者以外の請負人（下請関係者）は，**安全衛生責任者**を選任し，その者に統括安全衛生責任者との連絡，連絡事項の関係者への連絡・実施管理，作業計画の統括安全衛生責任者との調整等の事項を行わせなければならない（図3･3）．

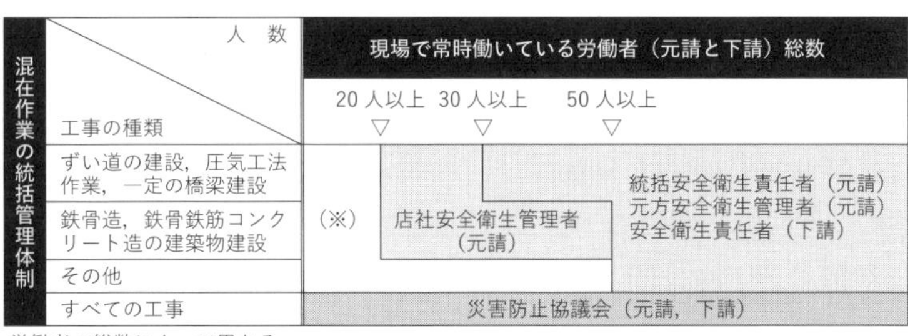

混在作業の統括管理体制 工事の種類＼人数	現場で常時働いている労働者（元請と下請）総数			
		20人以上 ▽	30人以上 ▽	50人以上 ▽
ずい道の建設，圧気工法作業，一定の橋梁建設	（※）	店社安全衛生管理者（元請）	統括安全衛生責任者（元請） 元方安全衛生管理者（元請） 安全衛生責任者（下請）	
鉄骨造，鉄骨鉄筋コンクリート造の建築物建設				
その他				
すべての工事	災害防止協議会（元請，下請）			

労働者の総数によって異なる．
（※）小規模工事においても，準ずる者を選任する．

図3･2　混在現場の安全衛生管理体制

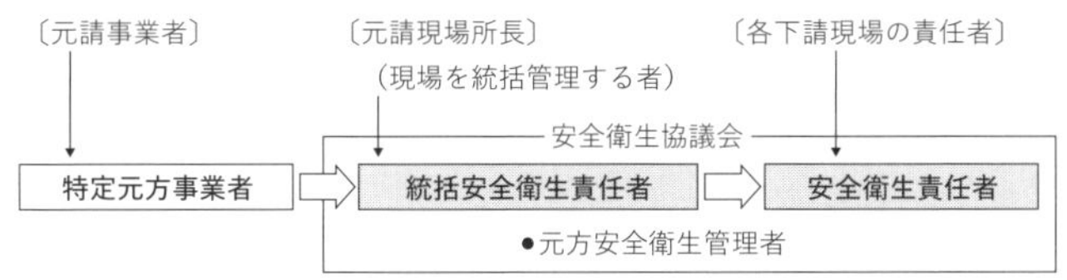

図3･3　混在現場の安全衛生管理体制

理解度の確認

章末演習問題 **問6** にTryしよう！

作業主任・就業制限

Q47 作業主任者を選任して行う作業は，何ですか？

Answer

事業者は，労働災害を防止するための管理を必要とする表3･4の作業については，都道府県労働局長の免許所有者または技能講習修了者から作業区分に応じて**作業主任者**を選任し，当該作業の指揮を行わせる．

1. 作業主任者

作業主任者は，作業に従事する労働者の指揮，機械･安全装置の点検，器具･工具等の使用状況の監視，作業の安全・衛生に関する事項等を行う．たとえば地山の掘削作業主任者の場合，①作業方法の決定，作業の直接指揮，②器具・工具の点検，不良品の除去，③墜落制止器具（安全等），使用状況の監視である．

表3･4　作業主任者の選任を必要とする作業（令第6条）

作業主任者	作業の内容	資　格
高圧室内作業主任者	圧気工法で行われる潜函工法，その他の高圧室内の作業	免許者
ガス溶接作業主任者	アセチレンまたはガス集合装置を用いて行う溶接等の作業	免許者
地山の掘削作業主任者	地山の掘削の作業（掘削面の高さが 2m 以上）	講習修了者
土留め支保工作業主任者	切梁・腹起しの取付けまたは取外しの作業	講習修了者
ずい道等の掘削作業主任者	掘削の作業，ずり積み，ずい道支保工組立，ロックボルト取付け，コンクリート等吹付けの作業	講習修了者
ずい道等の覆工作業主任者	ずい道型枠支保工の組立・移動・解体，コンクリート打設の作業	講習修了者
採石のための掘削作業主任者	岩石の採取のための掘削作業（掘削面の高さが 2m 以上）	講習修了者
型枠支保工の組立等作業主任者	型枠支保工の組立・解体の作業	講習修了者
足場の組立等作業主任者	足場の組立・解体・変更の作業（ゴンドラを除くつり足場，張出し足場または高さが 5m 以上の構造の足場）	講習修了者
建築物等の鉄骨の組立等作業主任者	建築物または塔の鉄骨等の組立・解体・変更の作業（高さが 2m 以上）	講習修了者
鋼橋架設等作業主任者	金属製の橋梁の上部構造の架設・解体・変更の作業（高さが 5m 以上または支間が 30m 以上）	講習修了者
コンクリート造工作物の破壊等作業主任者	高さが 5m 以上のコンクリート造の工作物の解体・破壊の作業	講習修了者
コンクリート橋架設等作業主任者	コンクリート造の橋梁の上部構造の架設・変更の作業（高さが 5m 以上または支間が 30m 以上）	講習修了者
酸素欠乏危険作業主任者（第１種・第２種）	酸素欠乏危険場所における作業	講習修了者
ボイラー据付工事作業主任者	ボイラー据付けの作業	講習修了者

2. 安全衛生教育・就業制限

安全衛生教育（第59条）：事業者は，労働者を雇い入れたとき，作業内容を変更したときは，従事する業務に関する安全または衛生のための教育を行わなければならない．また，危険または有害な業務に就くときは安全衛生のための**特別の教育**を行わなければならない．

新たに**職長**（労働者を直接指導･監督する者，作業主任者を除く）に就く職長に対し，次の事項を行わなければならない（則第60条）．

①作業方法の決定および労働者の配置に関すること．

②労働者に対する指導または監督の方法に関すること．

就業制限（第61条）：事業者はクレーンの運転その他政令で定めるものについては都道府県労働局長の免許を受けた者，技能講習を修了した者等の資格を有する者でなければ当該業務に就かせてはならない．

表3･5　危険有害業務等に係る資格（則第41条）

業務内容		免許	技能講習	特別教育
足場の組立等の作業（補助業務を除く）				○
車両系建設機械 （運搬・積み・掘削 基礎工事・解体機等）	機体重量 3t 以上		○	
	機体重量 3t 未満			○
（締固め）				○
コンクリートポンプ車の操作				○
高所作業車の運転	作業床の高さ 10m 以上		○	
	作業床の高さ 2m 以上 10m 未満			○
クレーンの運転 デリックの運転	つり上げ荷重 5t 以上	○		
	つり上げ荷重 5t 未満			○
移動本クレーンの運転	つり上げ荷重 5t 以上	○		
	つり上げ荷重 1t 以上 5t 未満		○	
	つり上げ荷重 1t 未満			○
玉掛け作業	つり上げ荷重 1t 以上		○	
	つり上げ荷重 1t 未満			○
ガス溶接・溶断			○	
アーク溶接				○
酸素欠乏・硫化水素危険作業				○
高気圧作業				○
ずい道等の掘削・覆工等の作業				○
建設用リフトの運転，ゴンドラの操作				○

注 1）　特別教育が必要な業務について，当該業務に係る免許者*，技能講習修了者はそれぞれ上級の資格を有する者として就業できる．

注 2）　技能講習が必要な業務について，当該業務に係る免許者*は，それぞれ上級の資格を有する者として就業できる．

（*建設機械施工技術検定合格者，クレーン・デリック運転士免許，移動式クレーン運転士免許，ガス溶接作業主任者免許など）

理解度の確認

章末演習問題 **問7**，**問8** にTryしよう！

建設工事の計画の届出

Q48 なぜ,安全・衛生に関する事前審査をするのですか?

Answer

建設工事の**事前審査**は，労働者の安全衛生を損う工事・設備が採用されないよう事前に審査する制度．計画の届出は，大規模工事には厚生労働大臣へ，その他の特定工事および設備に関しては労働基準監督署長へ届け出る．

1. 厚生労働大臣への計画の届出

計画の届出等（第88条）：大規模で特に高度な技術的検討を要する工事は，その工事の**開始30日前**までに直接**厚生労働大臣**に計画を届け出なければならない（表3・6）．なお，計画作成にあたっては厚生労働省令で定める有資格者（実務経験者，1級建築士，1級土木施工管理技士等）を参画させること．

表3・6 厚生労働大臣へ計画の届出を必要とする工事

法令条項	工 事	規 模 等
法第88条第2項 （工事開始の日の30日前までに，所定の様式，書類を添付し，厚生労働大臣へ直接届け出る．）	建設工事等	高さが300m以上の塔
	ダム工事	堤高が150m以上
	橋梁工事	最大支間500m以上 （つり橋の場合最大支間1000m以上）
	ずい道工事	長さ3000m以上 長さ1000m以上3000m未満で，深さが50m以上の立坑の掘削を伴うもの
	潜函，シールド工事等	ゲージ圧力0.3MPa以上の圧気工法

2. 労働基準監督署長への届出

次の工事（厚生労働大臣への届出を除く）は，**開始14日前**までに**労働基準監督署長**へ計画を届け出る（表3・7）．計画作成には有資格者を参画させる．

表3・7 労働基準監督署長への計画の届出を必要とする工事

法令条項	工 事	規 模 等
法第88条第3項 （工事開始の日の14日前までに，所定の様式，書類を添付し，労働基準監督署長に届け出る．）	建設工事等	高さが31mを超える建築物または工作物
	橋梁工事	最大支間50m以上，最大支間30～50mの橋梁の上部構造
	ずい道工事	内部に労働者が入らないものを除く
	掘削工事	掘削の高さまたは深さ10m以上
	潜函，シールド工事等	圧気工法による作業
	土石採取工事	掘削の高さまたは深さ10m以上

3. 設備に関する計画の届出

一定の危険または有害な機械等を設置・移動するときは，その**30日前**までに**労働基準監督署長**に届け出なければならない（表3·8）．型枠支保工，足場に関しては，計画作成にあたって有資格者（1級建築士，1級土木施工管理技士，1級建築施工管理技士など）を参画させること．

表3·8　労働基準監督署長へ計画の届出を必要とする設備・工事

法令条項	設備・工事	能力・規模等
法第88条第1項 （工事開始の日の30日前までに，所定の様式，書類を添付し，労働基準監督署長に届け出る．）	型枠支保工	支柱の高さが3.5m以上
	足場	つり足場，張出し足場以外の足場にあっては，高さが10m以上の構造のもの．組立から解体までの期間60日未満のものは適用除外
	クラッシャ等	土石，岩石を加工するための動力による機械で屋内に設けるもの（移動式のものを除く） 6ヶ月未満の期間で廃止するものは適用除外
	軌道装置	6ヶ月未満の期間で廃止するものは適用除外
	架設通路	高さおよび長さがそれぞれ10m以上のもの 組立から解体までの期間60日未満のものは適用除外

4. 計画の審査

職場の労働者の安全と健康を確保し，快適な職場環境をつくることを目的として事前に計画の審査が実施される．

厚生労働大臣・都道府県労働局長の審査等（第89条）：厚生労働大臣または都道府県労働局長は，届出があった計画のうち，高度の技術的検討を要するものについて審査することができる．審査の結果，必要があると認めるときは，必要な勧告または要請をすることができる．

使用停止命令等（第98条）：労働基準監督署長（厚生労働省の出先機関）または都道府県労働局長は，違反する事実があるときは作業の停止等を命ずる．

例題　**労働安全衛生法上，事業者がその計画を当該工事の仕事の開始の14日前までに労働基準監督署長に届け出る必要のあるものはどれか．**

(1)　最大支間が50mの橋梁の建設の仕事
(2)　高さが25mの鉄塔の建設の仕事
(3)　掘削の高さが5mの土石の採取のための掘削の作業を行う仕事
(4)　最大支間が25mの橋梁の上部構造の建設の仕事

解　(1)

なお，(2)31mを超えるもの，(3)10m以上，(4)30〜50mが該当する．

理解度の確認

章末演習問題 **問9** にTryしよう！

建設業の許可基準
Q49 一般建設業と特定建設業は，何が違うのですか？

Answer

建設業の許可は，下請契約の締結額により**特定建設業**と**一般建設業**に区分して受ける．一般に，特定建設業は，元請として工事施工の企画・指導・調整を，一般建設業は下請として専門土木工事を担当する．

1. 建設業の許可制度

建設業の許可（第3条）：建設業の許可は，2以上の都道府県に営業所（本店・支店等）を設けて営業する者は**国土交通大臣の許可**を，一つの都道府県にのみ営業所を設けて営業する者は**都道府県知事の許可**を，**一般建設業**または**特定建設業**に区分して29種類の工事種別ごとに受ける（表3･9，3･10）．

①**特定建設業**とは，発注者から直接請け負う建設工事の全部または一部を，4000万円（建築一式工事6000万円）以上（2以上の下請契約がある場合はその総額）の下請契約を結んで施工するものをいう．

②**一般建設業**は，**特定建設業以外**の許可を受けた建設業をいう．

③**指定建設業**とは，総合的な施工技術を要する土木事業，建築工事業，電気工事業，管工事業，鋼構造物工事業，舗装工事業，造園工事業の**7業種**をいう．

表3･9　一般建設業と特定建設業の区分（第3条）

許可の種類	区分の内容
一般建設業の許可	下請専門か，元請となったときでも4000万円（建築一式工事6000万円）に満たない建設工事しか下請に出さない建設業者が受ける許可
特定建設業の許可	元請業者となった際，4000万円以上の工事を下請業者に施工させる業者が受ける許可

表3･10　建設業の許可基準（第7条･15条）

<table>
<tr><th>項　目</th><th>特定建設業</th><th>一般建設業</th></tr>
<tr><td>経営業務
管理責任者</td><td colspan="2">経営業務の管理を適正に行うに足りる能力を有する者
建設業に関し5年以上経営業務の管理責任者としての経験を有する者</td></tr>
<tr><td rowspan="3">営業所に置く
専任技術者</td><td colspan="2">営業所ごとに，次の専任の者を置いていること</td></tr>
<tr><td>指定建設業の場合：
1級国家資格者（1級土木施工管理技士等）</td><td rowspan="2">①1級・2級土木施工管理技士
②学歴（指定学科卒業の者）
　大学卒　実務経験3年以上
　高校卒　実務経験5年以上
③実務経験10年以上</td></tr>
<tr><td>指定建設業以外の場合：
①1級土木施工管理技士
②主任技術者の要件に該当し，発注者より直接請け負った額が4500万円以上の建設工事について，指導監督的実務経験を2年以上有する者</td></tr>
</table>

2. 業種別許可制度

建設業の許可は，**土木一式工事**と**建築一式工事**の2業種と専門工事27業種に分類され，それぞれの工事に対応した**29の業種別許可制度**となっている（表3・11）．なお，「一式工事」とは総合的な企画・指導・調整のもと，複数の専門工事を組合せで行う工事をいう．

建設業の許可を受けた者は，その許可を受けた建設工事の種類以外の工事を請負うことはできない．ただし，軽微な建設工事，附帯工事はこの限りでない．特定建設業の許可業者であっても，下請負人として工事を請け負うこと，すべて自社施工することは可能である．

表3・11　建設工事と建設業の種類

工事の種類	建設業の種類	工事の種類	建設業の種類
土木一式工事	土木工事業*1・2)	板金工事	板金工事業
建築一式工事	建築工事業*1)	ガラス工事	ガラス工事業
大工工事	大工工事業	塗装工事	塗装工事業*2)
左官工事	左官工事業	防水工事	防水工事業
とび・土工・コンクリート工事	とび・土工工事業*2)	内装仕上工事	内装仕上工事業
石工事	石工事業*2)	機械器具設置工事	機械器具設置工事業
屋根工事	屋根工事業	熱絶縁工事	熱絶縁工事業
電気工事	電気工事業*1)	電気通信工事	電気通信工事業
管工事	管工事業*1)	造園工事	造園工事業*1)
タイル・レンガ・ブロック工事	タイル・レンガ・ブロック工事業	さく井工事	さく井工事業
		建具工事	建具工事業
鋼構造物工事	鋼構造物工事業*1・2)	水道施設工事	水道施設工事業*2)
鉄筋工事	鉄筋工事業	消防施設工事	消防施設工事業
舗装工事	舗装工事業*1・2)	清掃施設工事	清掃施設工事業
浚渫(しゅんせつ)工事	浚渫(しゅんせつ)工事業*2)	解体工事	解体工事業*2)

＊1)　指定建設業（7業種）：建設業29業種のうち，総合的な施工技術を要する7業種．このうち，土木工事業，鋼構造物工事業，舗装工事業の3業種の監理技術者，専任技術者は1級土木技術者に限定される．

＊2)　土木工事関係（9業種）：1級土木施工管理技士の資格で現場の監理技術者（主任技術者）または特定建設業（一般建設業）の営業所の専任技術者となり得る業種．

3. 建設業の許可を受けなくてもよい軽微な工事

下記の建設工事のみを請け負うものは，**建設業の許可を必要としない**．

①工事1件の請負代金が1500万円未満の建築一式工事．

②延べ面積150m²未満の木造住宅工事．

③請負代金500万円未満の建築一式以外の建設工事．

理解度の確認

章末演習問題 **問10** にTryしよう！

技術者制度
Q50 主任(監理)技術者の職務は，何ですか？

Answer

元請・下請を問わず建設業者は，その請負った建設工事を施工するときは，工事現場の技術上の管理を司る**主任技術者**（4000万円以上の下請契約をする場合は**監理技術者**）を置かなければならない．主任技術者の職務は，下記のとおり．

1. 主任技術者・監理技術者の設置，職務

主任技術者および監理技術者の設置（第26条の3）：**主任（監理）技術者**は，建設工事を適正に実施するため，施工計画の作成，工程管理，品質管理，施工の技術上の指導監督等の職務を誠実に行わなければならない．

①**主任技術者の資格**：1級・2級土木施工管理技士等の国家資格者．指定学科卒業者にあっては大卒3年，高卒5年以上実務経験，その他の者にあっては10年以上の実務経験者．

②**監理技術者の資格**：1級土木施工管理技士等の1級国家資格者等．ただし，指定建設業以外では，主任技術者の資格に該当し，かつ4500万円以上の当該建設工事に2年以上の指導監督的実務経験を有する者も含む．

表3・12　技術工者の設置を必要とする工事

区　分	建設工事の内容	専任を要する工事
主任技術者を設置する建設工事現場	①一般建設業（下請の工事現場） ②特定建設業であっても下請に出す金額が合計で4000万円（建築一式工事6000万円）未満の建設工事現場 ③土木一式工事，建築一式工事について，一式工事を構成する各工事を施工する際は，各工事ごとの主任技術者 ④付帯工事を施工する際の，付帯工事の主任技術者	公共性のある施設・工作物または多数の者が利用する施設・工作物で重要な建設工事であって，請負金額が3500万円（建築一式7000万円）以上の工事
監理技術者を設置する建設工事現場	特定建設業であって下請契約4000万円（建築一式工事6000万円）以上の工事現場（建設業29業種対象）	
監理技術者資格者証	4000万円以上の下請契約をする特定建設業であって専任が必要なとき，公共工事，民間工事を問わず必要（建設業29業種対象）	

専任の監理技術者は，**監理技術者資格者証**（国土交通大臣交付・5年ごと更新）を交付されている者から選任し，発注者の要求により資格者証を提示すること．指定建設業に係る監理技術者は，1級土木施工管理技士等の国家資格を有する者に限定されている．

2. 工事現場における専任

公共性のある建設工事で請負金額が3500万円以上の工事は，工事現場ごとに**専任の者**でなければならない．ただし，次の場合は，この限りでない．

①工事現場に監理技術者を専任で置くべき建設工事について，当該監理技術者の職務を補佐する者（監理技術者補佐）を専任で置く場合には，当該監理技術者の専任を要しない（**監理技術者の専任義務緩和**）．

②特定の専門工事（工事金額3500万円未満，鉄筋工事，型枠工事）につき，元請負人が工事現場に専任で置く主任技術者が下請主任技術者の職務を併せて行うことができる．この場合，当該下請負人は，主任技術者の配置を要しない（**専門工事一括管理制度**）．

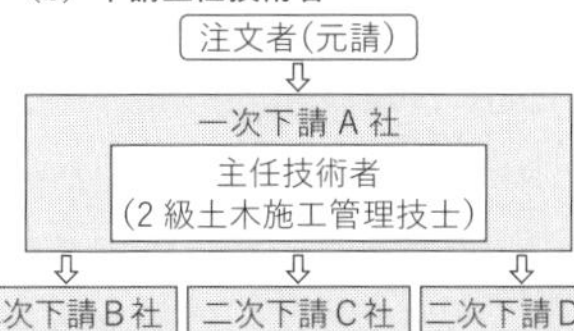

図3・4　専任義務の緩和等

3. 元請負人の義務

建設業法では，建設工事の下請人の経済的地位の確立とその体質の改善を促進するため，**元請負人**に対して一定の**義務**を課している．特に**特定建設業者**には，下請負人の保護徹底を図るため，一般建設業者より重い義務がある（表3・13）．

表3・13　元請負人の義務一覧

元請負人の義務	義務の内容
下請負人の意見の聴取（24条の2）	元請負人は，その請け負った建設工事を施工するために必要な工程の細目，作業方法等を定めようとするときは，あらかじめ下請負人の意見を聞かなければならない
下請代金の支払い（24条の3）	①工事完成または出来形部分に関する支払いを受けたときは，元請負人は1ヶ月以内に当該下請負人に支払いをする ②前払金の支払いを受けたときは，元請負人は下請負人に対して資材の購入，労働者の募集費用等を支払うよう配慮する
検査および引渡し（24条の4）	①下請負人から完成通知を受けたときは，20日以内に完成検査をする ②完成検査後，下請負人から申し出があったときは直ちに，引渡しを受けなければならない
特定建設業者の下請代金の支払期日等（24条の5）	①特定建設業者が注文者となった下請契約については，完成物件の引渡し申し出があったときは，その日から50日以内の日を下請代金の支払日とする ②一般の金融機関で割引けない手形による支払いの禁止 ③特定建設業者が50日以内に支払いをしないときは，50日を経過した日から遅延利息を支払わなければならない
下請負人に対する特定建設業者の指導等（24条の6）	①下請負人が法令に違反しないよう指導する ②下請負人が法令に違反しているときは是正を求める．下請負人が法令違反を止めないときは，監督官庁に通知する
施工体制台帳および施工体系図の作成等（24条の7）	①特定建設業者は，施工体制台帳を作成し工事現場に備える ②下請負人は二次下請負をしたときは特定建設業者に通知する

理解度の確認

章末演習問題 **問11** ～ **問13** にTryしよう！

道路占用・使用許可

Q51 道路工事に必要な許可事項は,何ですか?

Answer

道路工事では，道路法と道路交通法の規制を受ける．道路に工事用施設等を設けて継続して道路を使用する場合は，道路管理者の**道路占用許可**を，また，道路において工事・作業をする場合は，所轄警察署長の**道路使用許可**が必要となる．

1. 道路の占用許可，使用許可

道路に電柱や下水道管・ガス管等の施設を設ける場合，工事用板囲い，足場，詰所その他工事施設，土石等の工事用資材施設を設けて継続して使用する場合は，**道路管理者の道路占用許可**を受けなければならない（道路法第32条）.

また，道路において，工事もしくは作業をする者は，**所轄警察署長の道路使用許可**を受けなければならない（道路交通法第77条）.

道路工事を実施する場合，道路の占用許可および使用許可は一対になるため，道路管理者あるいは警察署長のどちらかに許可申請をすれば相互に送付してもらうことができる．

2. 工事実施の基準

⑴道路工事の実施方法（道路法施行令第13条）

①道路の掘削は，みぞ掘，つぼ掘，推進工法等とし，えぐり掘は禁止．

②路面の排水を妨げない措置を講ずる．

③道路の一側は，常に通行できるようにする．

④工事現場には，柵や覆いを設け，夜間は赤色灯または黄色灯を設置して道路の交通の危険の防止策を講ずる．

⑤ガス管など他の会社等の埋設物の存在が予想される場合は，試掘り等により確認した後に必要な措置を講じて工事を実施する．

⑵道路掘削の実施方法（同則第4条の4）

①舗装道の舗装部分の切断は，ノミや切断機を用いて，直線かつ路面に垂直に行う．

②湧水やたまり水により土砂の流出または地盤の緩みを生じる箇所を掘削する場合は，土砂の流出，地盤の緩みの防止措置を講ずる．

③湧水やたまり水の排出にあたっては，路面その他の部分に排出しないよう措置する．道路の排水施設に排水するときは，この限りでない．

④掘削面積は，当日中に復旧可能な範囲とする．

3. 車両制限令

通行の禁止または制限1（法第47条）：道路管理者は，道路の構造を保全し交通の危険を防止するため，**車両の最高限度**（**車両制限令**）を定め，この限度を超えるものの通行を禁止し（**一般的制限**），トンネル，橋梁等で安全と認められる限度を超えるものの通行を禁止・制限することができる（**個別的制限**）．

道路の構造を保全し，交通の危険を防止するため，道路との関係において必要とする車両についての制限に関する基準は，**車両制限令**で定める．

通行の禁止または制限2（法第47条の2）：道路管理者が車両の構造または積載物が特殊であるため，やむを得ないと認め，許可した場合は，**特殊車両**（車両制限令の制限値を超える車両等）を通行させることができる．この場合，道路管理者に**特殊車両通行許可証**の交付を受けなければならない．

道路管理者を異にする2以上の道路の通行は，当該通行経路上のいずれかの道路管理者（市道と県道の場合は知事）の許可を受ける．すべて市町村道の場合は，各々の道路管理者の許可を受ける．

車両の幅等の最高限度（車両制限令第3条）：道路法第47条の車両の幅，重量，高さ，長さ，最小回転半径の**最高限度**は図3･5のとおり．なお，**車両**とは，人が乗車し貨物が積載されている状態をいい，他の車両を牽引する場合は，当該牽引車両を含む．

①幅　：2.5 m
②重量：（イ）総重量最大 25 t*1
　　　　（ロ）軸　重 10 t*2
　　　　（ハ）輪荷重 5 t*3
③高さ：3.8 m
④長さ：12 m
⑤最小回転半径：車両の最外側のわだちについて 12 m

＊1：総重量 20 t 超の車両は，当面，高速自動車国道および管理者の指定する道路のみ通行可能
＊2：輪荷重とは車輪の荷重が一点に集中的に作用する荷重
＊3：軸重とは輪荷重を一組にまとめた荷重

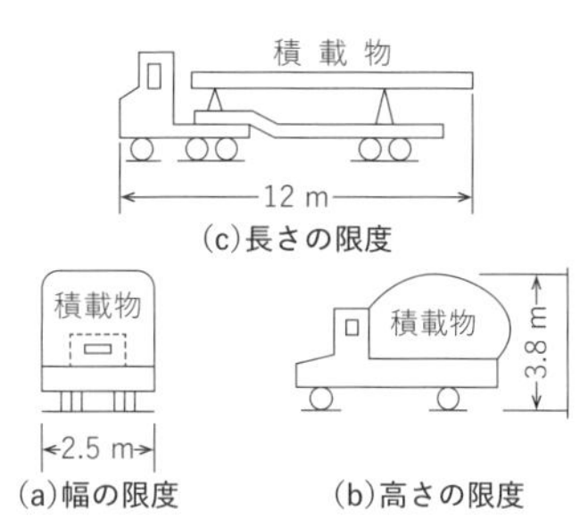

図3･5　車両の最高限度

カタピラを有する自動車の制限（車両制限令第8条）：カタピラを有する自動車は，舗装道を通行してはならない．ただし，その自動車のカタピラの構造が路面を損傷する恐れのない場合，またはカタピラが路面を損傷しないように当該道路について必要な措置が取られている場合，道路の除雪に使用される場合については，この限りではない．

理解度の確認

章末演習問題 **問14**，**問15** にTryしよう！

河川の利用

Q52 河川には，どのような規制がありますか？

Answer

河川には，国土交通大臣が管理する**1級河川**，都道府県知事が管理する**2級河川**，市町村長が管理する**準用河川**があり，河川法の適応を受けないものを**普通河川**という．河川の利用については，表3･14に示す各種の規制がある．

1. 河川区域・河川管理施設

河川区域（第6条）：河川区域とは，河川の流水が継続している土地および地形，草木の生茂状況から河川の流水が継続して存在する地域に類する区域（**1号地**），河川管理施設の敷地である土地の区域（**2号地**），堤防･遊水池の区域のうち河川管理者が指定した区域（**3号地**）等をいう（図3･6）．

河川管理施設とは，ダム・堰・水門・堤防・護岸・床固め等河川の流水によって公利を増進し，公害を除去・軽減する効用を有する施設をいう．

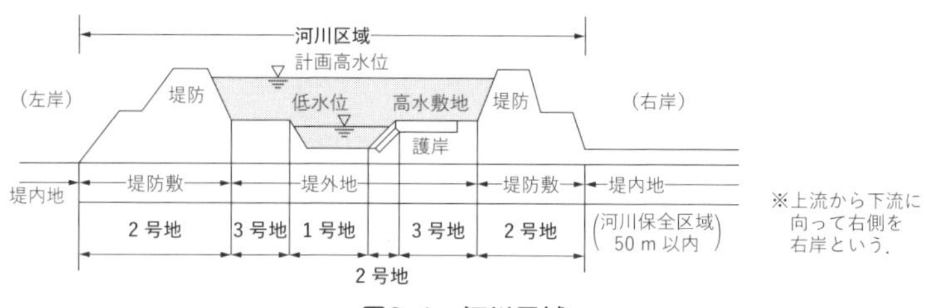

図3･6　河川区域

2. 河川に関する規制

河川工事とは，河川管理者が一般公共利益のために施工する工事をいう．河川管理者以外の者が河川区域内で行う工事（他の工事：発電・水道用ダム，橋梁など）については，河川工事に該当せず河川管理者の許可が必要となる．

流水の占用許可（第23条）：河川の流水を占用しようとする者は，河川管理者の許可を受けなければならない．

土地の占用許可（第24条）：河川区域内の土地（民有地を除く）を占用しようとする者は，河川管理者の許可を得なければならない．占用の範囲は地表面だけでなく上空（電線やつり橋）や地下（サイホン）も該当する．

土石等採集の許可（法第25条）：河川区域内の土地（民有地は除く）において

土石（砂を含む）を採取しようとする者は，河川管理者の許可を受けなければならない．なお，河川工事・維持のための土砂等の採取は，許可を要しない．

工作物の新築等の許可（第26条）：河川区域内の土地（官有地および民有地）において，工作物を新築・改築または除去しようとする者は，河川管理者の許可を受けなければならない．上空や地下の工作物および必ずしも河川区域に設ける必要のない仮設工作物，現場事務所も対象となる．なお，河川工事と一体となす資材運搬施設，河川区域内に設けざるを得ない足場・板囲い，標識等の工作物は許可を要しない．

土地の掘削等の許可（第27条）：河川区域内の土地（官有地および民有地）において，土地の掘削・盛土・切土，その他土地の形状を変更する行為，または竹木の栽植・伐採を行おうとする者は，河川管理者の許可を受けなければならない．なお，政令で定める軽易な行為（耕うんなど）については，この限りではない．第26条の許可を得たもの，河川工事・維持のためのものは，許可を要しない．

表3・14　河川法上の許可事項

		許可が必要なもの	許可が不必要なもの
河川区域における行為	土地の占用 （法第24条）	国有地の占用 ①公園や広場，鉄塔，橋台，電柱や工事用道路などを設置する場合 ②土地の上空に高圧線，電線，橋梁や吊り橋などを架設する場合 ③地下にサイホン，下水処理施設や光ケーブルなどを埋設する場合 （上空や地下の利用も対象）	民有地の占用
	土石等の採取 （法第25条）	国有地における土石，砂，竹木，あし、かや等を採取する場合	民有地における採取
			砂鉄などその他の産出物の採取
		掘削が伴う土石の採取 （工事で発生した土石等を他の工事に使用，または他に搬出する場合）	河川工事のため現場付近で行う採取，または同一河川内の河川工事に使用
	工作物の新築等 （法第26条）	工作物の新築，改築，除去をする場合 （上空や地下の工作物も対象 仮設工作物，現場事務所も対象）	河川工事のため資機材運搬施設や河川区域に設けざるを得ない足場，板囲い，標識等
	土地の掘削等 （法第27条）	土地の掘削，盛土，切土，その他土地の形状を変更する行為	法第26条の許可を得た工作物の新築等を行うための掘削等
		竹木の栽植・伐採	耕うん

3. 河川保全区域

河川保全区域とは，堤防等の河川管理施設を保全するため，河川区域に隣接する一定の区域をいう．土地の掘削，盛土・切土，その他土地の形状を変更する行為，工作物の新築・改築等は河川管理者の許可を受けなければならない．

理解度の確認

章末演習問題 **問16**，**問17** にTryしよう！

単体規定・集団規定

Q53 なぜ,仮設建築物は建築基準法が緩和されるのですか?

Answer

建築基準法には,安全,衛生,防火等に関して,すべての建築物に適用される**単体規定**と,都市計画区域内の建築物に適用される**集団規定**がある.一定期間使用される工事用仮設建築物は,建築基準法の一部が緩和される.

1. 建築基準法の用語

特定行政庁(第2条):建築主事を置く区域では当該市町村長,その他の区域では都道府県知事をいう.

建築主事(第4条):政令で指定する人口25万人以上の市において,その長の指導監督下において建築物の**確認申請**(第6条)に関する事務を司る者をいう.その他の地域では,都道府県内に建築主事を置く.

確認申請(第6条):建築物を建築するとき建築主が建築主事に申請するもので,建築計画が法律ならびに命令および条例の規定に適合することの確認を受けるものである.

2. 単体規定(建築物の敷地,構造および建築設備)

敷地の衛生および安全(第19条):敷地の衛生および安全のため,建築物の敷地は周囲の道の境より,また建築物の地盤面はこれに接する周囲の土地より高くしなければならない.

構造耐力(第20条):建築物は,自重,積載荷重,積雪,風圧,土圧,水圧,地震その他衝撃に対して安全な構造物でなければならない.

居室の採光および換気(第28条):住宅,学校,病院,下宿等には,採光と換気のため床面積に応じた面積の窓,その他の開口部を設けなければならない.

3. 集団規定(都市計画区域内等の建築物)

集団規定は,都市計画区域内の建築物,建築物の敷地に限って適用され,市街地における建築のルールを定めている.

道路の定義(第42条):「道路」とは,道路法,都市計画法等による幅員4m以上の道路をいう.なお,この規定が執行されるに至った際に,現に建築物が建ち並んでいる幅員4m未満の道は,「道路」とみなす.

敷地等と道路との関係(第43条):建築物の敷地は,道路に2m以上接していなければならない.

集団規定には他に，**用途地域**（第48条，土地利用を定めた地域），**容積率**（第52条，建築物の延べ面積の敷地面積に対する割合），**建ぺい率**（第53条，建築面積の敷地面積に対する割合）等の規定がある．

4. 防火地域内の建築物

防火地域の屋根（第63条）：防火地域または準防火地域内の建築物（延べ面積50㎡を超える）の屋根の構造は，市街地における火災の発生を防止するためにその屋根を不燃材料でつくるか，または葺(ふ)かなければならない．

5. 仮設建築物

仮設建築物に対する制限の緩和（第85条）：工事を施工するために現場に設ける事務所，下小屋，材料置場その他これらに類する**仮設建築物**については，建築基準法の**一部が緩和**される．

たとえば，確認申請の手続きや敷地の衛生および安全に関する規定，集団規定等は，仮設建築物に対しては**適用されない**．なお，防火地域内の50㎡を超える仮設建築物については，屋根の規定が適用される．

非常災害があった場合の建築物の応急修繕または応急仮設建築物についても同様とする．ただし，防火地域内の50㎡を超えるものは第63条が適用される．

表3·15　仮設建築物に対する建築基準法の主な適用·不適用一覧

区分	条文	内容
法が適用されない主な規定	第6条	建築確認申請手続き
	第7条	建築工事の完了検査
	第15条	建築物を新築または除却する場合の届出
	第19条	建築物の敷地の衛生および安全に関する規定
	第43条	建築物の敷地は道路に2m以上接すること
	第48条	用途地域ごとの制限
	第52条	延べ面積の敷地面積に対する割合（容積率）
	第53条	建築面積の敷地面積に対する割合（建ぺい率）
	第55条	第1種低層住居専用地域等の建築物の高さ
	第61条	防火地域内の建築物
	第62条	準防火地域内の建築物
	第63条	防火地域または準防火地域内の屋根の構造（50㎡以内）
	〔第3章〕	〔集団規定：都市計画区域，準都市計画区域等における建築物の敷地，構造，建築設備に関する規定〕
法が適用される主な規定	第5条の4	建築士による建築物の設計および工事監理
	第20条	建築物は，自重，積載荷重，積雪，風圧，地震等に対する安全な構造
	第28条	事務室等には採光および換気のための窓の設置
	第29条	地階における住宅等の居室の防湿措置
	第32条	電気設備の安全および防火
	第63条	防火地域または準防火地域内の屋根の構造（50㎡を超える） ①不燃材料でつくるかまたは葺く ②準耐火構造の屋根 ③耐火構造の屋根の屋外面に断熱材および防火材を張る

理解度の確認

章末演習問題 **問18**，**問19** にTryしよう！

火薬類の取扱い

Q54 火薬類は，どのように取り扱うのですか？

Answer

火薬類には，火薬（黒色火薬など推進的爆発），爆薬（ダイナマイトなどの破壊的爆発），火工品（導火線，雷管）がある．土木工事で一時的に使用する火薬類は，2級火薬庫に貯蔵される．その取り扱い（規制基準）は以下のとおり．

1. 火薬類

火薬類とは，黒色火薬などの推進的爆発に用いる**火薬**，ダイナマイトなどの破壊的爆発に用いる**爆薬**および導火線，雷管などの**火工品**をいう．

火薬類は，**火薬庫**（1級・2級・3級）において，火薬の種類ごとに貯蔵しなければならない．火薬庫は**爆薬庫**と**火工品庫**の2棟からなる．土木工事等に使用する火薬類は**2級火薬庫**に貯蔵される．なお，1級および2級火薬庫の場合，火薬・爆薬と雷管は同一場所には貯蔵できない．

取扱者の制限（第23条）：18歳未満の者（年少者）は，いかなる場合も火薬の取扱いをしてはならない．

消費（第25条）：火薬類を爆発または燃焼させようとする者または廃棄する者は，都道府県知事の許可を受けなければならない．

表3・16　火薬庫の比較（則第20条）

名称	性格	最大貯蔵量	貯蔵区分上の注意	保安距離
1級火薬庫	永久的なもの	火薬 80t 爆薬 40t 雷管 4000万個	○火薬，爆薬と工業雷管，電気雷管とを**同時に貯蔵することはできない**．	保安物件と貯蔵量に応じて距離を取る．2級火薬庫（爆薬10t）のとき，保安距離340m以上
2級火薬庫	臨時的なもの（**建設工事**で用いられる）	火薬 20t 爆薬 10t 雷管 1000万個		
3級火薬庫	少量貯蔵する永久的なもの	火薬 50kg 爆薬 25kg 雷管 1万個	○火薬，爆薬と電気雷管等とを貯蔵するときは，**両者を隔壁で区分する**．	10m以上

2. 貯蔵上の取扱い

貯蔵上の取扱い（第21条）：火薬類の貯蔵の取扱いは，次のとおり．

①火薬庫の境界内には，爆発・発火・燃焼しやすいものを置かない．

②火薬庫には火薬類以外のものを貯蔵しない，貯蔵以外の目的に使用しない．

③火薬庫内に入る場合には，鉄類を使用した器具および携帯電灯以外の灯火をもち込まない．安全な履物を使用し，土足で出入りしない．

④火薬庫内では，荷づくりや荷解き，開函をしない（段ボールの開函は可）．
⑤火薬庫内では，換気に注意し，温度変化を少なくする．
⑥製造後1年以上経過したものが残っているときは，異常の有無に注意する．

3. 火薬類の取扱い

火薬類取扱所（則第52条）：**消費場所**においては，火薬類の管理および発破の準備をするために**火薬類取扱所**を設け，薬包に工業雷管，電気雷管，導火線を取ける作業（親ダイの作業）のため**火工所**を設ける．消費場所における火薬類の取扱いは，表3･17のとおり．

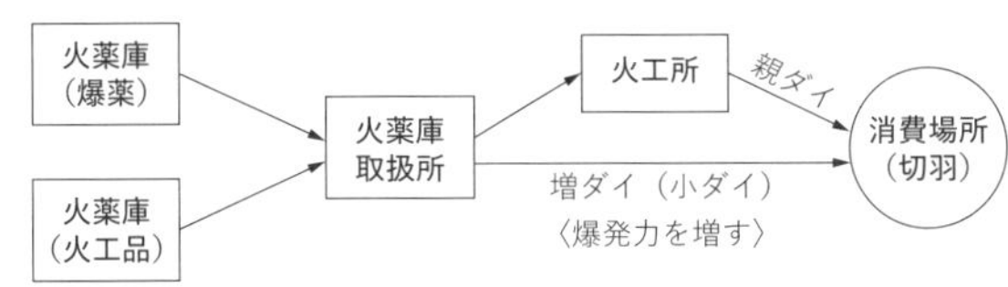

表3･17　火薬類の取扱い（則第51条）

項目	技術上の基準
容器	①木その他電気不良導体で丈夫な構造とし，内面に鉄類を表さない． ②火薬，爆薬，導火線と火工品は別々の容器に入れる． 火工所で火工した親ダイと増ダイは別々の容器で運搬する．
運搬	①衝撃等に安全な措置をする． ②工業雷管，電気雷管またはこれらを取り付けた薬包は，背負袋，背負箱等を使用する． ③乾電池その他電路の裸出している電気器具を携行しない．
検査・融解	使用前に凍結，吸湿，固化その他異常の有無の検査をする． ①凍結したダイナマイト等は，50℃以下の温湯を外槽に使用した融解器，または30℃以下に保った室内において融解する． ②固化したダイナマイト等は，もみほぐす．
返納	①使用に適さない火薬類は、理由を付けて火薬類取扱所へ返納する． ②消費場所において火薬類取扱所，火工所，発破場所以外の場所にやむを得ない場合を除き火薬類を存置しない． ③１日の消費作業終了後は，火薬庫または庫外貯蔵庫に返納する．
導火線	保安上適当な長さに切断し，工業雷管に電気導火線または導火線を取り付けるときは，口締器（口締め接続）を使用する．
試験	電気雷管は，できるだけ導通または抵抗の試験をする．
作業の中止	落雷の危険があるときは，電気雷管，電気導火線に係る作業は中止する．
数量制限	消費場所に持ち込む量は、１日の消費見込量以下とする．
取扱所経由	消費場所に持ち込む火薬類は火薬類取扱所または火工所を経由し記帳する．
禁止	①裸火，ストーブ，蒸気管その他高熱源に近づけない．取り扱う場所付近では，禁煙し，火気を使用しない． ②火薬類取扱所，火工所または発破場所以外の場所に火薬類を存置しない． ③電灯線，動力線その他漏電の恐れのあるものを近づけない．
識別措置	①火薬類を取り扱う場合には，腕章を付ける． ②識別措置をしている者以外は，火薬類を取り扱うことはできない．
盗難防止	盗難防止に留意する．常時監視する．

理解度の確認

章末演習問題 **問20**，**問21** にTryしよう！

騒音の規制

Q55 特定建設作業(騒音)とは，どのような作業ですか？

Answer

騒音規制法は，工場・事業場における事業活動ならびに建設工事に伴って発生する相当範囲にわたる騒音について必要な規制を行うことにより，生活環境を保全し，国民の健康の保護に資することを目的とする．

1. 特定建設作業に関する規制

特定建設作業とは，建設工事のうち，著しい騒音を発生する作業で，**指定区域内で行われる**ものをいう（表3･18）．ただし，当該作業がその作業を開始した日に終わるものは除く．一定限度を超える大きさの騒音を発生しないもの（低騒音型建設機械）として環境大臣が指定するものを除く（表3･18の⑥）．騒音の測定場所は，**敷地の境界線**とする．

2. 地域の指定

地域の指定（第3条）：都道府県知事は，住民の生活環境を保全するため，住居が集合している地域，病院または学校の周辺の地域，その他特に騒音の規制を必要とする地域を**建設騒音・工場騒音**の規制区域として指定しなければならない．**指定地域**は，**第1号区域**（良好な住居環境の保全，学校・保育所・病院等の特に静穏の保持を必要とする区域）とそれ以外の区域の**第2号区域**に区分する．指定区域によって夜間・深夜の作業時間帯，1日の作業時間の長さ制限が異なる．

3. 特定建設作業の届出

特定建設作業の実施の届出（第14条）：指定地域内で特定建設作業（**騒音**）を伴う建設工事を施工する者（**元請業者**）は，当該作業の**開始日の7日前までに**，次の事項を市町村長に届け出なければならない．ただし，災害その他の非常事態発生による場合はこの限りではない（災害等の非常の場合は，騒音の大きさ以外の規定は適用しない）．速やかに届け出る．

①氏名または名称および住所（法人の場合は代表者）
②建設工事の目的に係る施設または工作物の種類
③特定建設作業の場所および実施の期間
④騒音の防止方法
⑤その他環境省令で定める事項

4. 市町村による勧告等

改善勧告および改善命令（第15条）：市町村長は，指定地域内で行われ特定建設作業に伴って発生する騒音が規制基準に適合しないことにより，周辺住民の生活環境を著しく損ねていると認められるときは，騒音防止の方法を改善し，作業時間の変更を**勧告する**ことができる．

市町村長は，勧告を受けた者がその勧告に従わず特定建設作業を継続している場合には，期限を定めて騒音の防止の改善または作業時間の変更をすることができる．

表3·18　特定建設作業の騒音の規制基準（令第2条）

<table>
<tr><th colspan="2">規制の内容
特定建設作業</th><th>騒音の大きさ</th><th>夜間または深夜作業の禁止</th><th>1日の作業時間の制限</th><th>作業期間の制限</th><th>日曜日その他休日の作業禁止</th></tr>
<tr><td>①杭打機，杭抜機，杭打杭抜機を使用する作業</td><td>もんけん（人力によるもの）圧入式杭打杭抜機および杭打機をアースオーガーと併用する作業を除く</td><td rowspan="6">85dB</td><td rowspan="6">1号区域午後7時から翌日午前7時まで

2号区域午後10時から翌日午前6時まで</td><td rowspan="6">1号区域1日につき10時間

2号区域1日につき14時間
（注）</td><td rowspan="6">同一場所において連続6日間</td><td rowspan="6">日曜日，その他の休日</td></tr>
<tr><td>②鋲打機を使用する作業</td><td></td></tr>
<tr><td>③削岩機を使用する作業</td><td>作業地点が連続的に移動する作業にあっては1日の当該作業における2地点間の最大距離が50mを超えない作業</td></tr>
<tr><td>④空気圧縮機を使用する作業</td><td>電動機以外の原動機を用いるものであって，定格出力が15KW以上のもの．（削岩機の動力として使用する作業を除く）</td></tr>
<tr><td>⑤コンクリートプラントまたはアスファルトプラントを設けて行う作業</td><td>混練機の混練量がコンクリートプラントは0.45m³以上，アスファルトプラントは200kg以上のもの．（モルタル製造のためにコンクリートプラントを設けて行う作業を除く）</td></tr>
<tr><td>⑥バックホウ，トラクタショベル，ブルドーザを使用する作業</td><td>バックホウ（原動機の定格出力80KW以上）トラクタショベル（原動機の定格出力70KW以上）ブルドーザ（原動機の定格出力40KW以上）*</td></tr>
</table>

* 国土交通省が低騒音型建設機械（一定限度を超える大きさの騒音を発生しない）として指定したもの．規制対象から除外．

災害等の非常の場合は，騒音の大きさ以外の規定は適用しない！

（注）
1. 第1号区域
   イ）良好な住居の環境を保全するため，特に静穏の保持を必要とする区域．
   ロ）住居の用に供されているため，静穏の保持を必要とする区域．
   ハ）住居の用に併せて商業，工業等の用に供されている区域であって，相当数の住居が集合しているため，騒音の発生を防止する必要がある区域．
   ニ）学校，保育所，病院，診療所，図書館ならびに特別養護老人ホームの敷地の周囲概ね80mの区域内．
2. 第2号区域（上記以外の区域）
3. 騒音の大きさが基準を超えた場合，10時間，14時間から4時間までの範囲で作業時間を変更させせることができる．

理解度の確認

章末演習問題 **問22**，**問23** にTryしよう！

振動の規制

Q56 特定建設作業(振動)とは，どのような作業ですか？

Answer

振動規制法は，工場・事業場における事業活動ならびに建設工事に伴って発生する相当範囲にわたる振動について必要な規制を行うことにより，生活環境を保全し，国民の健康の保護に資することを目的とする.

1. 特定建設作業に関する規制

振動規制法で定める特定建設作業は，表3・19に示す作業で指定地域内で行われるものをいう．ただし，当該作業がその作業を開始した日に終わるものは該当しない．振動の測定場所は，敷地の境界線とする．

表3・19　特定建設作業の振動の規制基準(令第2条)

特定建設作業 ＼ 規制の内容		振動の大きさ	夜間または深夜作業の禁止	1日の作業時間の制限	作業期間の制限	日曜日，その他休日の作業禁止
①杭打機，抗抜機または杭打杭抜機を使用する作業	もんけん(人力によるもの)および圧入式杭打機，油圧式杭抜機，圧入式杭打杭抜機を除く.	75dB	1号区域午後7時から翌日午前7時まで 2号区域午後10時から翌日午前6時まで	1号区域1日につき10時間 2号区域1日につき14時間 (注)	連続して6日を超えて振動を発生させた場合	日曜日または祭日等に振動を発生させた場合
②鋼球を使用する破壊作業						
③舗装版破砕機を使用する作業	作業地点が連続的に移動する作業にあっては，1日における当該作業に係る2地点間の最大距離が50mを超えない作業.					
④ブレーカー(手持式のものを除く)を使用する作業	作業地点が連続的に移動する作業にあっては，1日における当該作業に係る2地点間の最大距離が50mを超えない作業.					

災害等の非常の場合は，騒音の大きさ以外の規定は適用しない！

(注)
1. 第1号区域
   イ) 良好な住居の環境を保全するため，特に静穏の保持を必要とする区域.
   ロ) 住居の用に供されているため，静穏の保持を必要とする区域.
   ハ) 住居の用に併せて商業，工業等の用に供されている区域であって，相当数の住居が集合しているため，振動の発生を防止する必要がある区域.
   ニ) 学校，保育所，病院，診療所，図書館ならびに特別養護老人ホームの敷地の周囲概ね80mの区域内.

   第2号区域，上記以外の区域
2. 振動の大きさが基準を超えた場合，10時間，14時間から4時間までの範囲で作業時間を変更させることができる.

2. 地域の指定

地域の指定(第3条)：都道府県知事は，住民の生活環境を守るため，住居が集合してる地域，病院または学校の周囲の地域，その他特に規制を必要とする地域を特定建設作業に伴って発生する振動の規制区域として指定しなければならない.

3. 特定建設作業の届出

特定建設作業の実施の届出（第14条）：特定建設作業に関する規制は，指定地域に限定される．また，指定地域内で特定建設作業を伴う建設工事を施工する（元請事業者）は，当該作業の開始7日前までに，次の事項を市町村長に届け出なければならない．ただし，災害その他の非常事態発生による場合はこの限りではない．速やかに届け出る．災害等の非常の場合は，振動の大きさ以外の規定は適用しない．

①氏名または名称および住所（法人の場合は代表者）
②建設工事の目的に係る施設または工作物の種類
③特定建設作業の種類，場所，実施期間および作業時間
④振動の防止の方法
⑤その他環境省令で定める事項

4. 市町村長による改善勧告等

改善勧告および改善命令（第15条）：市町村長は，指定地域内で行われる特定建設作業に伴って発生する振動が規制基準に適合しないことにより周辺住民の生活環境を著しく損ねていると認められるときは，振動の防止の方法を改善し，作業時間の変更を**勧告**することができる．勧告に従わない場合は命ずることができる．

5. 騒音の規制と振動の規制の比較

表3･20　騒音規制法と振動規制法の規制内容

項目	騒音規制法	振動規制法
特定建設作業の種類	①杭打機を使用する作業（アースオーガー併用を除く） ②鋲打機を使用する作業 ③削岩機を使用する作業 ④空気圧縮機を使用する作業 ⑤コンクリートプラント，アスファルトプラントを設けて行う作業 ⑥バックホウ，トラクタショベル，ブルドーザを使用する作業	①杭打機を使用する作業（アースオーガー併用を除く） ②鋼球を使用する破壊作業 ③舗装版破砕機を使用する作業 ④ブレーカーを使用する作業（手持式を除く）
規制に関する騒音または振動の大きさの基準	上記①～⑥の作業 85dB	上記①～④の作業 75dB
測定場所	敷地の境界	
改善勧告 改善命令	基準を超える場合の1日の作業時間は10時間または14時間から4時間までの範囲で短縮される場合がある	

夜間・深夜作業禁止：1号区域：pm7時～am7時，2号区域：pm10時～am6時．
1日の作業時間：1号区域：10時間を超えない，2号区域：14時間を超えない．

理解度の確認

章末演習問題 **問24** にTryしよう！

問1 労働基準法に関して，誤っているものはどれか.

⑴ 就業規則とは，始業および終業の時刻，休憩時間，賃金，退職に関する事項などを定めるものである.

⑵ 労働基準法で定める基準に達しない労働条件を定める労働契約は，その部分のみが無効となる.

⑶ 労働契約の締結時に明示された労働条件が，事実と相違する場合，労働者は即時に労働契約を解除できる.

⑷ 使用者は，労働者が女性であることを理由として，すべての労働条件について男性と差別的扱いをしてはならない.

問2 労働基準法上，労働者の解雇の制限に関して，正しいものはどれか.

⑴ 使用者は，原則として労働者を解雇しようとする場合においては，少なくとも15日前にその予告をしなければならない.

⑵ やむを得ない事由のために事業の継続が不可能となった場合以外は，産前産後の女性を休業の期間およびその後30日間は解雇してはならない.

⑶ 日々雇い入れられる者や期間を定めて使用される者など，雇用契約条件の違いに関係なく予告なしで解雇してはならない.

⑷ 労働者の責に帰すべき事由に基づいて解雇する場合においては，少なくとも30日前に予告なしで解雇してはならない.

問3 賃金の支払いに関して，労働基準法上，誤っているものはどれか.

⑴ 平均賃金とは，算定すべき事由の発生した日から直近3ヶ月間にその労働者に支払われた賃金の総額を，その期間の総日数で除した金額をいう.

⑵ 使用者は，労働者が出産，疾病，災害などの場合の費用に充てるために請求する場合においては，支払期日前であっても既往の労働に対する賃金を支払わなければならない.

⑶ 使用者は，未成年者の賃金を親権者または後見人に支払わなければならない.

⑷ 出来高払制その他の請負制で使用する労働者については，使用者は，労働時間に応じ一定額の賃金の保障をしなければならない.

問4 労働基準法に関して，正しいものはどれか.

⑴ 休憩時間は，労働時間の途中であれば，その開始時刻は使用者が労働者ごとに決定することができる.

⑵ 災害その他避けることのできない事由によって臨時の必要がある場合においては，

使用者は制限なく労働時間を延長することができる.

(3) 使用者は, 1週間の各日については労働者に原則として休憩時間を除き1日について8時間を超えて労働させてはならない.

(4) 使用者は, その雇入れの日から起算して6ヶ月間継続勤務したすべての労働者に対して, 有給休暇を与えなければならない.

問5　年少者や女性の就業に関して, 誤っているものはどれか.

(1) 使用者は, 原則として, 満18歳に満たない者を午後10時から午前5時までの間において使用してはならない.

(2) 使用者は, 満18歳に満たない者を運転中の機械もしくは動力伝導装置の危険な部分の掃除, 注油, 検査, 修繕の業務に就かせてはならない.

(3) 使用者は, 本人が了解しない限り, 満18歳以上の女性を坑内で行われる人力による掘削の業務に就かせてはならない.

(4) 使用者は, 妊娠中の女性および産後1年を経過しない女性を, 定められた重量以上の重量物を取り扱う業務に就かせてはならない.

問6　労働安全衛生法上, 統括安全衛生責任者との連絡のために, 関係請負人が選任しなければならない者はどれか.

(1) 作業主任者　　(2) 安全衛生責任者

(3) 衛生管理者　　(4) 安全管理者

問7　労働安全衛生法に定める作業主任者を選任すべき作業に該当するものはどれか.

(1) ブルドーザの掘削, 押土の作業

(2) アスファルト舗装の転圧の作業

(3) 土留め支保工の切梁, 腹起しの取付けの作業

(4) 既製コンクリート杭の杭打ちの作業

問8　労働安全衛生法上, 建設工事を行うにあたっての作業の資格等に関して誤っているものはどれか.

(1) つり上げ能力が1t以上の移動式クレーンの運転の資格を得た運転手は, その資格で一般道の走行が可能である.

(2) 作業主任者は, 都道府県労働局長の免許を受けた者または登録教習機関が行う技能講習を修了した者のうちから, 事業者が作業の区分ごとに選任した者である.

(3) 事業者は, 労働災害を防止するための管理を必要とする型枠支保工の組立・解体作業等, 政令の定める作業については, 作業主任者を選定して労働者の指揮を行わせなければならない.

(4) 事業者は, 酸素欠乏危険作業など危険または有害業務を行うときは, 当該業務の安全または衛生のための特別の教育を, その作業者に行わなければならない.

問9　労働基準監督署長に工事開始の14日前までに計画の届出が必要のない工事は，次のうちどれか．

(1)　ずい道の内部に労働者が立ち入るずい道の建設の仕事

(2)　最大支間50mの橋梁の仕事

(3)　掘削深さ8mの地山の掘削を行う仕事

(4)　圧気工法による作業を行う仕事

問10　建設業の許可に関して，適当でないものはどれか．

(1)　都道府県知事より建設業の許可を受けた者は，その都道府県の区域外において営業活動を行ってはならない．

(2)　特定建設業の許可を受けた者でなければ，発注者から直接請負う1件の建設工事につき政令で定める金額以上となる下請契約をしてはならない．

(3)　建設業の許可は，一般建設業または特定建設業を問わず，建設工事の種類ごとにそれぞれに対応する業種ごとに受けなければならない．

(4)　2以上の都道府県の区域内に営業所を設けて営業しようとする建設業者は，国土交通大臣の許可を受けなければならない．

問11　建設業法に関して，誤っているものはどれか．

(1)　主任技術者の職務内容は，工事現場における建設工事を適正に実施するための技術上の管理および施工に従事する者の技術上の指導監督を行う業務である．

(2)　元請負人は，前払金の支払いを受けたときは下請負人に対して，資材の購入など建設工事の着手に必要な費用を前払金として支払わなければならない．

(3)　施工体制台帳を作成する特定建設業者は，当該建設工事における施工分担関係を表示した施工体系図には一次下請負人のみ記入しなければならない．

(4)　建設業者は，請負契約に際して，工事の種別ごとに材料費などの内訳を明らかにして工事の見積を行うよう努めなければならない．

問12　建設業法に関して，誤っているものはどれか．

(1)　建設業者は，施工技術の確保に努めなければならない．

(2)　下請負人となる建設業者は，請負った建設工事を施工するとき，主任技術者を置かなければならない．

(3)　主任技術者は，建設工事の施工計画の作成，工程管理，品質管理その他の技術上の管理を誠実に行わなければならない．

(4)　多数の者が利用する施設に関する建設工事において，現場に配置する主任技術者は，請負代金の額によらず専任の者でなければならない．

問13　建設工事を行うにあたって，主任技術者および監理技術者の職務に関して，適当でないものはどれか．

(1)　主任技術者および監理技術者は，公共工事では現場代理人を兼ねることができない．

(2)　主任技術者および監理技術者は，工事の施工に従事する者の技術上の指導監督を行う．

(3)　監理技術者は，工事の施工を行うすべての専門工事業者に適切な指導監督を行う．

(4)　主任技術者および監理技術者は，工事の施工計画の作成，工程管理，品質管理その他の技術上の管理を行う．

問14　道路の占用許可に関し，道路法上，道路管理者に提出すべき申請書に記載する事項に該当しないものはどれか．

(1)　道路の占用期間，場所

(2)　工事実施の方法，時期

(3)　工事に関する費用

(4)　工作物，物件または施設の構造

問15　車両制限令に定める車両の幅等に関して，誤っているものはどれか．

(1)　車両の輪重量の最高限度は，10t である．

(2)　車両の最小回転半径の最高限度は，車両の最外側のわだちについて 12m である．

(3)　車両の長さの最高限度は，原則 12m である．

(4)　車両の幅の最高限度は，2.5m である．

問16　河川法に関して，誤っているものはどれか．

(1)　河川法上の河川としては，1級河川，2級河川，準用河川があり，準用河川は市町村長が管理する．

(2)　河川区域内の土地では，工作物を新築，改築または除却しようとする者は河川管理者の許可を必要としない．

(3)　河川の地下を横断して下水道のトンネルを設置する場合は，河川管理者の許可を必要とする．

(4)　河川区域内の土地では，土地の掘削・盛土・切土などの行為をしようとする者は，河川管理者の許可を必要とする．

問17　河川法に関する河川管理者の許可について，誤っているものはどれか．

(1)　河川区域内の土地において工事用材料置場を設置するときは，許可は必要ない．

(2)　河川区域内の土地において下水処理場の排水口の付近に積もった土砂を排除するときは，許可は必要ない．

(3)　河川区域内の土地において工作物を新設・改築するときは，許可は必要である．

(4)　河川区域内の土地において土石などを採取するときは，許可は必要である．

問18　現場に設ける延べ面積が50㎡を超える仮設建築物に関して，建築基準法上，正しいものはどれか．

⑴　防火地域または準防火地域内に設ける仮設建築物の屋根の構造は，政令で定める技術的基準が適用されない．

⑵　仮設建築物を建築しようとする場合は，建築主事の確認申請は適用されない．

⑶　仮設建築物の延べ面積の敷地面積に対する割合（容積率）の規定が適用される．

⑷　仮設建築物を設ける敷地は，公道に2m以上接しなければならないという規定が適用される．

問19　建築基準法に関して，誤っているものはどれか．

⑴　建築物は，土地に定着する工作物のうち，屋根および柱もしくは壁を有するものである．

⑵　建築物の主要構造部は，壁，柱，床，梁，屋根または階段をいう．

⑶　容積率は，敷地面積の建築物の延べ面積に対する割合をいう．

⑷　建ぺい率は，建築物の建築面積の敷地面積に対する割合をいう．

問20　火薬類の取り扱いに関して，誤っているものはどれか．

⑴　火薬類を運搬しようとする者は，原則として，出発地を管轄する都道府県知事の許可を受けなければならない．

⑵　火薬庫を設置・移転またはその構造もしくは設備を変更しようとする者は，原則として都道府県知事の許可を受けなければならない．

⑶　火薬類を爆発または燃焼させようとする者は，原則として，都道府県知事の許可を受けなければならない．

⑷　火薬類を廃棄しようとする者は，原則として，都道府県知事の許可を受けなければならない．

問21　火薬類取締法上，火薬類の取扱いに関して，誤っているものはどれか．

⑴　電気雷管を運搬する場合には，脚線が裸出しないよう背負袋に収納すれば，乾電池や動力線と一緒に携行することができる．

⑵　工業雷管に電気導火線または導火線を取り付けるときは，口締器を使用しなければならない．

⑶　火薬類の装てんにあたっては，発破孔に砂その他の発火性または引火性のない込め物を使用し，かつ，摩擦，衝撃，静電気等に対して安全な装てん機または装てん具を使用する．

⑷　消費場所において使用に適さないと判断された火薬類は，その旨を明記し，火薬類取扱所もしくは火工所に返送する．

問22　騒音規制法上，建設機械の規格などにかかわらず特定建設作業の対象とならない作業は，次のうちどれか．

ただし，当該作業がその作業を開始した日に終わるものを除く．

(1)　バックホウを使用する作業

(2)　ブルドーザを使用する作業

(3)　トラクターショベルを使用する作業

(4)　舗装版破砕機を使用する作業

問23　騒音規制法に関して，正しいものはどれか．

(1)　都道府県知事は，特定建設作業を伴う建設工事を施工する者に対して，特定建設作業の状況その他，必要事項の報告を求めることができる．

(2)　指定地域内での特定建設作業の実施の届出は，緊急の場合には発注者が行う．

(3)　削岩機を使用した作業地点が移動しない作業で，作業を開始した日に終わらない作業は特定建設作業である．

(4)　建設工事の目的に係る施設または工作物の種類は，特定建設作業の実施の届出事項には該当しない．

問24　振動規制法上，特定建設作業に該当しないものはどれか．

(1)　1日の移動距離が50mを超えない振動ローラによる路床と路盤の締固め作業

(2)　鋼球を使用して工作物を破壊する作業

(3)　1日の移動距離が50mを超えないジャイアントブレーカーによる構造物の取壊し作業

(4)　ディーゼルハンマーによる杭打ち作業

〔**トピックス　法令の構成**〕

法令の構成および優先順位は，憲法＞法律＞政令＞省令＞告示＞訓令・通達＞要綱となる．

省令は各官庁の大臣の外部に対する命令，告示は法律の執行基準，訓令・通達は行政同士の内部的な助言・命令，要綱は行政指導の基準を示す．

（例）建設業法（法律：国会が制定）
　　　建設業施行令（政令：内閣が制定）
　　　建設業施行規則（省令：各省が制定）

なお，条例は，地方自治体が定める地方の規範をいう．

〔**トピックス　担い手3法とは**〕

働き方改革の推進，生産性の向上，災害時の緊急対応強化についてのいわゆる「担い手3法」は次のとおり．

1．公共工事の品質確保の促進に関する法律（品確法）
　（基本理念や発注者・受注者の責務の明確化，品質確保の促進策の規定）
⇓　品確法の基本理念を実現するための基本的・具体的措置は次による．
2．公共工事の入札及び契約の適正化に関する法律（入契法）
　入札契約の適正化のために講ずるべき基本的・具体的な措置の規定）
3．建設業法
　建設工事の適正な施工確保と建設業の健全な発達（建設業の許可や欠格要件，建設業としての責務等の規定）

第4章 施工計画と施工管理

施工技術者（主任技術者，監理技術者）の職務は，施工計画の作成，工事の工程管理，工事目的物・仮設物・資材等の品質管理，さらには公衆災害・労働害災害の発生を防止するための安全管理・労務管理である．これらの基本となるものがこの章で解説する施工計画と施工管理である．

施工計画と施工管理等の工事管理は，施工を最も合理的に計画・実行する関係である．工事管理は，施工方法，労務，材料，機械設備，資金の5つの生産手段を使って，品質，工期，経済性の3条件を達成することを目標とする．

施工計画（目的と作成）

Q57 なぜ，施工計画が重要なのですか？

Answer

施工計画は，工事契約に基づき，設計図の構造物について，品質のよいものを，工期内に経済的に，かつ安全につくるため，施工の段階ごとに最善の方法を生み出すための計画をいい，施工計画書に基づいて工事を実施する．

1．施工計画の管理要因

施工計画の作成にあたっては，**契約書**（工事名・工期・請負代金額等）および**設計図書**（図面・仕様書・現場説明書・質問回答書等）に基づき，工事目的物を構築するための施工方法や施工順序などについて詳細に検討する．

施工計画の手順は，契約条件と現場条件を検討する**施工事前調査**，事前調査をもとに施工順序や工程計画を検討する**基本・詳細（施工技術）計画**，下請や労務，機械や器具等の**調達計画**を立案し，最後に現場管理組織・運営手続，原価管理及び安全管理等の**管理計画**を立てて施工計画書とする（図4･1，4･2）．

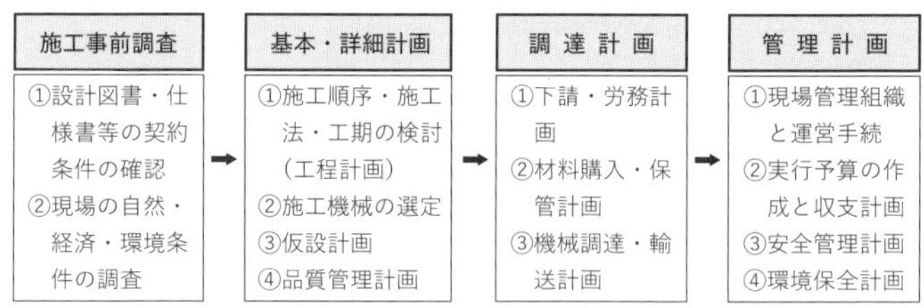

図4･1　施工計画の手順

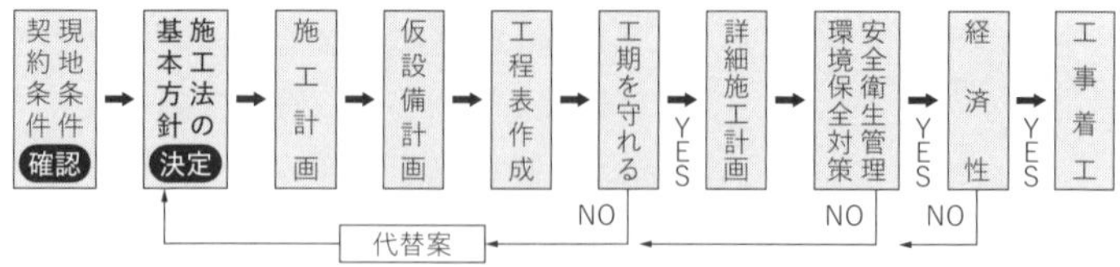

図4･2　施工計画のフローチャート

施工計画書は，共通仕様書で「請負者は，工事着手前に工事目的物を完成するために必要な手順や工法について施工計画書（施工計画をまとめたもの）を監督職員に提出しなければならない」と規定しており，次の事項を記載する．

［施工計画書記載事項］

①工事概要	②計画工程表	③現場組織表	④安全管理	⑤指定機械
⑥主要資材	⑦施工方法	⑧施工管理計画	⑨緊急時の体制	⑩交通管理
⑪環境対策	⑫現場作業環境の整備	⑬再生資源の利用の促進		⑭その他

2. 施工計画立案の留意事項

施工計画の決定にあたっては，過去の経験を十分に生かすとともに常に改良を試み，新工法・新技術についても検討をする．一般に，経験に頼った施工計画は**過小**となりがちで，新工法を主としたものは**過大**となる傾向がある．施工計画は，全体にバランスの取れたものとし，無理のないものとする．

施工計画の検討は，社内の組織（スタッフ）を活用し，一つの計画のみでなく，いくつかの**代案**をつくり，**長所・短所を比較**して決定する．

契約工期が必ずしも**最適工期とは限らない**ので，この範囲内でさらに経済的な工期を模索・検討する．施工法については，発注者より特別の定めのある場合以外は，請負側の責任において決定する．

3. 施工計画の検討事項

施工計画の立案にあたり，次の事項を検討する．

①発注者から示された契約条件
②現場の工事の施工手順・施工方法
③全体工程表，施工用機械の選定，仮設備の設計と配置計画等

施工順序を検討するにあたり，次の点に配慮する．

①全体工期，工費に及ぼす影響が大きいものを優先する
②作業員，資材等のスムーズな転用を図り，作業を平準化する
③繰返し作業により，効率を高める

例題　**届出と提出先の組合せで，適当でないものはどれか．**

	［届出］		［提出先］
(1)	特殊車両通行許可書	→	道路管理者
(2)	機械等設置届	→	労働基準監督署
(3)	現場代理人および主任（監理）技術者届	→	工事発注者
(4)	道路占用許可書	→	警察署長

解　(4)

工事を受注したら，関係諸官庁への手続きをする．**道路占用許可**は道路管理へ，**道路使用許可**は道路管理者または警察署長へ届け出る．

理解度の確認

章末演習問題 **問1** にTryしよう！

施工事前調査，施工基本計画

Q58 施工事前調査では，何を調べるのですか？

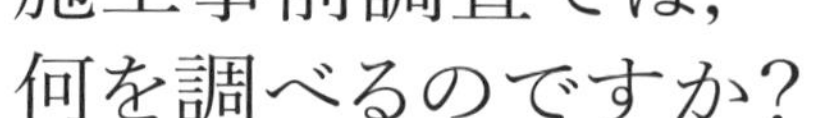

Answer

施工計画立案の前提として，発注者との契約条件，現場の諸条件などを十分に把握する．特に，現場の自然環境，気象条件，立地条件などを十分調査・把握することが，安全で確実な施工計画を立案する上で重要となる．

1. 契約条件の検討

契約条件では，設計図，設計計算書，共通仕様書，予定工程表，現場説明書，支給品，貸与品調書，質問回答書等（以上，**設計図書**）の内容を確認し，現場条件を検討し，工事内容を把握する．

契約書および**設計図書**の**契約条件**について，次の事項を確認する．

①天候など不可抗力による損害の取扱い
②用地未解決等の工事中断，中止のときの損害の取扱い
③物価変動による材料費や労務費の増減の取扱い
④契約不適合（かし担保）の条件
⑤数量の計算違いや図面と現場との食い違いの有無
⑥監督員の指示，承認，協議事項
⑦図面，仕様書，施工管理基準等の規格値・基準値
⑧仮設について，規定や規格値

2. 現場条件の検討

現場条件は，工事ごとに異なるので必ず現場に出向き，現場条件を調査し，その現場条件に最適で経済的な施工計画を立てるための資料とする．

表4･1　現場条件の調査項目

①	地形・地質・土質・地下水の調査（設計との照合も含む）
②	施工に関係のある水文気象の調査
③	施工法，仮設規模，施工機械の選択，動力源，工事用水の入手
④	材料の供給源と価格および運搬路
⑤	労務の供給，労務環境，賃金
⑥	用地買収の進行状況，付帯工事，別途関連工事
⑦	騒音，振動などに関する環境保全基準，文化財の有無など

①**自然条件**：場所，地形，地質，地下水の状況，天候・気象・水分の状況について調査し，施工方法，工程計画等の資料とする．

②**環境条件**：工事現場の周辺の環境を把握し，工事に伴う周辺の騒音，振動，水

質汚濁，粉じん等の影響および規制（関係法規・条例）を調査する．

③**環境条件**：動力源，給水源等の確保，材料の供給条件・輸送条件，労働者の確保および仮設備，使用機械の適合性等について検討する．

3. 設計図書

工事の契約書としては，**工事請負契約書**（工事名，工事場所，工期，請負金額，主要な契約内容等の記載）と**設計図書**がある．

設計図書には，**図面**（位置図，一般図，詳細図，数量総括表（工事数量，内訳等）），**共通仕様書**（基本的な技術要件，品質管理基準，出来形管理基準，検査等の規定），**特記仕様書**（その工事に特有な事項，共通仕様書に優先），**現場説明書**および現場説明に対する**質問回答書**が該当する．

4. 施工管理

施工管理は，受注者が主体的に行う．**発注者**は，設計図書どおりに工事がなされているかを**監督**（確認・検査）する段階で気づいたことを指摘・助言することはあっても，**直接施工管理を行う立場にはない**．発注者が行う監督と**受注者が行う施工管理**が一体となって，良質な工事目的物をつくることができる．

監督職員（主任監督員，監督員）とは，発注者の代理人として，工事が設計図書にしたがって施工されているかを監督する者で，発注者側が受注者に対し，所管事務に関する方針，基準，計画等の指示・承認を行う者をいう．

5. 施工基本・詳細計画（施工手順と施工方法）

設計図等と現場条件の事前調査をもとに，工事の施工手順と施工方法を決定し，**フロー図**（施工手順，フローチャート），設備配置図，仕様・規格等についての施工図面，表および文章にまとめ，発注者や関係機関の説明資料とする．

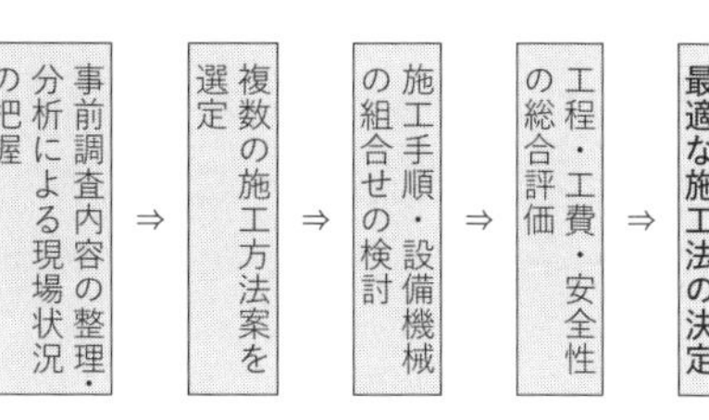

図4・3　施工手順・施工方法の決定手順

例題　**公共工事で発注者が示す設計図書に該当しないものはどれか．**

(1)　現場説明書　　(2)　実行予算

(3)　設計図面　　(4)　特記仕様書

解　(2)

実行予算は，施工計画に基づく工事の予定予算（材料費，労務費，外注費，経費等）で，受注者が作成する．

理解度の確認

章末演習問題 **問2**，**問3** にTryしよう！

仮設備計画・調達計画

Q59 仮設備計画の自主性と企業努力とは，何ですか？

Answer

仮設備は，構造物を建設するために必要な工事用施設で，原則，工事完成後に取り除く．**仮設備計画**は，施工業者の工夫，改善，技術力（自主性，企業努力）により立案するもので，安全で，かつムダ，ムリ，ムラのない計画であることが重要となる．

1. 仮設備計画

仮設備には，施工業者の自主性にゆだねられる**任意仮設備**と，重要なものとして本工事と同様に取り扱われ，約数および設計図書に特別に定められる**指定仮設備**がある．**仮設備計画**の留意事項は，次のとおり．

①工事規模に見合った無駄のない計画を立てる
②十分に目的を達する構造・強度とする（構造計算必要）
③作業の流れを考えて効率的な仮設物の配置を行う
④設計図書に明示されていない仮設備は，変更契約の対象とならない

仮設備工事は，本工事施工のために必要な工事用道路などの**直接仮設**と，現場事務所などの工事の遂行に必要な**共通仮設**に区分される（表4･2）．

表4･2　仮設備の分類

仮設備	区分	内容	例
仮設備	直接仮設	運搬関係	工事用道路，橋梁，トンネル等
		材料関係	材料置場，砕石プラント等
		動力・用水関係	受電・配電設備，給水設備等
		作業上の必要施設	支保工，足場，土留工等
	共通仮設	管理用建物	事務所，見張り所，試験室等
		保管用建物	倉庫，車庫，作業場，機械室等
		宿舎，厚生関係建物	宿舎，休憩所，医療所等

2. 調達計画

調達計画では，建設工事が発注生産・屋外生産であるため，労務・資材・機械設備等について，下請発注計画，労務計画（職種，人数，期間），材料購入・保管計画等の資材管理計画および機械調達・輸送計画などを検討する．

①下請発注：すべての職種の労働者を常時保持するリスクを避け，これを下請業者に分散する目的で行う．一般に，元請が工事材料，建設機械，その他大きな資金を要する部門および管理の責任を受けもち，下請が労働力を多く必要とする施工部門または専門的施工技術を要する部門を受けもつ．

②**建設資材，建設機械の調達・輸送計画**：工事費の4～7割を占めるため，工程計画に合わせて効率的なものとする．

3. 建設機械の選定

建設機械選定の条件は，次のとおり．

①工事条件と機種・容量の適合性
②建設機械の経済性
③建設機械の合理的な組合せ

建設機械の施工速度は，次のように表す．

①**最大施工速度**：通常の好条件下で建設機械から一般に期待しうる1時間当たり最大施工量をいう．カタログの公称能力で損失時間は考えない．
②**正常施工速度**：整備・修理等の正常損失時間を考えた速度で，能力の比較，機械の組合せを考えるときに用いる．
③**平均施工速度**：正常損失時間および機械の故障・手持ち・天候条件等予期しない偶発損失時間を考えた速度で，工程計画，工事費見積に用いる．

建設機械の合理的な組合せとして，**主作業**を明確に選定し，主作業を中心に各分割工程の**施工速度**を検討する．**組合せ機械**による作業の各分割工程の所要時間は，できるだけ**一定化**する．施工効率は，単独作業より低下し，その最大施工速度は各分割工程のうち，**最小の施工速度**によって決まる．施工能力は，主機械より**従機械を大きく**する．なお，機械・設備の組合せにあたっては，故障等の運休による工事全体の休止を防ぐ体制を確立すること．

例題 **土工工事における掘削から締固めまでの作業の建設機械に関して，適当でないものはどれか．**

(1) 組み合せた一連の作業の作業能力は，組み合せた建設機械の中で最大の作業能力の建設機械によって決定される．
(2) 各建設機械の作業能力に大きな格差を生じないように建設機械の規格と台数を決めることが必要である．
(3) 全体的に建設機械の作業能力のバランスを取ると，作業系列全体の施工単価が安くなる．
(4) 伐開除根，積込み，運搬を行う場合は，ブルドーザ，トラクタショベル，ダンプトラックの建設機械の組合せで施工ができる．

解 (1)
機械の作業能力は，組合せ機械の中で最小の能力の機械によって決まる．

理解度の確認
章末演習問題 **問4** にTryしよう！

施工体制台帳
Q60 施工管理体制は，どのようにするのですか？

Answer

施工管理体制では，安全の確保，環境保全への配慮等の社会的要件を満たし，品質･工程･原価管理を実現するため，現場組織，下請編成，施工体制台帳等，工事を遂行するための社内体制を整備する.

1. 品質・原価・工程の相互関係

施工管理（工事管理）の目的は，品質および工期の条件を満足し，経済的に工事を計画・実施（管理）することにある．**品質・工程・原価**（三大管理）の相互関係は，次のとおり．

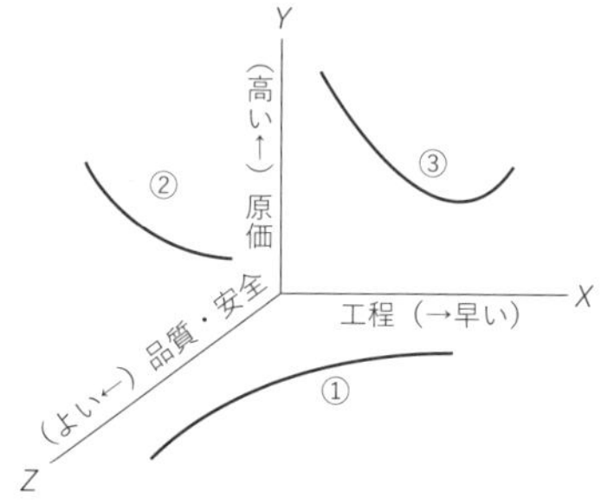

図4･4　三大管理の関係

品質・安全と工程の関係：施工速度を上げると品質が悪くなり安全性が低下する（図4･4①）.

品質・安全と原価の関係：製品の品質・安全性を向上させると原価は高くなる（図4･4②）.

工程と原価の関係：工程が極端に遅いか，早いと原価は高くなる（図4･4③）.

原価管理は，実行予算と実施原価との差異を見出し，原価を低減することを目的とする．その手順は，次のとおり．

工事受注 → 事前調査 → 施工計画 → 実行予算作成 → 施工（原価発生の統制）→ 原価計算（実行予算との対比）→ 損益予想 → 評価（計画の続行・修正）

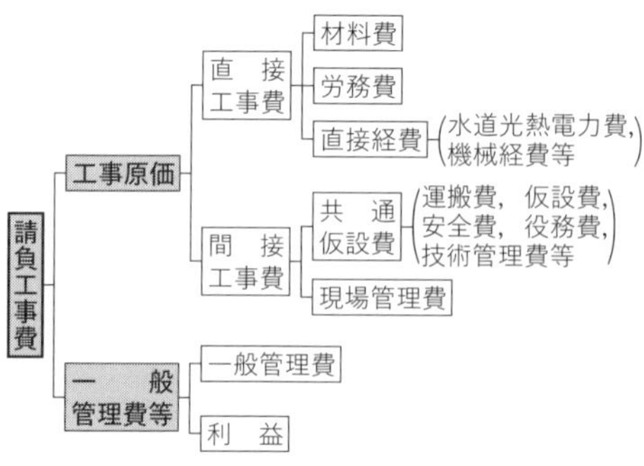

図4･5　工事費の構成

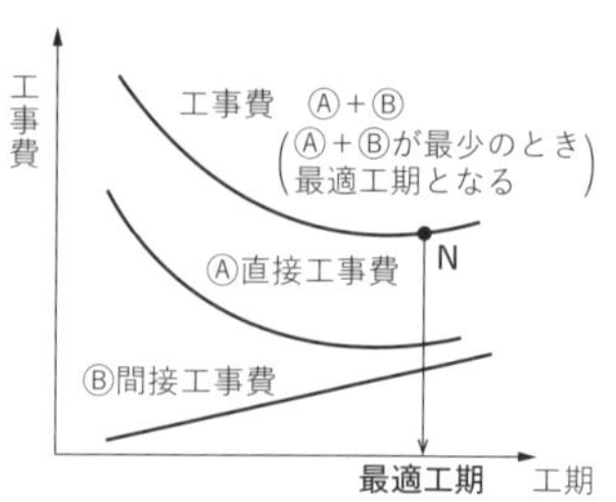

図4･6　工事原価と工期の関係

2. 工事費の構成

工事費の構成において，材料・労務・機械・経費等の**直接工事費**（図4·6Ⓐ）は，施工速度を経済速度以上にすると増加する．共通仮設費・現場管理費等の**間接工事費**（図4·6Ⓑ）は，工期に比例して増加する．**最適工期**（図4·6 N点）は，直接工事費と間接工事費の和が最小となる最も経済的な工期をいう．

3. 施工体制台帳および施工体制図

発注者から直接建設工事を請け負った**特定建設業者**は，総額4000万円以上の下請契約を締結した場合は，施工体制を把握するため下請負人の名称，工事内容，工期等を記載した**施工体制台帳**を作成し，工事期間中，工事現場ごとに備え付けなければならない．また，当該建設工事に係るすべての建設業者名，技術者名等を記載し，工事現場における施工の分担関係を明示した**施工体系図**を作成し，これを当該工事現場の見やすい場所に掲げる．

公共工事の入札および契約の適正化に関する法律（第15条）の規定により，公共工事については，発注者から直接工事を請け負った建設業者は，下請金額にかかわらず施工体制台帳および施工体系図を作成しなければならない．

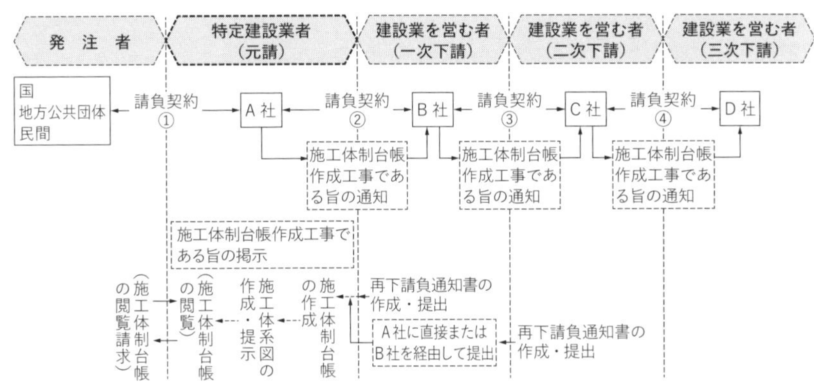

図4·7　施工体制台帳等の作成の流れ

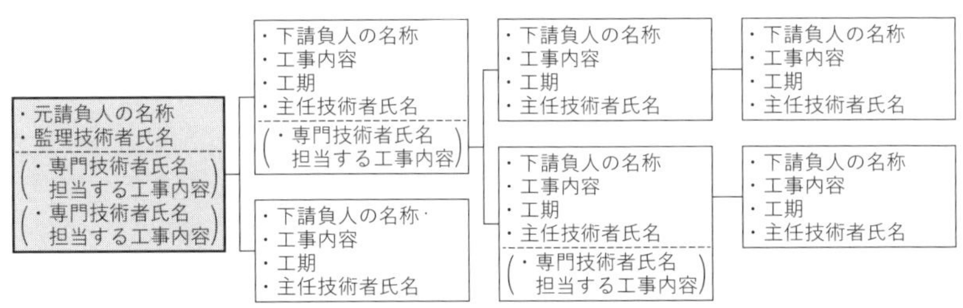

図4·8　施工体系図の記載例

理解度の確認

章末演習問題 **問5** にTryしよう！

建設機械の作業能力

Q61 建設機械の作業能力は，どのように求めますか?

Answer

建設機械の作業能力は，時間当たりの平均作業量（㎥/h）で表す．算定方法は，作業が繰返しとなることから下式より求める．

実用算定式$Q=q \cdot n \cdot f \cdot E$

（q：標準作業量，n：作業回数，f：土量換算係数，E：作業効率）

1. 建設機械の作業能力

建設機械の標準的な作業条件のもとでの1時間当たり作業量を**作業能力**という．**ショベル系**の作業能力は次のとおり．

$$Q=q \cdot n \cdot f \cdot E=\frac{3600 \cdot q \cdot f \cdot E}{C_m} \ (\text{m}^3/\text{h})$$

q：1作業サイクル当たりの標準作業量（㎥）

n：時間当たりの作業サイクル数

（$n=60/C_m$（分）$=3600/C_m$（秒），C_m：サイクルタイム（秒））

f：土量変化率（表1·5参照）

E：作業効率（ショベル系掘削機で0.5〜0.8程度）

作業量Qは，出来高を考えて，掘削・積込みにおいては**地山土量**，盛土締固めにおいては**締固め後の土量**で表す．ショベル系掘削機の1作業サイクル当たりの標準作業量は**ほぐした土量**であり，地山土量に換算すると，地山土量＝（$1/L$）×ほぐした土量より，土量変化率$f=1/L$となる．

作業効率Eは，気象条件，地形・作業場，土質の種類・状態，工事の規模・作業の連続性など作業現場の条件によって異なる．作業能力向上のためには，建設機械の調整・整備を行い，段取り待ちの減少，運転員の技能の向上を図る．

2. 施工計画と施工手順書

土木共通仕様書の規定により，受注者は，工事着手前に工事目的物を完成させるために必要な手順や工法について**施工計画書**を作成し，監督員（発注者側の代理人）に提出する．受注者は，施工計画に示された作業手順にしたがって施工する．**作業手順**は，技術標準や作業標準を実際の作業の中で実現するための道標となるものである．見やすく，読みやすく，わかりやすいものとする．作業手順の記載様式は，作業名，作業内容，必要な機械・材料等の基本事項，準備作業・本作業・後片付け等の作業区分，作業手順，作業の急所等である．

作業手順の作成方法は，次のとおり．

①工種ごとの作業を単位作業に分解する

②分解した単位作業を準備作業，本作業，後片付け作業に区分して，最もよい順序に並べ替える

③主な手順ごとに，主な機械・器具，品質管理目，危険性等

作業手順書の効果として，**ムリ・ムダ・ムラ**をなくす，作業内容がわかりやすい，不安全な状態や行動を減らし災害の減らす等が期待できる．

3. 施工手順書作成

事例1　管きょ布設の施工手順は，次のとおり．

施工計画書は，元請がどのように施工するかを計画したものであり，それを受けて専門業者が実際にどのように作業を行うかを示した**施工要領書**を作成する．**施工手順書**は，安全に作業を行う手順を示したものである．

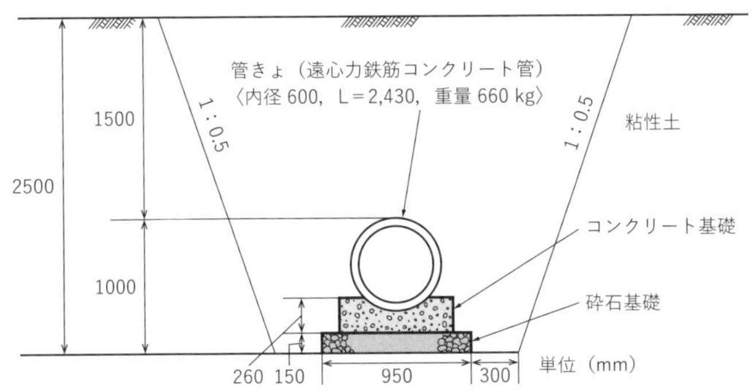

事例1　管きょ布設

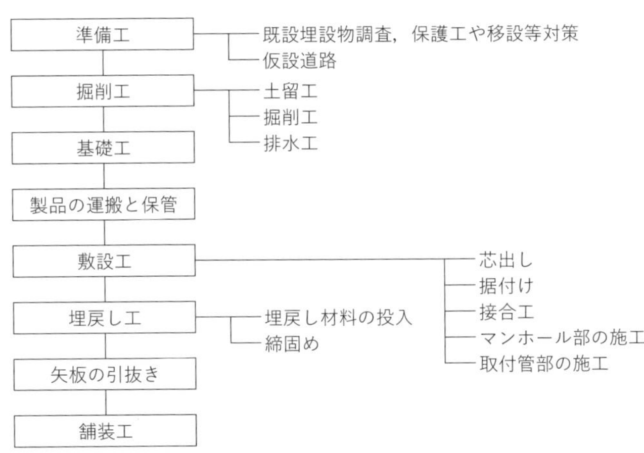

図4·9　管きょ布設の施工順序

理解度の確認

章末演習問題 **問6** にTryしよう！

工程管理

Q62 工程表には，どのようなものがありますか？

Answer

工程管理は，工事の着工から完成までの施工計画を時間的に管理することである．所定の品質・工期および経済性の条件を満たす合理的な工程計画を作成し，工程図表により工事の進捗を管理する．ここでは工程表の特徴を説明する．

1. 各種工程図表の特徴

工程表は，**各作業用管理**（作業の手順と相関関係，各作業の完成率）と**全体出来高用管理**（全体の進捗状態の把握）に分類される（図4·10）．

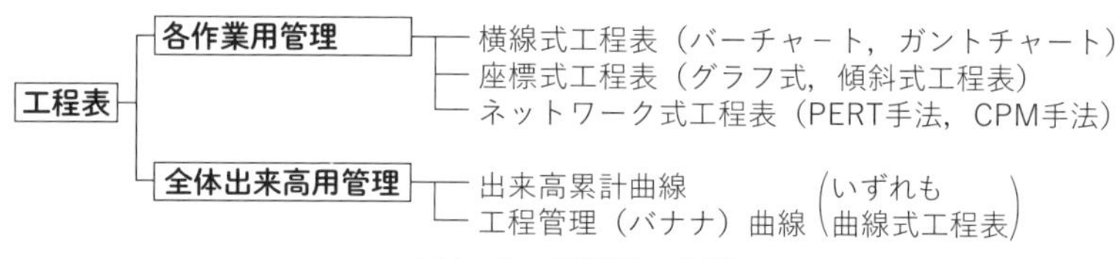

図4·10　工程表の分類

⑴各作業用管理

横線式工程表のうち，**バーチャート**は，縦軸に工事を構成する部分工事（工種）を，横軸に工期を棒状に表現した各作業用工程表である．横軸に日数を取るため各作業の所要日数が明確で，さらに作業の流れが左から右へ移行するので，漠然としてはあるが作業間の関連が把握できる（Q63参照）．一方，**ガントチャート**は，縦軸に工事を構成する部分工事（工種）を，横軸には各作業の達成度を百分率（%）で表示したもの．各作業の現時点での進行度合はよくわかるが，各作業に必要な日数・工期に影響する作業がどれか不明である．

グラフ式工程表は，縦軸に出来高を横軸に日数を取り，工種ごとの工程を斜線で表したものである．なお，縦軸に工期を，横軸に距離を取ったものを**傾斜式工程表**という．各工種の作業および出来高の進捗状況を1本の斜線で，作業期間・着手地点・進行方向・作業速度を表す．

ネットワーク式工程表は，各単位作業を丸印（○）と矢線（→）の結びつきで表し，矢線がその作業の関連性や内容を表す（Q64参照）．横線式工程表の最大の欠点である作業間の関連が明確に把握でき，工事の進捗状況および合理的な資材，建設機械，労働者の配置が可能で，原価管理にも有利な工程表である．

⑵全体出来高用管理

全体出来高用の曲線式工程表には，**出来高累計曲線**と**工程管理（バナナ）曲線**がある．**出来高累計曲線**では，縦軸に出来高累計を取り，横軸に工期を取って出来高の進捗状況の各段階を管理する．**工程管理（バナナ）曲線**は，工程が許容限界内に入るかどうかを確認する許容限界曲線である（Q63参照）．

各種工程表の特徴と比較は，次のとおり（表4·3，4·4）．

表4·3　各種工程表の特徴

	工程表	利点	欠点	用途
各作業用	**横線式工程表** （バーチャート，ガントチャート）	作成が容易，見やすくわかりやすい．また修正が容易である	作業間の関連および工期に影響する作業が不明確で合理性に欠ける	簡単な工程 マスタープラン 概略工程表等
各作業用	**ネットワーク式工程表** （PERT，CPM）	全体の把握および作業間の関係が明確で，最も合理的な工程表	作成が難しく，修正が困難，熟練を要する	複雑な工事 大型工事
全体用	**曲線式工程表** （出来高累計曲線，工程管理曲線）	全体的な把握ができ，原価管理，工事の進捗状況がわかりやすい	細部が不明で，作業間の調整ができない	原価管理 傾向分析

表4·4　各種工程表の比較

項目	ガントチャート	バーチャート	ネットワーク	曲線式
作業の手順	不明	漠然	判明	不明
作業に必要な日数	不明	判明	判明	不明
作業進行の度合い	判明	漠然	判明	判明
工事に影響する作業	不明	不明	判明	不明
図表の作成	容易	容易	複雑	やや難しい
短期工事・単純工事	向	向	不向	向

2. 工程表作成上の留意事項

工程表作成上の留意事項は，次のとおり．

①全工程を通じて忙しさの程度を等しくする

②所要期間の長い作業を早期に着工させる

③各作業の施工順序と経済的な施工速度（最適工期）を決める

④工事工種，工事規模に応じた施工方法と建設機械の組合せを決める

経済的な工事を実施するための留意事項は，次のとおり．

①仮設備工事，現場経費が合理的な範囲で最小限とする

②施工用機械設備，仮設用材料，工具等合理的最小限とし，反復使用する

③合理的かつ最小限の一定の作業員とする．全工期を通じて稼働作業員数の不均衡を少なくする

④施工の段取り待ち，材料待ち，機械設備の損失を少なくする

理解度の確認

章末演習問題 問7 にTryしよう！

横線式・曲線式工程表
Q63 進捗管理は，どのようにするのですか？

Answer

工事の進捗は，バーチャートと曲線式工程表により行う．**曲線式工程表**は，縦軸に出来高の累計（%），横軸に工期（%）を取ったグラフで，工事の予定曲線と実績曲線の施工勾配との比較を行い，工事の進捗状態，傾向を把握し原価管理に用いる．

1. 横線（よこせん）式工程表の作成

バーチャートの作成手順は，次のとおり（図4・11）．

①全体を構成するすべての部分作業を縦軸に，工期を横軸に記入する

②利用できる工期を横軸に示す

③すべての部分作業の施工に要する時間をそれぞれ計画する

④工期内に全体工事を完成できるように，各部分工事の所要時間を図表に当てはめて日程を組む

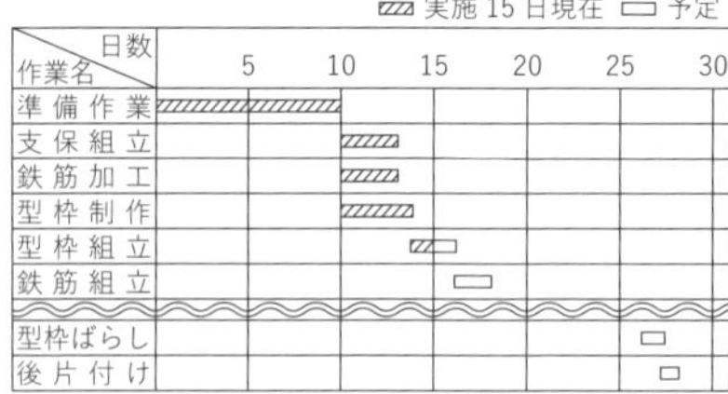

図4・11　バーチャート

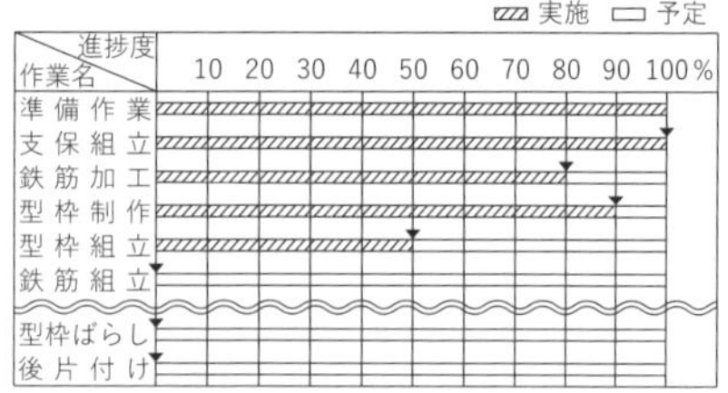

図4・12　ガントチャート

ガントチャートの作成は，各作業の完了時点を100%として横軸に達成度を取り，縦軸には部分作業を列記する（図4・12）．

2. 曲線式工程表（バナナ曲線）

曲線式工程表（出来高累計曲線）は，縦軸に出来高を，横軸に工期を取る．工事や作業の開始に先立って，バーチャート工程表に基づき曲線式工程表をつくり，作業の進み具合に伴って実施出来高を入れる．工事出来高は，毎日の出来高が一定であれば，**直線**となる．実際には，工事の初期は，準備のため伸びず，工期半ばで最も多くなり，終期は工事量の減少によって伸び率が低くなる．つまり，**S字カーブ**の工程曲線となる．

曲線式工程表の作成手順は，次のとおり（図4・13）．

①まずバーチャートを作成する

②各部分工事について，縦軸に工事出来高または施工量（%）を，横軸に工期（%）を取り，部分工事の予定工程曲線を作成する

③各月ごとの部分工事費を累計すれば，全体工事の曲線式工程が得られる

項目	工種	種別	数量	単位	工事費構成比率(%)	工期 3月 (31)	4月 (30)	5月 (31)	6月 (30)	7月 (31)	8月 (31)	9月 (30)	10月 (31)	累積完工率(%)
1	切土	切土	15,700	m^3	4.8									100
2	盛土	路床盛土	14,700	m^3	15.6									90
3		裁荷盛土(プレロード)	24,100	m^2	23.8									80
4	地盤改良	シート布設	13,300	m^3	0.8									70
5		サンドマット	7,000	m^3	5.8									60
6	排水工	矢板水路	1,150	m	38.0									50
7		函渠工	97	m	6.5									40
8		接続桝	30	ケ	2.0									30
9	雑工	防護柵	800	m	2.1									20
10	仮設工	準備及び後片付け	1	式	0.6									10 0

}予定工程　}実施工程　（7月31日現在）

図4・13　工程曲線（Sカーブ）

許容限界曲線（バナナ曲線）は，バーチャートに基づいて予定工程曲線を作成する．工事が非採算的な突貫工事とならないように，過去の工事実績に基づいて上限・下限の一定幅の許容限界線を作成し，この曲線から実績曲線が離れていく限界を定める．予定工程曲線が許容限界から外れるときは，不合理な工程計画であり，主工事の位置を変更して限界内に入るように調整する．

なお，曲線式工程表において，図4・14の点A～Dは次の傾向をもつ．

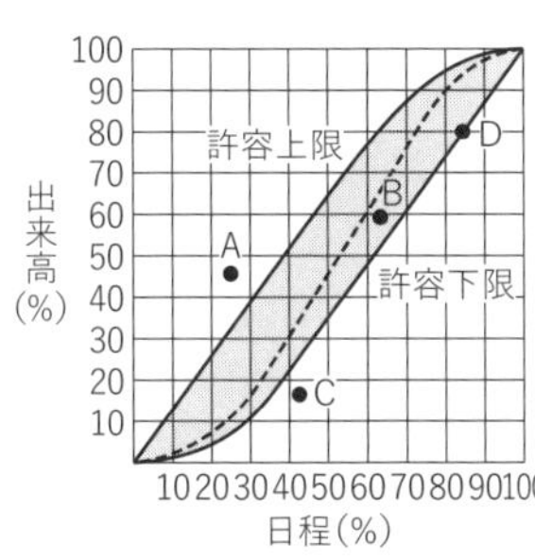

A点：予定より進んでいるが，許容限界外にあり不経済な施工をしているか，あるいは工事内容にミスがあると考えられる．

B点：予定に近いので，今の速度で工事を進めればよい．

C点：遅れているので工程を促進しなければならない．作業手順や人員・機械配分等を再検討する必要がある．

D点：許容限界上だが，工期が終わりに近いので工程を促進しなければならない．

：許容範囲内

図4・14　工程管理曲線（バナナ曲線）

理解度の確認

章末演習問題 **問8** にTryしよう！

ネットワーク式工程表

Q64 ネットワーク式工程表の基本ルールは，何ですか？

Answer

ネットワーク式工程表（PERT手法）は，大型で複雑化した工事の工程計画に用いられ，横線式工程表では把握できない各作業相互の関連性や全体工事に影響を及ぼす作業が把握でき，最も合理的な工程表である．基本ルールは，下記のとおり．

1. ネットワーク式工程表（記号と基本ルール）

ネットワーク式工程表は，工事全体を**単位作業（アクティビティ）**の集合として捉え，これらの作業を施工順序にしたがって**イベント**（○印および番号）と矢線（→）で表す．工事を構成する全作業の連続的な関係を**矢線図（アローダイアグラム）**で示す．アクティビティを表す**矢線（アロー）**の上に作業名A，下に所要日数を記入する．作業Aは$(i,\ j)$で表す．所要日数T_{ij}は，作業Aが開始から終了までに要する日数をいう（図4・15）．

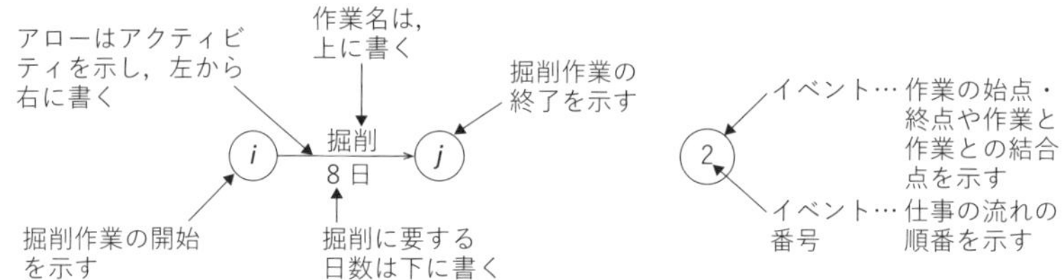

図4・15　作業の表し方

2. ネットワークの用語

ネットワークでは，作業の順序関係が明確になり，ネックとなる作業が明らかになり重点管理ができる．ネットワークの用語は次のとおり．

所要日数（デュレーション）T_{ij}は，最も確率の高い日数とし，天候による影響を含めて考える．

疑似作業（ダミー）は，矢線だけでは正確に表現できない作業の相互関係を図示するために用いる**矢線**で**破線**（⇢）で表す．作業内容をもたず所要時間ゼロの架空の作業で，作業の先行と後続の関係を明確にするために必要となる．

クリティカルパスは，工事の出発点から最終点に至る各経路のうち，**最長経路**をいう．クリティカルパスの定義は，次のとおり．

①ネットワーク式工程表において，作業開始から完了に至るさまざまな経路う

ち，一番時間がかかる経路（最長経路）をいう

②クリティカルパスの経路の通算日数が**工期**にあたり，この経路上の作業が工程を支配する．余裕日数が存在しない

③クリティカルパスは1本とは限らず，**複数の経路**にわたる場合がある

3. ネットワーク式工程表（先行作業と後続作業）

①先行作業が終了しなければ，後続作業は開始できない

②結合点番号は，出発点の結合点から順に追番号で入れて**最終結合点**に至る

③先行と後続の関係を忠実に表すために**ダミー**（疑似作業）を用いる

④同一結合点間には，一作業の表示とする

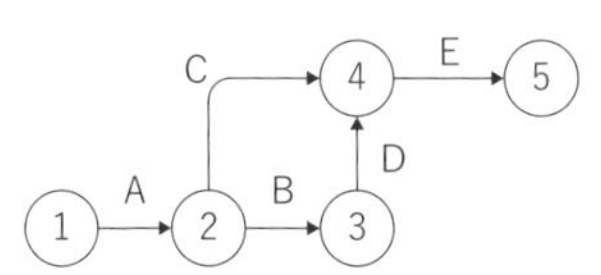

・Aの後続作業はBとC（平行作業）で，Dの先行作業はBであり，Eの先行作業はCとDとなる
・先行作業，後続作業，平行作業の関係を明確にする

図4・16　矢線図の約束

4. 最早（さいそう）開始時刻と最早完了時刻

作業（i，j）が最も早く開始した場合の時刻を**最早開始（結合点）時刻**といい，t_i^Eまたは**EST**（Earliest Starting Time）で表す．

一方，最も早く作業（i，j）を始めた場合の作業の完了時刻を**最早完了（結合点）時刻**といい，t_j^E（$= t_i^E + T_{ij}$）また**EFT**（Earliest Finish Time）で表す．

5. 日程計算1（最早結合点時刻の計算）

日程の計算（最早結合点時刻）は，図4・17のように左から右に向かって（0から6方向）行う．イベント0の最早開始時刻$t_i^E = 0$とし，各結合点の最早完了時刻t_j^E（$= t_i^E + T_{ij}$）を求める．

2本以上の矢線が入ってくるイベント3，4，6では，すべての先行作業が完了しなければ後続作業が開始できないことから，完了時刻の大きいもの（⇢）が次の最早開始時刻となる．イベント6に到着する日数が工期である．

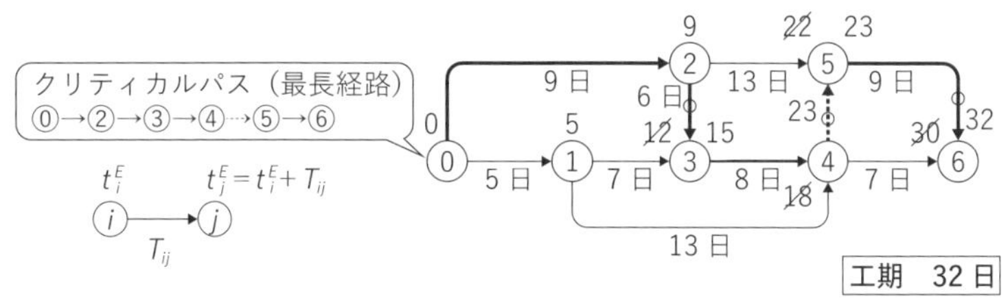

図4・17　日程計算1

理解度の確認

章末演習問題 **問9**，**問10** にTryしよう！

各作業の余裕日数

Q65 作業の余裕日数は，どのように求めますか？

Answer

各作業には，余裕のあるものとないものがある．**余裕日数**とは，その作業が最も遅く完了しても工期に影響しない最遅結合点時刻とその作業が最も早く完了する最早結合点時刻の差をいう．余裕日数は，日程計算1，2の結果により求める．

1. 最遅（さいち）完了時刻と最遅開始時刻

最遅完了（結合点）時刻とは，所定の工期で作業を完了させるためには，遅くとも各作業 $(i,\ j)$ が完了していなければならない時刻を指す．作業 $(i,\ j)$ の最遅完時刻を $\boldsymbol{t_j^L}$ または**LFT**（Latest Finish Time）で表す．

工期を延ばすことなく，その作業 $(i,\ j)$ を完了させるため，遅くとも始めなければならない最終の開始時刻を**最遅開始（結合点）時刻**といい，$\boldsymbol{t_i^L}\ (=t_j^L-T_{ij})$ または**LST**（Latest Starting Time）で表す．

2. 日程計算2（余裕日数の計算）

日程計算1（Q64）によって，**最早完了時刻（EFT）**を求めておく．日程の計算は，右から左に向かう．最終結合点6から始めの0に戻る．

最終結合点6の**最遅完了時刻**には工期を用いる．順次，各作業の所要日数 T_{ij} を引き，その値を各結合点上の□内に記入する（$t_i^L=t_j^L-T_{ij}$）．複数の矢線が出ている分岐点4，2，1では，後続の作業日数を確保するため，**小さい方の数値**を採用する．

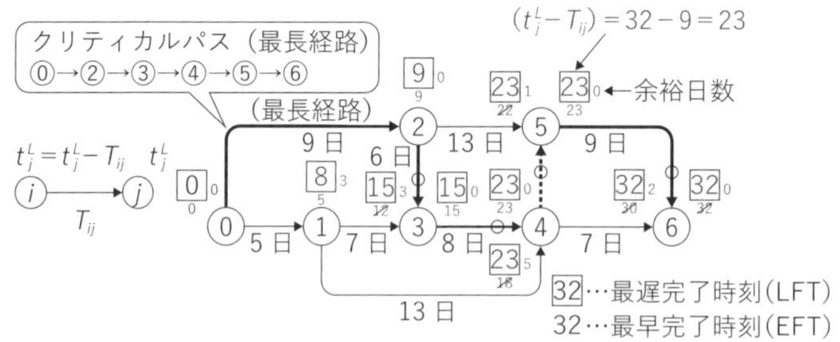

図4・18　日程計算2

3. 余裕日数

最遅開始（完了）時刻と最早開始（完了）時刻との**差**を求め，ゼロである経路は各作業に**余裕（スラック）**がなく，**クリティカルパス**（最長経路）となる．クリティカルパス以外の経路には，工期に影響しないで作業を遅らせることのできる**余裕日数（フロート）**がある．

経路上の位置により，**全余裕（トータルフロート）**，**自由余裕（フリーフロート）**等に区分する（表4・5）．トータルフロートは，そのアクティビティのみのフロートではなく，前後のアクティビティに関連があり，一つの経路上で共有される．

表4・5　余裕日数の種類

全余裕（T・F） トータルフロート	・最早開始時刻t_i^Eで作業を始め，最遅完了時刻t_j^Lで後続作業を完了する場合に生じる余裕日数をいう． ・作業（i, j）を含む一つの経路に共有する余裕日数で，ある作業で使い切れば，その後の経路はクリティカルパスとなる． 全余裕　$T\cdot F_{ij}=t_j^L-(t_i^E+T_{ij})=LFT_j-EFT_j$
自由余裕（F・F） フリーフロート	・最早開始時刻t_i^Eで作業を始め，最早開始時刻t_j^Eで後続作業を始める場合に生じる余裕日数で，後続作業に影響しないで自由に使用することのできる日数をいう． ・一つの経路において，合流する直前の作業にのみ存在するため，$F\cdot F \leqq T\cdot F$となる． 自由余裕　$F\cdot F_{ij}=t_j^E-(t_i^E+T_{ij})=EST_j-EFT_j$
干渉余裕（I・F） インターフェアリングフロート	・全体の工期には影響しないが，後続作業に影響する余裕日数で，一つの経路においては，合流する直前以外の作業に存在する． 干渉余裕　$I\cdot F_{ij}=T\cdot F_{ij}-F\cdot F_{ij}$

4. 結合点時刻

結合点時刻とは，作業の替わり目を表し，前の作業の**終了点**（完了時刻）であると同時に次の作業の**開始点**（開始時刻）である．よって結合点時刻には，最早結合点（開始）時刻と最遅結合点（完了）時刻の2つがある．

最早結合点時刻は，結合点から開始できる最も早い時刻をいい，**最遅結合点時刻**は，工期から逆算して遅くとも到達していなければならない限界の時刻である．最早結合点時刻は**日程計算1**で，最遅結合点時刻は**日程計算2**で求める．

表4・6　結合点時刻の求め方

作業（i, j）の最早開始時刻（EST）$=t_i^E$
作業（i, j）の最早完了時刻（EFT）$=t_i^E+T_{ij}=t_j^E$
作業（i, j）の最遅開始時刻（LST）$=t_j^L-T_{ij}=t_i^L$
作業（i, j）の最遅完了時刻（LFT）$=t_j^L$
ただし，T_{ij}＝作業（i, j）の所要日数

t_i^E　ⓘ —T_{ij}→ ⓙ　$t_i^E+T_{ij}$

$t_i^L=t_j^L-T_{ij}$　ⓘ —T_{ij}→ ⓙ　t_j^L

5. 配置計画（山積み，山崩し）

ネットワーク上のフロートを利用して，人員・資機材の量を平準化する．日程計画の作業日程に基づき，所要人員・機械・資材の量を積み上げる（**山積み**）．作業のフロートを利用していくつかの作業の開始を遅らせることによって，**山崩し**を行い平準化を図る．

理解度の確認

章末演習問題 **問11** にTryしよう！

Q66 工程表の作成・日程計算
工程表は，どのように作成しますか？

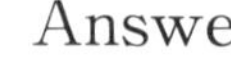

工程計画は，工種分類（土工，コンクリート工等）に基づき部分工事の施工手順を決め，バーチャート，ネットワーク工程表を作成し，全工事が工期内に完了するように調節する．品質・原価・安全等の工事施工上の必要な要素を総合的に考慮して作成する．

1. バーチャート工程表の作成

例題1　図の重力式擁壁を築造する場合，施工手順に基づきバーチャート工程表を作成しなさい．

［各工種の作業日数］床掘工6日，基礎工2日，コンクリート打設工2日，型枠組立工3日，養生7日，型枠取外し工1日，埋戻し工2日．基礎工は床掘工と2日重複作業で行う．

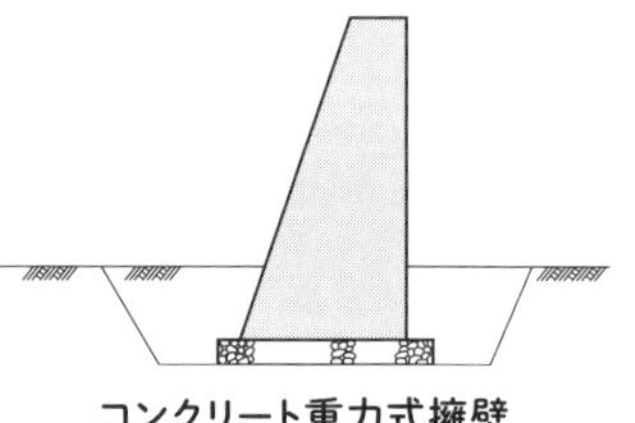
コンクリート重力式擁壁

解

工程表の作成は，施工手順を作業単位別に決め，要する施工日数を設定するものを**順行法**，竣工日から逆算して施工日数を求めるものを**逆算法**という．

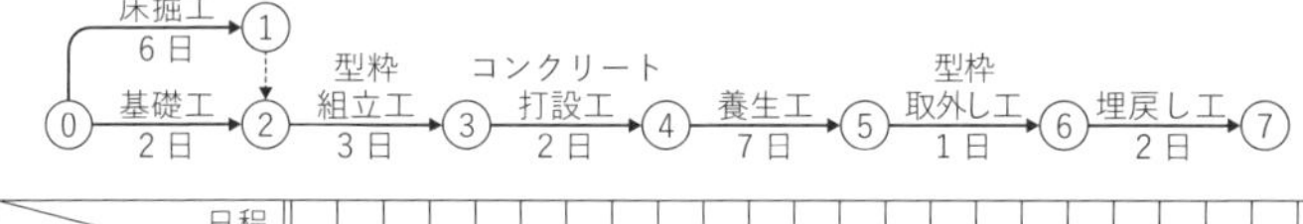

作業＼日程	1	2	3	4	5	6	7	8	9	10	11	12	13	14	15	16	17	18	19	20	21	22	23
床掘工																							
基礎工																							
型枠組立工																							
コンクリート工																							
養生工																							
型枠取外し工																							
埋戻し工																							

2. ネットワーク工程表式の作成

例題2　次の工事のネットワークを作成しなさい．

①「準備工」完成後，引き続き「支保工組立工」，「型枠組立工」，「鉄筋工」を同時に着手する．

②「支保工組立」と「型枠制作」の両方が完成後，「型枠組立」に着手する．

③「鉄筋工」と「型枠組立」の両方が完成後，「鉄筋組立」，「コンクリート打設」の順で連続して行う．

④「コンクリート打設」の完成後，「コンクリート養生」「型枠支保工解体」に同時に着手し，その両方が完成後，「後片付け」を行う．

[作業]	[工程]	[作業]	[工程]
準備工	10日	支保工組立	3日
型枠制作	4日	鉄筋加工	4日
型枠組立	2日	鉄筋組立	2日
コンクリート打設	1日	コンクリート養生	10日
型枠・支保工解体	3日	後片付け	2日

解

ネットワーク工程表は，先行作業，並行作業，後続作業およびダミーの4作業に分類して作成する．

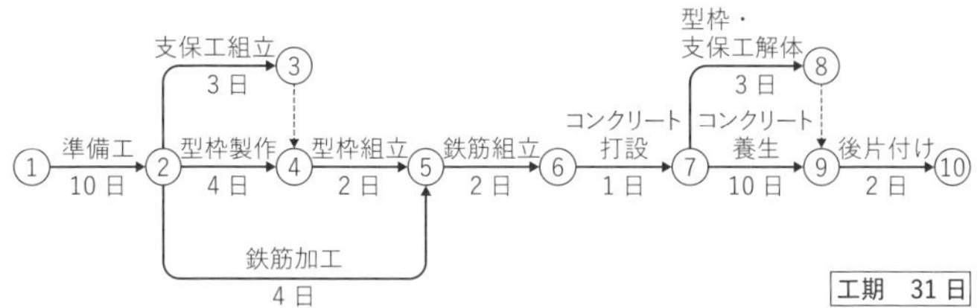

3. ネットワーク式工程表の日程計算

例題3 **右図のネットワーク工程表の結合点時刻を求めなさい．**

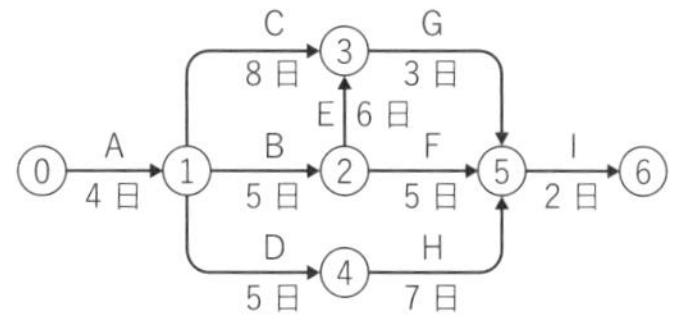

解

日程計算により，最早結合点時刻，最遅結合点時刻を求める．

クリティカルパス：0→1→2→3→5→6．

作業Cは3日の全余裕，作業D，Hの経路は2日の全余裕，そのうちDは2日の干渉余裕，Hは2日の自由余裕，Fは4日の全余裕がある．

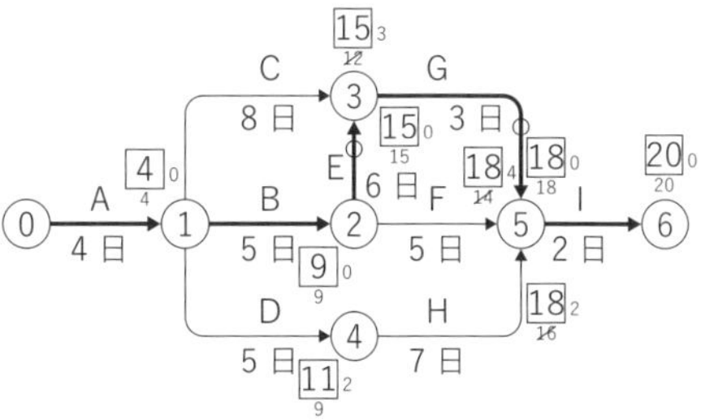

労働災害（原因と防止）
Q67 なぜ,不安全行動・状態の除去が必要なのですか？

Answer

1件の大きな労働災害・事故の裏には，29件の軽微な災害・事故，300件の無傷害事故がある（**ヒヤリ・ハットの法則**）．事故の要因をつくり出している**不安全状態**と人の**不安全行動**が存在しており，予防可能なものは，労働災害全体の98%を占める．

1. 労働災害

労働災害とは，労働者の就業に係る作業行動等に起因し，労働者が負傷し，疾病にかかりまたは死亡する災害をいい，被害が工事関係者に限定される．一方，工事関係者以外に及ぶものを**公衆災害**という．

労働災害を統計的に把握するため，以下の**災害発生率**が用いられる．

①**年千人率**：労働者1000人当たりに発生した1年間の死傷者数

②**度数率**：延べ100万実労働時間当たりの労働災害の件数

③**強度率**：延べ1000実労働時間当たりの災害によって失われた労働損失日数

死亡災害の場合7500日，その他の場合50～7500日まで定められている．

建設業の死亡災害は，**全産業の約30%以上**を占め，死傷災害（4日以上の休業）は全産業の13%である．災害発生状況は，①墜落・転落による災害，②建設機械・クレーン等による災害，③倒壊・崩壊による災害の順である．

工事現場における災害は，作業の単純ミスや判断の甘さなどヒューマンエラーが原因となっている（図4・19）．予防のために，現場では**安全施工サイクル活動**を実施する（図4・20）．

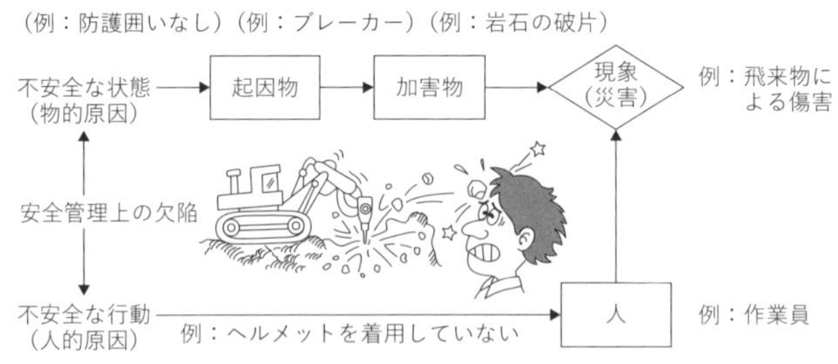

図4・19　労働災害発生のモデル

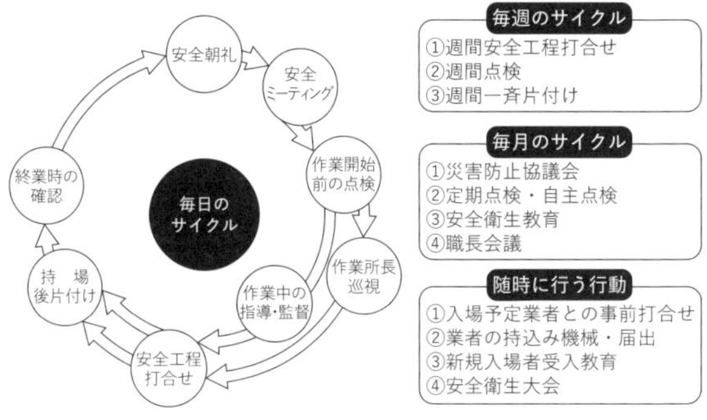

図4·20　安全施工サイクル活動

労働災害を防止するため，安全衛生についての責任と権限を明確にし，作業環境の整備，安全作業標準の徹底等，工程を一体となった**安全衛生計画**を立てる．**労働安全衛生規則**では，車両系建設機械，型枠支保工など，毎作業日の実施事項について事業者の取るべき安全基準が規定されている．

①高所作業では，墜落・転落防止対策として，作業員に墜落制止用器具（安全帯）を使用させる．

②足場の組立・解体または変更の作業を行う区域には，物が飛来したり落下したりすることに起因する労働災害を防止するため，上下作業の禁止および関係労働者以外の立入りを禁止する．

③毎作業日の実施事項：安全朝礼，安全ミーティング，作業開始前点検，職長等による作業指導・監督，作業所長の現場巡視，安全工程の打合せ，持場の後片付け，終了時の確認など．

2. 建設業のリスクアセスメント

リスクアセスメントは，労働安全衛生法に基づき，工事に着手する前に建設現場で建設物の設置等や作業行動に起因する危険性，有害性等の調査を行い，リスクレベルの大きなものから優先して危険性・有害性を除去・低減することを目的とする．

労働安全衛生法は，工事関係者に対する危険災害の防止を目的とするが，**建設工事公衆災害防止対策要綱**は，当該工事の関係者以外の第三者（公衆）に対する生命，身体および財産に関する危険ならびに迷惑（**公衆災害**）を防止するために必要な計画・設計および施工の基準を示したものである．

起業者（建設工事の注文者）および**施工者**は，労働安全衛生法およびこの対策要綱を遵守をして工事施工にあたらなければならない．

理解度の確認

章末演習問題 **問12** にTryしよう！

安全衛生管理体制

Q68 現場の安全衛生管理体制は，どのようにすればよい？

Answer

建設現場の安全管理は，次の体制が取られる．事業場ごとの安全衛生管理は**総括安全衛生管理者**が，建設現場（混在作業）の安全衛生管理は元請事業者による**統括安全衛生責任者**による統括管理体制が取られ，安全委員会，衛生委員会を設置して行う．

1. 事業者主体の安全衛生管理体制

労働安全衛生法の目的（第1条）：事業者は，労働災害の防止のための危害防止基準の確立，責任体制の明確化および自主的活動の措置を講じ，快適な職場環境の実現と労働条件の改善を通じて労働者の安全と健康を確保する．

安全衛生管理組織は，事業場の規模に応じ，総括安全衛生管理者，安全管理者，衛生管理者，産業医，安全衛生推進者，作業主任者を選任し，安全および衛生に係る技術的事項の管理のための**安全委員会**，**衛生委員会**の設置等の措置を取る．**総括安全衛生管理者**は次の業務を統括管理する（図4･21）．

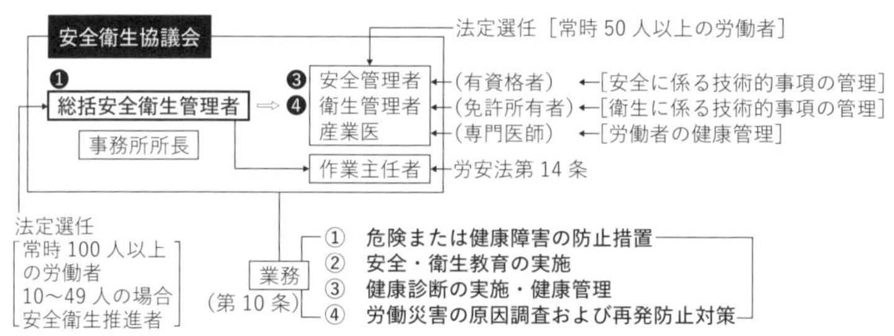

図4･21　各事業場ごとの安全衛生管理体制

2. 混在現場の安全衛生管理体制

特定元方事業者は，混在によって生じる労働災害を防止するため，**統括安全衛生責任者**および**元方安全衛生管理者**を選任し，「特定元方事業者の講ずべき措置」（第30条）の事項を統括管理する（図4･22）．

統括安全衛生責任者を選任すべき事業者以外の請負者は，**安全衛生責任者**を選任し，統括安全衛生責任者との連絡・調整を行う．

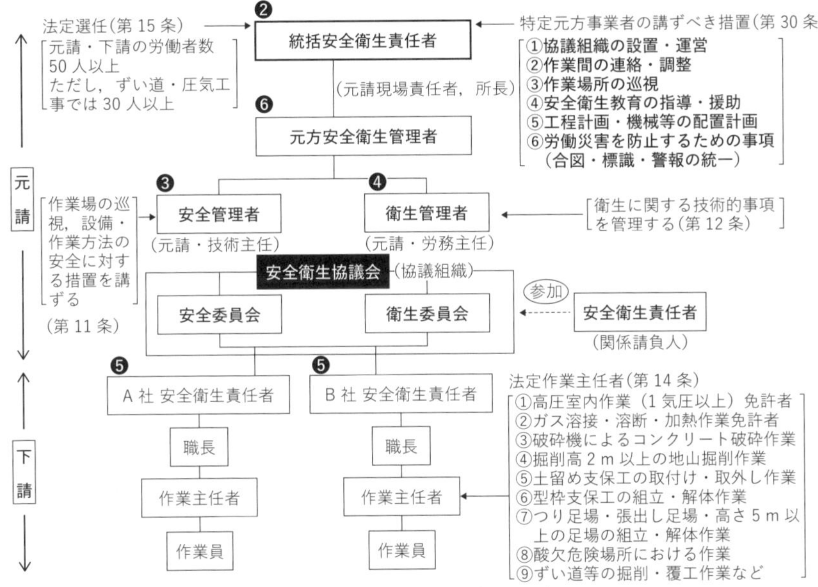

❶総括安全衛生管理者：単一企業の安全衛生の業務を統括管理する者
❷統括安全衛生責任者：混在現場における特定元方事業者等の講ずべき措置の事項を統括管理する者
❸安全管理者：第 10・30 条の事項うち，安全に係る技術的事項を管理する者
❹衛生管理者：第 10・30 条の事項うち，衛生に係る技術的事項を管理する者
❺安全衛生責任者：統括安全衛生責任者との連絡等を行う下請の責任者
❻元方安全衛生管理者：第 30 条の事項うち，技術的事項を管理する者（第 15 条の 2）

図4·22　混在現場における安全衛生管理体制

建設現場では，各事業場ごとに安全衛生管理体制が取られる（図4·23）.

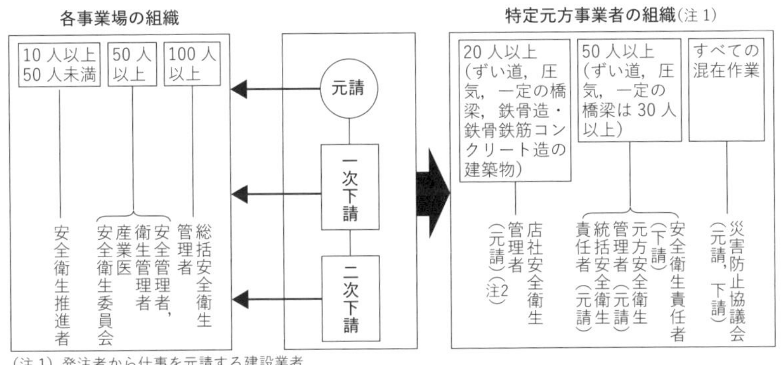

（注 1）発注者から仕事を元請する建設業者
（注 2）当該現場の統括安全衛生管理を行う者の指導等を行う.

図4·23　安全衛生管理体制

理解度の確認

章末演習問題 **問13**，**問14** に Try しよう！

車両系建設機械の安全基準

Q69 車両系建設機械の安全対策には何が必要ですか？

Answer

車両系建設機械とは，動力により不特定の場所に自走できる建設機械をいい，ブルドーザ，ショベル等3t以上の機械は技能講習修了者が，3t未満は特別教育修了者が就くことができる．**移動式クレーン**は，不特定の場所に移動し，荷をつり上げ水平に運搬する．

1. 車両系建設機械の安全基準

車両系建設機械を用いる作業では，次の安全基準を順守すること．

転落等の防止，接触の防止，制限速度および合図：事業者は，車両系建設機械の転落による労働者の危険を防止するため，運転経路の路肩の崩壊，不同沈下の防止，必要な幅員の保持等の措置を取ること．地形・地質に応じた制限速度を定め，必要に応じて誘導員を配置して誘導させる（則第156～159条）．誘導員を置くときは，一定の**合図**を定めて行わせる．

運転位置から離れる場合の措置：事業者は，車両系建設機械の運転者が運転位置から離れるときは次の措置を講じさせる（則第160条）．

①バケット，ジッパー等の作業措置（アタッチメント）を地上に下ろす．

②原動機を止め，走行ブレーキをかける等車両の逸走を防止する．

車両系建設機械の移送：事業者は，車両系建設機械を自走または牽引により貨物自動車に積卸しする場合には，次の定めによる（則第161条）．

①積卸しは，平坦で堅固な場所において行う．

②道板を使用するときは，十分な長さ・幅・強度および適当な勾配を取る．

③盛土，仮設台等を使用するときは，十分な幅，強度および勾配を取る．

搭乗の制限：事業者は，車両系建設機械を用いて作業を行うときは，乗車席以外の箇所に労働者を乗せてはならない（則第162条）．

主たる用途以外の使用の制限：事業者は，車両系建設機械を，パワーショベルによる荷のつり上げ，労働者の昇降等，車両系建設機械の主たる用途以外の用途に使用してはならない（則第164条）．

定期自主検査：車両系建設機械については，1年以内，1ヶ月以内ごとに1回，定期に自主検査を行い，その記録を3年間保存する（則第167条）．

作業開始前点検：その日の作業を開始する前に，ブレーキおよびクラッチの機能について点検を行わなければならない（則第170条）．

2. 移動式クレーンの安全基準（クレーン等安全規則）

移動式クレーンとは，原動機を内蔵し，不特定の場所に移動させることができるクレーンをいう．

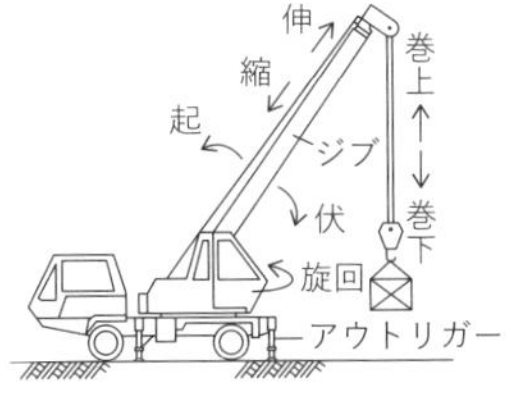

図4・24　移動式クレーン

特別教育・就業制限：つり上げ荷重1t未満の移動式クレーンの運転は**特別教育修了者**，1t以上5t未満は**技能講習修了者**，5t以上は**免許者**が就く（則第67・68条）．**玉掛け業務**は，1t未満が特別教育修了者，1t以上が技能講習修了者が就く（則第221・222条）．

つり上げ荷重	アウトリガーを最大に張り，ジブ（腕）の長さを最短，ジブの傾斜角を最大にしたとき，つり具を含む負荷させることができる最大荷重（定格総荷重の最大値）
定格総荷重	ジブの長さ・傾斜角に応じて負荷（つり具を含む）させことのできる荷重
定格荷重	定格総荷重からつり具等の重量を差し引いた荷重

作業開始前点検：作業開始前に巻過防止装置，過負荷警報装置，ブレーキ，クラッチ，コントローラの機能の点検を行う（則第78条）．

不適格なワイヤーロープの使用禁止：素線損失10％以上，公称径損失7％以上，キンク（ねじれ）・形くずれ・腐食のあるものの使用禁止，安全係数6以上とする．玉掛け作業を行うときは，当該ワイヤーロープ等の異常の有無について点検を行い，異常を認めたときは直ちに補修する（則第215条）．

搭乗の制限：移動式クレーンにより，労働者を運搬してはならない．作業の遂行上やむを得ない場合等には，移動式クレーンのつり具に専用の搭乗設備を設けて，労働者を乗せることができる（則第72・73条）．

例題　**建設機械作業の安全確保に関して，誤っているものはどれか．**

(1) 車両系建設機械の運転者が運転位置から離れるときは，原動機を止め，ブレーキを確実にかけて逸走を防止する措置を講じさせる．

(2) 車両系建設機械に接触することにより労働者に危険が生ずる恐れのある箇所には，原則として労働者を立ち入れさせてはならない．

(3) 車両系建設機械を用いて作業を行うときは，あらかじめ，地形や地質の調査により知りえたところに適応する作業計画を定める．

(4) 車両系建設機械の運転時に誘導者を置くときは，運転者の見える位置に複数の誘導者を置き，それぞれの判断により合図を行わせる．

解　(4)

合図を統一して行う．なお，(3)は作業計画の規定（第155条）．

理解度の確認

章末演習問題 **問15**，**問16** にTryしよう！

Q70 型枠支保工の安全対策には何が必要ですか?

Answer

型枠支保工は，コンクリートが所定の強度に達するまで型枠の位置を保つため，支柱・梁・つなぎ・筋かい等によって構成される仮設構造物で，支柱の高さが3.5m以上の場合は労働基準監督署長へ届出を行う．安全対策は下記のとおり．

1. 型枠支保工についての措置等

型枠支保工についての措置等：型枠支保工は，敷角等の使用による支柱の沈下防止，支柱の脚部の固定・根がらみの取付け等の支柱脚部の滑動を防止するための措置を講ずる（則第242条）．

①支柱の継手は，突合せ継手または差込み継手とする．鋼材と鋼材および交差部は，ボルト，クランプ等の金具で緊結する．型枠支保工の組立等の作業において，材料，器具，工具を上げ下げするときは，労働者につり網，つり袋を使用させる．

②コンクリートの打設作業にあたっては，その日の作業を開始する前に，型枠支保工について点検する．

⑴パイプサポート支柱による支保工

①**パイプサポート**を3以上つないで用いてはならない（図4・25）．

②支柱の継手は**突合せ**または**差込み継手**とする．継いで用いるときは，4本以上のボルトまたは専用金具を用いて緊結する．

③パイプサポートの長さが3.5mを超えるときは，**2m以内ごと**に二方向に**水平つなぎ**を設ける．

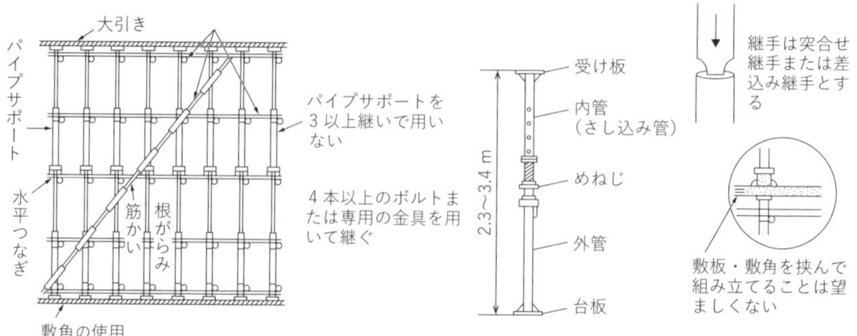

図4・25　パイプサポートによる型枠支保工

⑵鋼管支柱（パイプサポートを除く）による支保工

高さ2m以内ごとに二方向に水平つなぎを設ける．梁または大引き（床を支える構造部材）を上端に乗せる場合には，上端に鋼製の端板を取り付け，これを梁に固定する．

⑶鋼管枠支柱（枠組支柱）による支保工

①鋼管枠と鋼管枠との間に交差筋かいを設ける．

②最上層および五層以内ごとに水平つなぎを設け，水平つなぎの変位を防止する．また，交差筋かい方向に布枠を設ける（図4·26）．

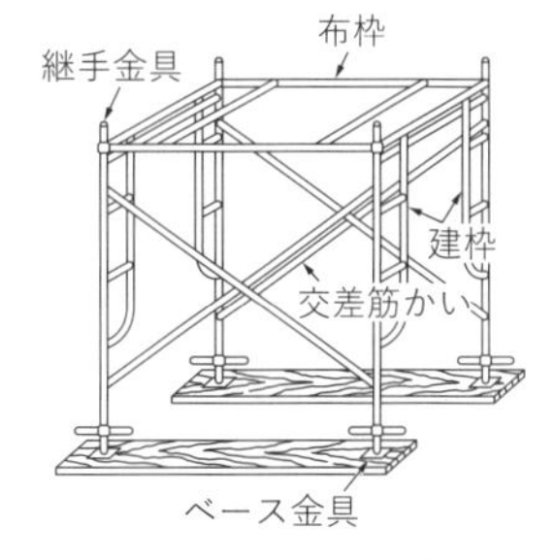

図4·26　枠組支柱

2. 型枠支保工の組立図

①組立図を作成し，その組立図にしたがって組み立てる．

②組立図には，支柱，梁，つなぎ，筋かいなどの部材の配置，接合の方法および寸法が示されていること（則第240条）．

3. 墜落等による危険防止

作業床の設置等：高さ2m以上の箇所で作業を行う場合は，足場を組み立てる等の方法により，安全な**作業床**（幅40cm以上，床材間の隙間3cm以下，床材と建地との隙間12cm未満）を設ける（則第518条）．

作業床や囲い等の設置が困難なとき，作業の必要性から臨時に囲い等を取り外すときは，防護網を張り，作業員に墜落制止器具（安全帯）を使用させる．

4. 通路の安全基準

仮設通路：墜落の危険のある箇所には，高さ85cm以上の手すり，中桟，幅木を取り付ける（則第552条）．

通路，通路の照明：作業場には安全な通路を設ける．通路に正常の通行を妨げない範囲内で必要な採光または照明設備を設ける（則第540・541条）．

例題　**型枠支保工の倒壊防止に関して，誤っているものはどれか．**

⑴　強風や大雨等の悪天候のため危険が予想される場合，組立作業は行わない．

⑵　鋼管（単管パイプ）を支柱とする場合は，高さ2m以内に水平つなぎを二方向に設け，水平つなぎの変位を防止する．

⑶　支柱を継ぎ足して使用する場合の継手構造は，重ね継手を基本とする．

⑷　パイプサポートを支柱とする場合，パイプサポートを3以上継がない．

解　⑶

重ね継手→突合せまたは差込み継手．

理解度の確認

章末演習問題 **問17** にTryしよう！

掘削作業の安全基準
Q71 明かり掘削の安全対策には何が必要ですか？

Answer

掘削面の高さ2m以上の掘削作業（人力掘削または機械掘削）は，**地山の掘削作業主任者**を選任し，その者の指揮のもとに作業を行い，手掘りによる掘削を行うときは，掘削面の高さと勾配の基準（表4･7）について遵守する．

1. 明かり掘削の安全基準

掘削工事は，**トンネル・導坑**などの掘削工事と**ダム・道路建設**のために行う掘削工事に分かれ，後者を**明かり掘削**という．明かり掘削作業には，手掘り掘削と車両系建設機械による機械掘削がある．なお，明かり掘削の安全基準を満たすのに必要な対策は以下のとおり．

作業計画の届出：事業者は，**掘削の高さ**または**深さ10m以上**となる**地山の掘削**（掘削機械を用いる作業で，掘削面の下方に作業員が立ち入らない場合は対象外）にあっては，あらかじめその計画を**工事開始の14日前まで**に，所轄の労働基準監督署長に届け出なければならない（法第88条）．

作業箇所等の調査：事業者は，地山の崩壊・埋設物の損壊等の恐れのあるときは，あらかじめボーリング等の適切な方法により，作業箇所の地山について以下の事項を調査し，適応する掘削の時期，掘削順序等の施工計画を定め，これにより作業を行う（則第355条）．

①地山の形状・地質および地層の状態
②き裂，含水，湧水および凍結の有無およびその状態
③埋設物の有無およびその状態
④高温のガスまたは蒸気の有無およびその状態

明かり掘削作業の土砂崩壊防止対策として，地山の土質に応じた安全な法勾配，堅固な土留め支保工の設置，作業員の立入り禁止等の措置を行う．

掘削面の勾配の基準：パワーショベル，トラクター等の掘削機械を用いないで行う**手掘り掘削**では，掘削面の勾配の基準は表4･7のとおり（則第356条）．

なお，手掘り掘削作業にあっては，**すかし掘り（垂直に近いそり立つ面の最下部を掘り込むこと）は絶対にしないこと**．2名以上で同時に掘削作業を行うときは，間隔を保つこと．つるはしやショベル等は，**てこに使わないこと**（土木工事安全施工技術指針）．

表4・7　掘削面の高さ・勾配の基準（則第356条）

	地山の種類	掘削面の高さ（m）	掘削面の勾配（度）
①	岩盤または硬い粘土	5m未満 5m以上	90°以下 75°以下
②	その他	2m未満 2m以上5m未満 5m以上	90°以下 75°以下 60°以下
③	砂	掘削面の勾配35°以下または高さ5m未満	
④	発破等で崩壊しやすい状態になっている地山	掘削面の勾配45°以下または高さ2m未満	

掘削機械等の使用禁止：事業者は，明かり掘削作業を行う場合，掘削機械等の使用によるガス導管，地中電線路等の工作物の損傷により労働者に危険を及ぼす恐れのあるときは，使用してはならない（則第563条）.

作業主任者の選任と職務：事業者は，掘削面の高さが2.0m以上となる地山の掘削作業は，**地山作業主任者**（技能講習修了者）を選任し，その者の指揮のもとに作業を行う．作業主任者の職務は，次のとおり（則第359，360条）.

①作業の方法を決め，作業を指揮すること

②器具を点検し，不良品を取り除くこと

③安全帯および保護帽の使用状況を監視すること

2. 掘削箇所の点検等

点検：事業者は，明かり掘削の作業を行うときは，地山の崩壊または土石の落下による労働者の危険を防止するため，次の措置を講ずる（則第358条）.

①点検者を指名し，作業箇所およびその周辺について，作業を開始する前や大雨の後，中震（震度4）以上の地震の後などに，浮石やき裂の状態，含水・湧水・凍結の状態の変化を点検させる.

②点検者を指名し，発破を行った後，発破箇所およびその周辺の浮石の有無や状態を点検させる.

事業者は，明かり掘削の作業を行う場合，地山の崩壊・土石の落下の恐れのあるとき，土留め支保工の設置等の**地山崩壊等による危険防止**（則第361条），埋設物に近接するときの防護等の**埋設物等による危険の防止**（則第362条），運搬機械等が労働者の作業箇所に接近する恐れのあるときの**誘導員の配置**（則第365），物体の飛来・落下等の危険防止の**保護帽の着用**（則第366条），必要な**照度の保持**（則第367条）等の措置を講ずる.

理解度の確認

章末演習問題 **問18** にTryしよう！

足場の安全基準

Q72 足場の組立作業の安全対策はどのようにすればよい?

Answer

高さが2m以上の箇所で，作業員が墜落する危険の恐れがあるときは，足場を組み**作業床**を設ける．足場には**単管パイプ**や**枠組足場**（門型の建枠）が用いられ，足場の組立等の業務は特別教育修了者が行う．

1. 足場組立作業の留意点

足場には，使用する材料により木製足場と鋼製足場（単管パイプ，枠組）に分けられ，横造上から支柱足場（本足場，一側足場）とつり足場に分類される．

⑴鋼管（単管パイプ）足場（則第570条）（図4･27）

①脚部には，ベース金具を使用し，敷板，敷角，根がらみ等を設ける

②壁に固定する壁つなぎは，垂直方向5m以下，水平方向5.5m以下とする

③建地間隔は，桁方向1.85m以下，梁方向1.5m以下とする

④建地間の積載荷重は，400kgを限度とする

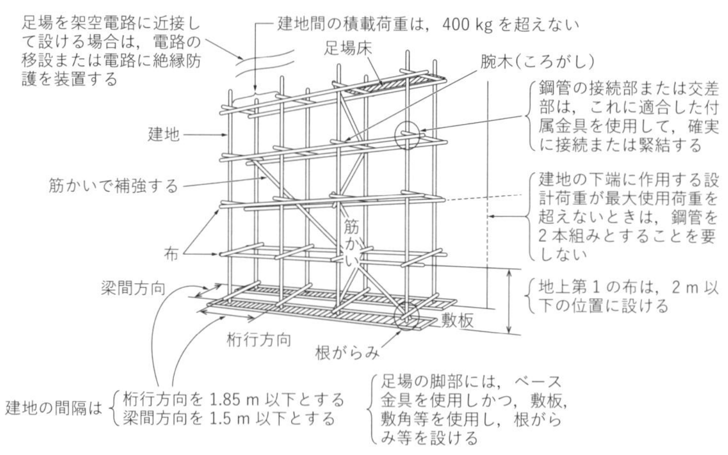

図4･27 単管足場安全基準(本足場)

⑵枠組足場（則第571条）（図4･28）

①最上層および五層以内ごとに，水平材を設ける

②壁つなぎは，垂直方向9m以下，水平方向8m以下とする

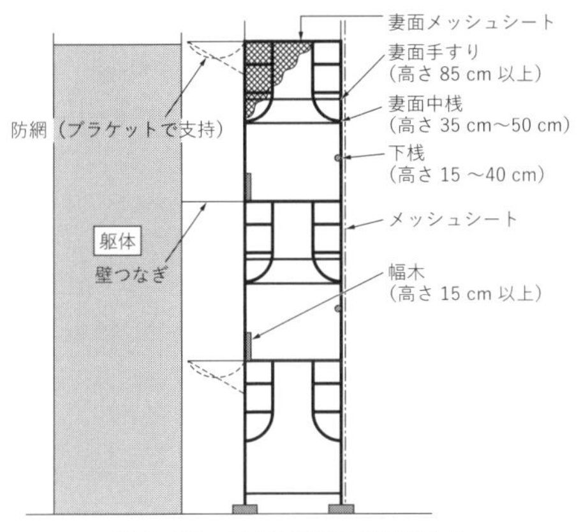

図4・28　枠組足場の墜落防止

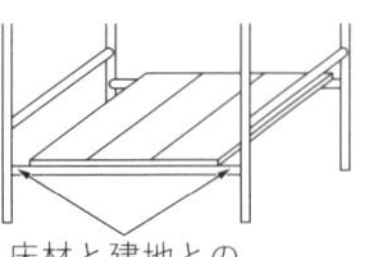

図4・29　作業床

(a) 手すり先送り方式

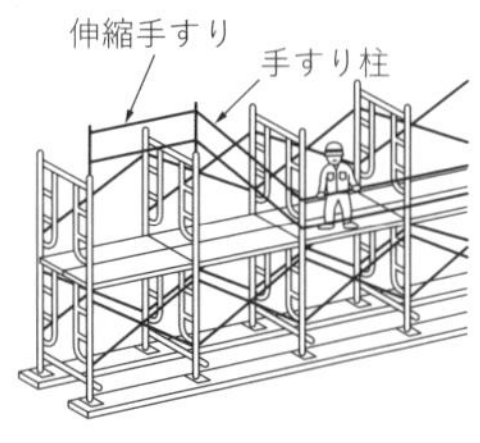

(b) 手すり据置き方式

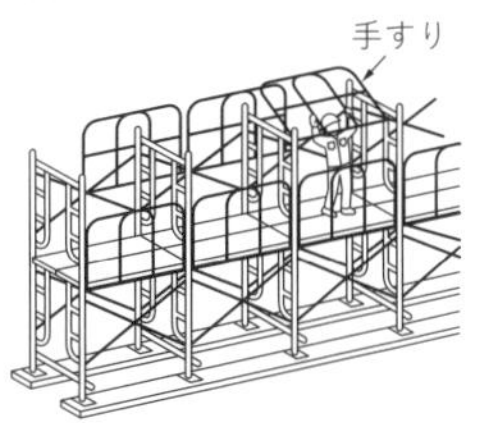

図4・30　手すり先行工法

⑶**作業床**（則第563条）（図4・29）

高さ2m以上の足場の作業場所には，**作業床**（幅40cm以上，床材間の隙間3cm以下，床材と建地との隙間12cm未満）を設ける．墜落の危険の恐れのある箇所には，次の設備を設ける．

①枠組足場：交差筋かいおよび高さ15cm以上40cm以下の位置に下桟（さん）または高さ15cm以上の幅木あるいは手すり枠

②枠組足場以外の足場：高さ85cm以上の手すりおよび中桟

⑷**足場の組立等の作業**（則第564条）

組立時に最上層にあたる部分に手すりを先行して設置し，解体時には最上層を取り外すまで手すりを残す**手すり先行工法**等による（図4・30）．足場には墜落制止用器具（安全帯）取り付け設備を設置する．

事業者は，強風・大雨・大雪等の悪天候のため，作業の実施について危険を及ぼす恐れのあるときは，作業を中止させなければならない．

2. 足場組立等作業主任者の職務

事業者は，足場の組立等作業主任者に，次の事項を行わせる．

①材料の欠点の有無を確認し，不良品を取り除く

②器具，工具，墜落制止用器具，保護帽の機能を点検し，不良品を取り除く

③作業の方法および労働者の配置を決定し，作業の進行状況を監視する

④墜落制止用器具および保護帽の使用状況を監視する

理解度の確認

章末演習問題 問19，問20 にTryしよう！

作業の安全点検と労働災害
Q73 労働災害の責任者は，誰ですか？

Answer

労働者が業務上で死亡または負傷しまたは疾病にかかることを**労働災害**という．**事業者**は，労働災害の防止のため各作業に実施にあたっては法令の規定を順守し，「安全と健康」を最優先した工事管理をしなければならない．

1. 労働災害による事業者の責任

労働災害が発生した場合，**事業者（企業）**には大きな法的・社会的責任が問われる．具体的には以下の責任がある．

①**労働基準法・労働安全衛生法上の刑事責任**（罰則）
②**労働安全衛生法上の行政処分**（作業の停止・変更，罰金など）
③**刑法上の刑事責任**（業務上過失致死傷など）
④**建設業法の行政処分**（指名停止など）
⑤**民事責任・民事訴訟**（損害賠償など）
⑥**社会的責任，社会的マイナス評価**（企業の健全性・信頼性の喪失）

2. 安全衛生教育，各種作業の点検項目

労働災害や職業性疾病を防止するため，労働者に対して適切な教育（安全衛生教育）を行う．**安全衛生教育**として，**安全管理者等に対する教育**（法第19条の2），**雇い入れ時教育**（同第59条），**作業内容変更時教育**（同第19条），**特別教育**（同第19条），**職長及び安全衛生責任者に対する教育**（同第60条）を実施する．

各種作業の安全点検は，労働安全衛生規則，土木工事安全施工技術指針，建設工事公衆災害防止対策等の規定に基づいて行う．点検項目は表4･8のとおり．

例題 **RC造の工作物の解体等作業主任者の職務内容として，該当しないものはどれか．**

(1) 器具，工具，墜落制止器具，保護帽の機能を点検し，不老品を取り除く．
(2) 作業の方法および労働者の配置を決定し，作業を直接指揮する．
(3) 強風，大雨等の悪天候が予想されるとき，当該作業を中止する．
(4) 墜落制止器具および保護帽の使用状況を監視する．

解 (3)

(3)は，事業者が行う措置である．

表4・8　各種作業の点検項目

	作業の名称	点検の時間	点検の項目
1	作業構台	㋑強風，大雨，大雪等の悪天候の後 ㋺中震（震度4）以上の地震の後 ㋩作業構台の組立，一部解体もしくは変更の後	①支柱の滑動および沈下の状態 ②支柱，梁等の損傷の有無 ③床材の損傷，取付けおよび掛渡しの状態 ④支柱，梁，筋かい等の緊結部，接続部，取付け部の緩みの状態 ⑤緊結材および緊結金具の損傷および腐食の状態 ⑥水平つなぎ，筋かい等の補強材の取付け状態および取外しの有無 ⑦手すり等の取外しおよび脱落の有無
2	足場	㋑強風，大雨，大雪等の悪天候の後 ㋺中震（震度4）以上の地震の後 ㋩足場の組立，一部解体もしくは変更の後 ㊁つり足場については，毎日の作業開始前	①床材の損傷，取付けおよび掛渡しの状態 ②建地，布，腕木等の緊結部，接続部および取付け部の緩みの状態 ③緊結材および緊結金具の損傷，腐食の状態 ④手すり等の取外しおよび脱落の有無 ⑤幅木等の取付け状態および取外しの有無 ⑥脚部の沈下および滑動の状態 ⑦筋かい，控え，壁つなぎ等の補強材の取付けおよび取外しの有無 ⑧建地，布および腕木の損傷の有無 ⑨突りょうとつり索との取付け部の状態およびつり装置の歯止めの機能
3	土留め支保工	㋑設置後7日を超えない期間ごと ㋺中震（震度4）以上の地震の後 ㋩大雨等により地山が急激に軟弱化する恐れのある事態が生じた後	①矢板，背板，切梁，腹起し等の部分の損傷，変形，腐食，変位および脱落の有無及び状態 ②切梁の緊圧の度合 ③部材相互の接続および継手部の緩みの状態 ④矢板，背板等の背面の空隙の状態
4	型枠支保工	㋑コンクリートの打設作業を行う日の作業開始前 ㋺コンクリートの打設中	型枠，型枠支保工，シュート下，ホッパ下等の状態
5	土工工事（明かり掘削）	㋑その日の作業開始前 ㋺大雨の後 ㋩中震（震度4）以上の地震の後 ㊁発破を行った後	①浮石，き裂の有無および状態 ②含水，湧水，凍結の状態の変化 ③発破を行った箇所とその周辺の浮石，き裂の有無および状態
6	車両系建設機械	その日の作業開始前	①ブレーキ・クラッチの機能
		月例点検	②ブレーキ・クラッチ，操作装置等の異常の有無 ③ワイヤーロープ・チェーンの損傷の有無 ④バケット，ジッパー等の損傷の有無
7	移動式クレーン	その日の作業開始前	①巻過防止装置，過負荷警報装置その他の警報装置，ブレーキ・クラッチの機能
		月例点検	②巻過防止装置その他の安全装置，過負荷警報装置その他の警報装置，ブレーキ・クラッチの異常の有無 ③ワイヤーロープ，つりチェーンの損傷の有無 ④フック，グラブバケット等のつり具の損傷の有無 ⑤配線，配電盤，コントローラーの異常の有無
8	玉掛け作業	その日の作業開始前	玉掛け用ワイヤーロープ，つりチェーン，繊維ロープ，繊維ベルト，フック，シャックル等の異常の有無
9	酸素欠乏危険場所	その日の作業開始前	①空気中の酸素，硫化水素濃度測定 ②空気呼吸器，安全帯等の異常の有無

理解度の確認

章末演習問題 問21 にTryしよう！

品質管理の手法
Q74 よいものを，早く，安く，安全につくるには？

Answer

品質管理では，作業工程（品質がつくり出される過程をいう）が安定であるときは設計図・仕様書に示された規格を満足する製品ができるように工程を管理し，規格（品質）を満たさないときは工程に異常があると判断し，工程を修正する．

1. 品質管理の手法

日本産業規格では，品質管理は，買い手の要求に合った品質の製品を経済的につくり出すための手段と定義している．土木工事における品質管理は，設計図・仕様書に示された形状と規格を十分に満足し（**規格の管理**），構造物の欠陥を未然に防ぎ（**工程の管理**），工事に対する信頼性を増す手法である（図4･31）．

品質管理の手法は，管理しようとする**品質特性**を決め，その特性について管理の対象となる**品質標準**（品質の目標）を設定し，これを実現するための**作業標準**（作業方法，使用資機材）を決定する．品質管理の目的を達成するため，PDCAサイクルを実施する（図4･32）．

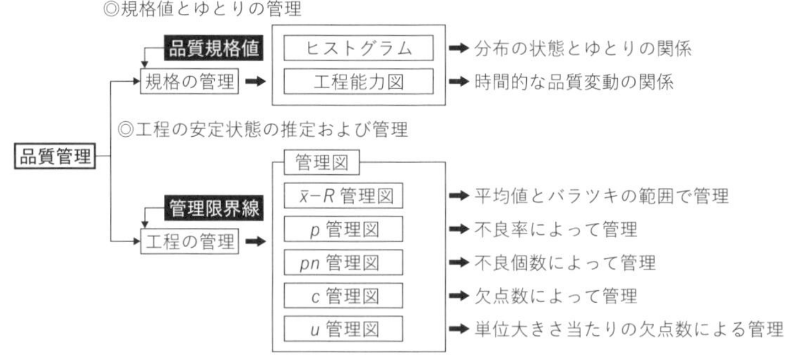

図4･31　品質管理の手法

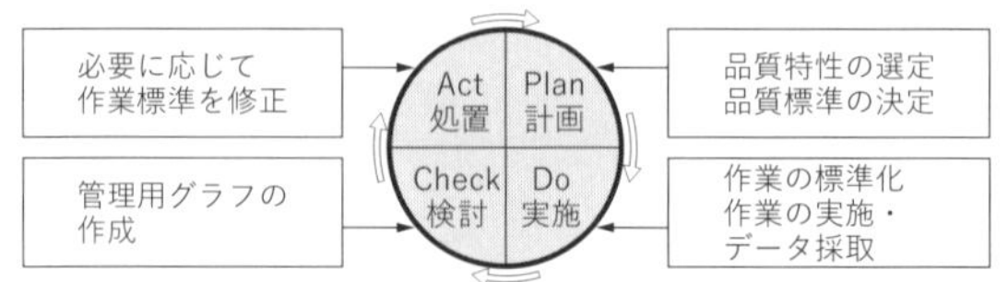

図4･32　品質管理のサイクル（PDCAサイクル）

2. 品質特性

品質特性（管理項目）を決定するにあたっては，次の点に留意する（表4･9）．

①工程（製造過程）の状態を総合的に表すもの

②代用特性（真の品質特性の代替となるもの）が明確なもの

③設計品質に重要な影響を及ぼすもの

④測定しやすいもの

⑤工程に対して処置の取りやすいもの

表4･9　品質特性の一例

工種		品質特性	試験方法
コンクリート工	骨材	比重および含水率 粒度（細骨材，粗骨材） 単位容積質量 すり減り減量（粗骨材） 表面水量（細骨材） 安定性	比重および含水率試験 ふるい分け試験 単位容積質量試験 すり減り試験 表面水率試験 安定性試験
	コンクリート	単位容積質量 混合割合 スランプ 空気量 圧縮強度 曲げ強度	単位容積質量試験 洗い分析試験 スランプ試験 空気量試験 圧縮強度試験 曲げ強度試験
土工	材料	最大乾燥密度・最適含水比 粒度 自然含水比 液性限界・塑性限界 透水係数 圧密係数	締固め試験 粒度試験 含水比試験 液性限界試験・塑性限界試験 透水試験 圧密試験
	施工	施工含水比 締固め度 CBR値 たわみ量 支持力値 貫入指数	含水比試験 現場密度の測定 現場CBR試験 たわみ量測定 平板載荷試験 各種貫入試験
路盤工	材料	粒度 含水比 液性限界・塑性指数 最大乾燥密度・最適含水比 CBR値	ふるい分け試験 含水比試験 液性限界・塑性限界試験 締固め試験 CBR試験
	施工	締固め度 支持力	現場密度の測定 平板載荷試験，CBR試験
アスファルト舗装工	材料	骨材の比重および吸水率 粒度 単位容積質量 すり減り減量 針入度 伸度	比重および吸水率試験 ふるい分け試験 単位容積質量試験 すり減り試験 針入度試験 伸度試験
	舗設現場	敷均し温度 安定度 厚さ 平坦性 配合割合 密度（締固め度）	温度測定 マーシャル安定度試験 コア採取による測定 平坦性試験 コア採取による配合割合試験 密度試験

理解度の確認

章末演習問題 **問22**，**問23** にTryしよう！

品質管理の手順

Q75 品質管理は，どのような手順で行われますか？

Answer

品質管理は，計画・施工の段階において，役割分担と責任を明確する．品質管理では，①構造物が規格を満足していること，②工程が安定していることを確認する．規格はヒストグラム，工程能力図で，工程は管理図を用いて品質を判断する．

1. 品質管理の手順

品質管理では，**品質特性の選定**，品質特性に関する**品質標準の設定**，品質標準を守るための**作業標準**などを検討する．なお，**工程**とは，「品質がつくり出される過程」をいう．品質管理の手順は，次のとおり（表4·10）．

表4·10　品質管理の手順

手順	項目	内容
手順1 ↓	品質特性の選定	**管理しようとする品質特性を選定** 品質特性としては，最終品質（設計品質）に影響を及ぼすと考えられるもののうち，できるだけ工程の初期で測定でき，すぐ結果が得られるものがよい．
手順2 ↓	品質標準の設定	**選んだ品質特性の品質標準（品質目標）を設定** 品質標準は，設計・仕様書に定められた規格をゆとりをもって満足するための施工管理の目安を設定するものであり，実施可能な値でなければならず，平均値とバラツキの幅で設定する．
手順3 ↓	作業標準の決定	**品質標準を満足させるための作業標準（作業の方法）を決定** 品質標準を満足する構造物を施工するために，作業ごとに用いる材料，作業手順，作業方法等を決定する． 作業標準は不良原因の発見や処置を行うとき，修正処置の行動に役立つようできるだけ詳細に決める．
手順4 ↓	データ採取	**作業標準にしたがって施工し，一定の期間データを採る** 作業標準は作業を束縛するものではなく，守られるべきものである．
手順5 ↓	分析確認	**工程能力図，ヒストグラム，管理図を作成** 各データが十分ゆとりをもって品質規格を満足しているかどうかを**工程能力図**，**ヒストグラム**等により確かめた後，**管理図**をつくり，工程（品質）が安定しているかどうかを確かめる． 安定しているならば，これまでのデータから求めた**管理限界線**を，引き続きこれまでと同程度の期間における管理限界線として採用し，品質管理を続ける．
手順6 ↓	作業方法の見直し	**改善**，**処置**（Act）を行うデータが管理限界線の外に出た場合，データが管理限界線内にあってもその位置にクセ（特別な傾向）がある場合は，工程（品質）に異常が生じたものとみなし，原因を追究し，再発しないよう作業方法を見直す．
手順7	作業の継続	引き続き作業を続け，データを監視しながら，前回と同程度の期間（たとえば1ヶ月），あるいは，データが一定の数（たとえば20点）に達したら，「手順5～7」以下を繰り返す．

2. 品質特性・品質標準・作業標準

品質管理は，施工段階の品質保証活動であり，要求品質に合致した施工を行う．PDCA活動により，工程を満足した状態に維持する．

設計図書･仕様書に示される**設計品質**（形状と規格）を満足させるために何を具体的に品質管理の対象とするか，具体的な対象項目である**品質特性を選定する**（表4･9参照）．

品質の目標を**品質標準**という．品質標準は，設計品質に対して余裕のある設定とする．土木工事では，構造物をつくり直すことが現実的に不可能であり，施工過程そのものを適切に管理することが品質を保証することになり，過去の実績や試験施工により決定する．

品質を実現するための作業方法，使用する資機材など具体的に決定することを**作業標準**という．作業標準は，最終品質に重大な影響を及ばす要因については，できるだけ詳細かつ具体的に決める．

①コンクリートのスランプのチェックなど，先手を打った管理を行う
②最終品質に対し，詳細かつ具体的な作業標準を決める
③作業標準の間で矛盾がないこと
④作業標準は明文化しておくこと
⑤工程に異常が発生した場合の具体的な作業標準を決めておく

3. ヒストグラム・工程能力図・管理図

品質管理の目標を確認するために用いられる**ヒストグラム**，**工程能力図**，**管理図**の概要を示す（表4･11）．なお，構造物の**規格の確認**にはヒストグラムや工程能力図が用いられ，**工程の安定の確認**には管理図が用いられる．

表4･11　ヒストグラム･工程能力図･管理図の特徴

	ヒストグラム	工程能力図	管理図
特徴	・横軸に品質特性値，縦軸に度数を取り，規格値を示す線を記入して，品質特性の分布状態を表した度数分布図である ・規格値で管理する	・横軸に時間や測定No.，縦軸に品質特性値を取り，規格値を示す線を記入して，データを時間の順序に打点した図である ・規格値で管理する	・品質データを統計的に処理し平均値やバラツキの範囲などに対する管理限界線を求めて記入し，その後のデータの平均値やバラツキの範囲を打点した図である ・管理限界線で管理する
利点	・分布の状態から規格値，中心位置（平均値）の関係がわかる ・工程の状態を把握できる	・時間的な品質変動や傾向がわかる ・規格値との関係がわかる	・工程が安定しているかどうかを評価する
欠点	・時間的変化や変動の様子がわからない	・統計的手法が使われていないため，工程の異常は判断できない	・規格値との関係はわからない

理解度の確認

章末演習問題 **問24** にTryしよう！

規格値・工程の管理

Q76 ヒストグラムから何がわかるのですか?

Answer

ヒストグラムは，データのバラツキ状態を知るため，品質特性値のバラツキを一定幅のクラスに分け，これを横軸に取り，縦軸に各クラスの度数を柱状図に表したものである．規格値とゆとりの状態，平均値，分布状態から品質を判断する．

1. ヒストグラム

品質管理は，**母集団**（調べようとする集団）からランダムに**サンプリング**（試料抽出）したデータから，品質特性を把握する．**ヒストグラム**は，データのバラツキ状態を知るための統計的手法である．

表4・12　ヒストグラムの見方

①　規格値を満足しているか
②　分布の位置は適当か
③　分布の幅はどうか
④　離れ島のように飛び離れたデータはないか
⑤　分布の山が2つ以上ないか
⑥　分布の右または左が絶壁型となっていないか

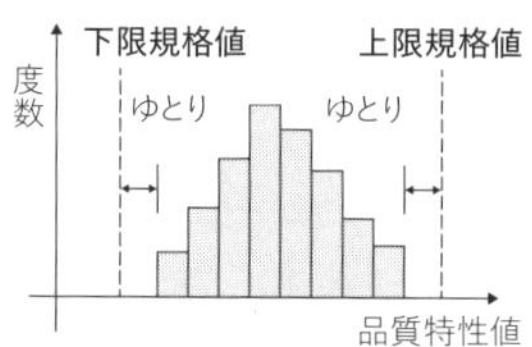

図4・33のヒストグラム①～⑥から，次のことがわかる．

①規格値もバラツキもよくゆとりもあり，平均値が中央にありよい．
②規格値すれすれのものもあり，少しの変動でも規格を割るものが出てくる．
③山が2つあり工程に異常が起こっている．他の母集団のものが入っている．
④下限規格値を割っており，平均値を大きい方にずらす処置が必要である．
⑤下限規格値も上限規格値も割っており，何らかの処置が必要である．
⑥規格の幅一杯にバラツキ，右の方に離れ小島がある．検討が必要である．

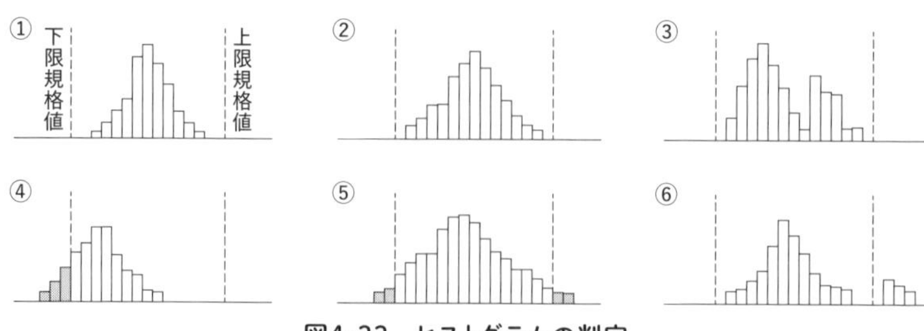

図4・33　ヒストグラムの判定

2. 工程能力図

工程能力図は，時間的な品質変動の関係を表したものであり，横軸に各データのサンプル番号または時間を，縦軸に特性値を取り，規格中心値，上下規格値を示す線を引き，データを打点したものである．規格外れや点の並び方からヒストグラムではわからない品質特性値の時間的変化・傾向，工程の現状を知るために作成する（図4・34）．

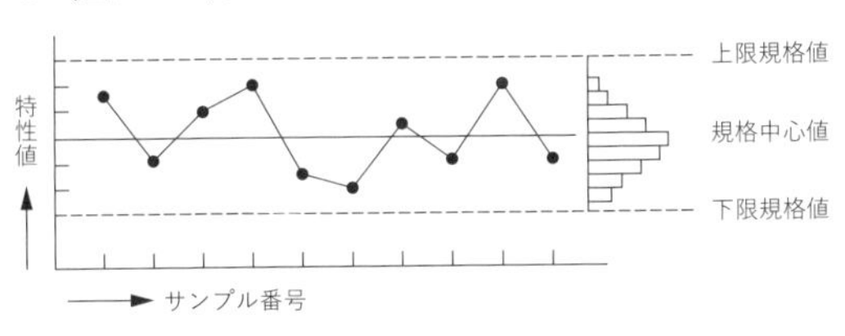

図4・34　工程能力図とヒストグラム

3. $\bar{x}$–R 管理図

工程管理図は，工程（生産過程）を安定状態に保つために用いられ，品質を左右する生産工程そのものを管理するもの．建設工事に多く用いられる **$\bar{x}$–R 管理図**は，工程を**平均値 $\bar{x}$** と**バラツキ R** の範囲（分散）の両者で安定状態を把握するためのもので，重さや強度等のように**連続的な値（計量値）**の管理図である．

管理限界線は，品質のバラツキが通常起こりうる程度のものなのか（**偶然原因**），あるいはそれ以上の見逃せないバラツキであるか（**異常原因**）を判断する基準となる．偶然原因によるバラツキは許容し，異常原因によるバラツキを検出して，工程に修正が必要かを判断する（図4・35，表4・13）．

管理図はデータに基づき，次式により中心線，上限・下限，管理限界を求める．

① $\bar{x}$ 管理図の限界線

$$中心線\ CL = \frac{x_1 + \cdots\cdots + x_n}{n} = \bar{x}$$

…式(4・1)

$$上限管理限界線\ UCL = \bar{\bar{x}} + A_2\bar{R}$$

$$下限管理限界線\ LCL = \bar{\bar{x}} - A_2\bar{R}$$

② R 管理図の限界線

$$中心線\ CL = \frac{R_1 + \cdots\cdots + R_n}{n} = \bar{R}$$

…式(4・2)

$$上限管理限界線\ UCL = D_4\bar{R}$$

$$下限管理限界線\ LCL = D_3\bar{R}$$

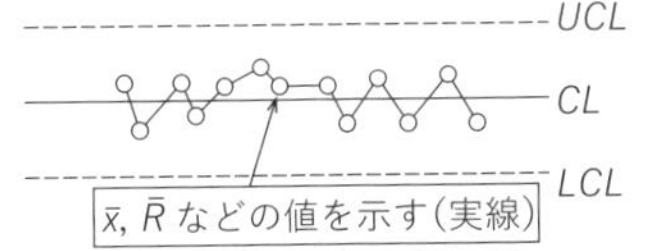

図4・35　管理限界線（安定な状態）

表4・13　品質管理係数

n	A_2 ($\bar{X}$)	D_3 (R)	D_4 (R)	E_2 (X)
3	1.02	考えない	2.58	1.77
4	0.73	〃	2.28	1.46
5	0.58	〃	2.12	1.29
6	0.48	〃	2.00	1.18
7	0.42	0.08	1.92	1.11

理解度の確認

章末演習問題 **問25** ～ **問27** にTryしよう！

建設工事の国際規格ISO

Q77 なぜ，ISO認証取得が必要なのですか？

Answer

ISO（国際標準化機構）では，ISO9000ファミリー（品質マネジメントシステム）を定め，組織（受注者）を指揮し管理するシステムの構築およびマニュアルに基づく運営について規定し，製品やサービスの品質を保証している．

1. ISO9000（品質マネジメントシステム）

JIS（日本産業規格）では，主として製品の品質を規定しているが，**ISO9000ファミリー規格**では，製品の形状や性能についての規格ではなく，顧客ニーズに対応するための生産企業の業務内容，組織体制，品質検査など，その企業のすべてのマネジメント（組織の仕組み・活動，How to）について規定している．その特徴は，企業の品質方針を定め，責任と権限を明確にし，品質システムをマニュアル化・明文化し，現場がマニュアルどおり運営・実行していることを記録し，証明する．これらを顧客に対し開示するシステムである．

ISO9000ファミリー規格は，次の4つのコア規格からなる（図4･36）．

ISO 9000（JIS Q 9000） 品質マネジメントシステム－基本および用語	・品質マネジメントシステムの基本的考え方と関連する用語の定義
ISO 9001（JIS Q 9001） 品質マネジメントシステム－要求事項	・品質マネジメントシステムの要求事項。ユーザーに信頼感を与え，顧客満足の向上を目指す体制を作るための指針
ISO 9004（JIS Q 9004） 組織の持続的成功のための管理方法	・品質マネジメントアプローチ（組織のパフォーマンスの改善，顧客その他の利害関係者の満足）
ISO 19011（JIS Q 19011） 品質マネジメントシステム 監査のための指針	・品質の監査規格と環境の監査規格を統合した規格

（注）ISO 9002，9003は削除．

図4･36　ISO9000ファミリー規格の構成図

ISO9000ファミリー規格は，組織が次の2点のマネジメントシステムを備えているか，その実施状況が適切であるかをチェックし，有効性を評価するシステムである．

①顧客の信頼を獲得するため，製品・サービスを確実に提供する仕組み

②顧客満足度を向上させるために経営者の意向が組織に行き渡る仕組み

あらゆる業種，形態および規模の組織が効果なマネジメントシステムを実施・

運営することを支援するための規格であり，品質方針や目標を組織全体に周知し認識を高め，組織全体で取り組むことが重要である．なお，**ISO認証企業**は，国際的に標準化されたマネジメントシステムが確立された企業や組織で，国際規格に適合した製品を生産しているという評価を受ける．

2. ISO9001（品質マネジメントの７原則）

ISO9001は，品質マネジメント7原則を基盤として，顧客満足の達成を最終目標とし，PDCAサイクルによる品質の継続的改善を達成する．

原則1．顧客重視（顧客の要求と期待に応える）
原則2．リーダシップ（会社全体で組織の目標達成に向ける）
原則3．人々の積極的参加（組織内の全員が使命を果たす）
原則4．プロセスアプローチ（システムの活動要素プロセスを明確にする）
原則5．改善（マネジメントの管理を最適化を目指す）
原則6．客観的事実に基づくアプローチ（事実を的確に把握する）
原則7．関係性管理（顧客満足の共通目的に向けて，互恵関係を図る）

3. プロセスアプローチ

プロセスアプローチとは，「Plan（計画）→ Do（実施・運用）→ Check（点検・是正）→ Act（見直し）のプロセス（活動要素）」を明確にし，その相互作用を把握することによって全体を管理することをいう．

①組織の品質方針および品質目標を設定する（**Plan**）
②品質目標の達成に必要なプロセスおよび責任を明確し，実行する（**Do**）
③各プロセスの有効性および効率を測定する方法を設定する（**Check**）
④継続的改善のためのプロセスを確立し，適応する（**Act**）

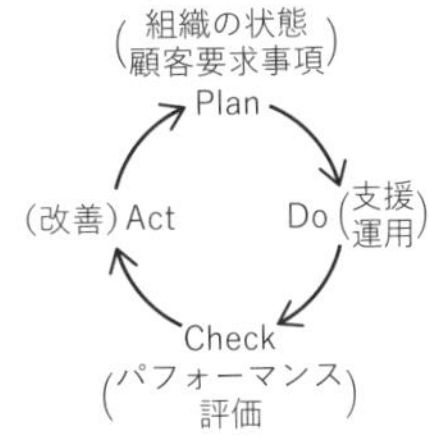

図4·37　プロセスアプローチ

〔**トピックス　ISO9001について**〕

ISO9001とは，組織が顧客要求事項および適用される法令・規制要求事項を満たした製品を一貫して提供する能力をもつことを実証し，顧客満足の向上を目指す仕組みの提案を目的とした国際規格である．

ISO9001による品質管理を行っている現場では，受注者の自主的な品質管理業務を活用して，発注者の行う検査等の一部（工事施工の立会い）を省略することができる．

理解度の確認

章末演習問題 **問28** にTryしよう！

品質の判定（土工・コンクリート工）

Q78 盛土・コンクリートの品質は，何で判定しますか？

Answer

盛土工は，切土のように地山をそのまま利用するのとは異なり，盛土材料や施工方法で品質が決まる．コンクリート工は，作業に適するワーカビリティー，所要強度，耐久性，ひび割れ抵抗性等の性能によって品質を判定する．

1. 盛土の品質検査

盛土の施工にあたっては，設計で設定された盛土の要求性能（安全性，耐久性等）を確保する．**盛土の品質検査**は，盛土材料，締固め度，たわみ量，出来形等の検査を行う．**締固め度の試験**は，表4・14に示すとおり．

表4・14　盛土の締固め管理方法と主な試験・測定方法

締固め測定方式	規定方式の内容	締固め時の留意事項	試験・測定方法	原理・特徴	試験・測定方法の適用土		
					レキ	砂	粘
品質規定方式	基準試験の最大乾燥密度，最適含水比を利用する方法	盛土材料の最適含水比を基準として規定された範囲内の施工含水比で締固めを行う．	コアカッター法	掘り出した土塊の体積を直接測定（土の含水比試験で含水比測定）		○	○
			砂置換法			○	○
	空気間隙率，飽和度を規定する方法	施工含水比の上限をトラフィカビリティーや設計上要求される力学的特徴を満足しうる限界で定める．	RI計器による方法	放射線が土の密度や含水量と一定の関係にあることを利用した間接測定，非破壊測定法		○	○
	締固めた土の強度・変形特性で規定する方法	水浸の影響の少ない良質の砂質土，礫質土については適用可能であるが，細粒土，粘性土に適用する場合は水浸の影響に留意する必要がある．	平板載荷試験	静的載荷による変形支持特性の測定	○	○	○
			現場CBR試験			○	○
			ポータブルコーン貫入試験	コーンの静的貫入抵抗の測定		○	○
			プルーフローリング	タイヤローラ等の転圧車輪の沈下・変形量（目視）より締固め不良箇所を知る		○	○
工法規定方式	締固め機械の機種，敷均し厚，締固め回数などの工法そのものを仕様書に規定する方式	事前に現場で試験施工を行い，品質基準を満足する施工仕様（転圧機種，転圧回数，敷均し厚等）を求めることが原則である．	タスクメータ	転圧機械の稼働時間の記録をもとに管理する方法	○	○	○
			トータルステーションやGNSSによる管理	転圧機械の走行記録をもとに管理する方法	○	○	○

2. コンクリートの受入検査

現場に納入されたコンクリートが所定の性能を有するかを，荷卸し時に施工者（受入側）の責任で実施する．発注者は，検査結果を確認する．

表4･15の**受入検査**は，現場に到着したレディーミクストコンクリートの材料として受け入れを確認するものある．セメント，混和材料等の検査は，製造工場での試験結果で確認する．

受入検査の結果は，施工後の構造物中のコンクリートの品質を保証するものではない．硬化したコンクリートの品質確認は，コアの採取，非破壊試験によって行う．

表4･15　レディーミクストコンクリートの受入検査

項目		検査方法	時期・回数	判定基準
フレッシュコンクリートの状態		コンクリート主任技士やコンクリート技士による目視	荷卸し時 随時	ワーカビリティーが良好で，性状が安定していること
スランプ		JIS A 1101の方法	荷卸し時 1回／日または構造物の重要度と工事の規模に応じて20〜150m³ごとに1回および荷卸し時に品質の変化が認められたとき	許容誤差： スランプ5cm以上8cm未満のとき±1.5cm スランプ8cm以上18cm以下のとき±2.5cm
空気量		JIS A 1116の方法 JIS A 1118の方法 JIS A 1128の方法		許容誤差±1.5%
フレッシュコンクリートの単位水量		フレッシュコンクリートの単位水量試験から求める方法		許容範囲内
フレッシュコンクリートの温度		JIS A 1156の方法		定められた条件に適合すること
単位容積質量		JIS A 1116の方法		定められた条件に適合すること
塩化物イオン量		JIS A 1144方法	荷卸し時 海砂を使用する場合2回／日，その他の場合1回／週	原則として0.30kg/m³以下
アルカリシリカ反応対策		配合計画書の確認	工事開始時および材料あるいは配合が変化したとき	対策が取られていること
配合	単位水量	計量印字記録から求める方法	荷卸し時 午前2回以上，午後2回以上	許容範囲
	単位セメント量			
	水セメント比	セメント・単位水量の計量印字記録から求める方法	工事開始時，材料・配合が変化したとき	
圧縮強度（材齢28日）*		JIS A 1108の方法	荷卸し時 1回／日， または20〜150m³ごとに1回	設計基準強度を下回る確率が5%以下であること

*不合格となった場合，非破壊試験，コアの採取等で検査する．

理解度の確認

章末演習問題 **問29** にTryしよう！

品質の判定（鉄筋）

Q79 鉄筋の品質判定は，どのようにしますか？

Answer

設計図・仕様書に規定する品質を確保するには，工事材料の確認，作業標準を適切に管理する．鉄筋は鋼材検査書を照合して確認する．溶接部の健全性は，目視および放射線透過試験，超音波探傷試験等の非破壊試験で調べる．

1. 鋼材の品質検査

鉄筋の加工および組立完了後，コンクリートを打ち込む前に，鉄筋の種類・径・数量，加工寸法，スペーサの種類・配置・数量および組み立てた鉄筋の配置等を検査する（表4･16）．検査の結果，鉄筋の加工および組立が適当でないと判断された場合は，適切に修正する．ただし，曲げ加工した鉄筋は，曲げ戻すと材質を害する恐れがあるため，曲げ戻しを行わない．

①折曲げ位置，継手の位置・長さ，鉄筋相互の位置・間隔，型枠内での支持状態について，設計図書に基づき所定の精度でつくられているかを検査する．

②鉄筋の加工寸法の許容誤差は，表4･17を目安とする．

③鉄筋の継手（重ね継手，ガス圧接継手）の検査は，表4･18とする．

表4･16　鉄筋の加工･組立検査

項目		試験・検査方法	時期・回数	判定基準
鉄筋の種類・径・数量		製造会社の試験成績表による確認，目視，径の測定	加工後	設計図書どおりであること
鉄筋の加工寸法		スケール等による測定		所定の許容誤差以内であること
スペーサの種類・配置・数量		目視	組立直後および組立後長期間経過したとき	床版，梁等底面部で1㎡当たり4個以上，柱等の側面部で1㎡当たり2個以上
鉄筋の固定方法		目視		コンクリートの打込みに際し，変形・移動の恐れのないこと
組み立てた鉄筋の配置	継手および定着の位置・長さ	スケール等による測定および目視		設計図書どおりであること
	かぶり			耐久性照査時で設定したかぶり以上であること
	有効高さ			所定の許容誤差以内であること
	中心間隔			所定の許容誤差以内であること

表4·17　加工寸法の許容誤差

鉄筋の種類		符号（右図）	許容誤差（mm）
スターラップ，帯鉄筋，らせん鉄筋		a，b	±5
その他の鉄筋	径28mm以下の丸鋼・D25以下の異形鉄筋	a，b	±15
	径32mm以下の丸鋼・D29以上D32以下の異形鉄筋	a，b	±20
加工後の全長		L	±20

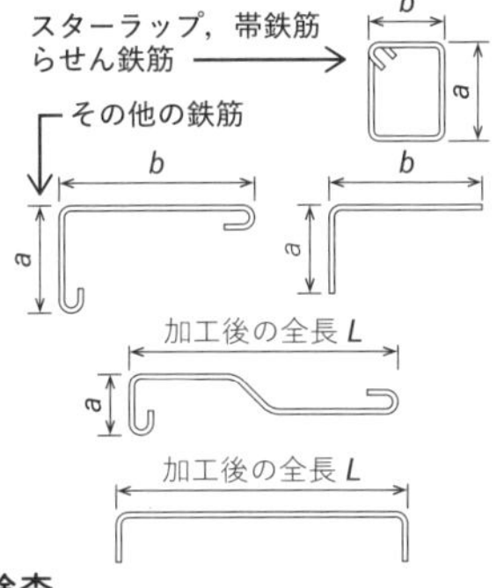

表4·18　鉄筋の継手の検査

継手の名称	検査項目	試験・検査方法	時期・回数	判定基準
重ね継手	位置	目視およびスケールによる測定	組立後	設計図書どおりであること
	継手長さ			
ガス圧縮継手	位置	目視、必要に応じてスケール，ノギス等による測定	全数	設計図書どおりであること
	外観検査			日本圧接協会「鉄筋のガス圧接工事標準仕様書」の規定に適合すること
	超音波深傷検査	JIS Z 3062の方法	抜取り	
突合せアーク溶接継手	計測，外観目視検査	目視およびスケールによる測定	全数	設計図書どおりであること 表面欠陥がないこと
	詳細外観検査	ノギスその他適当な計測器具	5%以上	偏心：直径の1／10以内かつ，3mm以内 角折れ：測定長さの1／10以内
	超音波深傷検査	JIS Z 3062の方法	抜取り率20%以上かつ30箇所以上	基準レベルより24dB感度を高めたレベル

2. コンクリート構造物の検査（非破壊試験）

非破壊試験は，素材や製品を破壊せずに，キズの有無・その存在位置・大きさ・形状・分布状態を調べる検査で，コンクリート構造物の劣化状況の客観的評価や劣化原因の推定を行う手段として用いる．

①コンクリートの圧縮強度の測定は，コンクリート表面を打撃，その反発度を測定する**テストハンマー法**，超音波・弾性波の伝搬速度を測定する**超音波法**，**衝撃弾性波法**などが用いられる．

②コンクリート中の鋼材の位置，径，かぶりの測定は，**電磁波レーザ法**，**X線法**などの電磁波を利用する．

③コンクリート中の浮き，はく離，空隙は，電磁波を利用する**電磁波レーザ法**，**赤外線法**が用いられる．

④コンクリート中のひび割れの分布状況の測定は，X線などの電磁波を利用する**X線法**が用いられる．

理解度の確認

章末演習問題 **問30** にTryしよう！

建設工事の環境保全

Q80 環境保全対策は，どのようにするのですか？

Answer

建設工事に伴う環境保全対策として，自然環境の保全，公害の防止（騒音・振動，ばい煙，粉じん，土壌汚染，水質汚濁の防止など），近隣環境の保全，現場作業環境の保全等を検討し，関係法令に基づいて対策を立てる．

1. 建設工事に伴う騒音振動対策技術指針

建設工事の**設計**にあたっては，工事現場周辺の立地条件を調査し，全体的に**騒音や振動を低減する**ように，次の事項について検討する．

①低騒音・低振動の施工法の選択
②低騒音型建設機械の選択
③作業時間帯，作業工程の設定
④騒音・振動源となる建設機械の配置
⑤遮音施設等の設置

施工にあたっては，設計時の**騒音振動対策**を確実に実施する．

①現場管理に留意し，不必要な騒音や振動を発生させない
②整備不良による騒音や振動が発生しないように点検・整備を十分に行う
③作業待ち時にはエンジンを止めるなど，騒音・振動を発生させない

2. 騒音振動防止対策

騒音規制法および**振動規制法**により，指定地域内での特定建設作業の規制基準が定められている．次の点に留意して作業を行う．

①掘削は，できる限り衝撃力による施工を避け，無理な負荷をかけない．不必要な高速運転や無駄な空ふかしを避けて，ていねいな運転をする．
②ブルドーザを用いて掘削押土を行う場合，無理な負荷をかけないようにし，後進時の高速走行を避けて，ていねいな運転をする．
③既製杭を施工する場合には，中掘工法，プレボーリング工法等を原則とし，作業時間帯，低騒音型建設機械の使用等，騒音振動対策を検討する．
④舗装版取壊し作業にあたっては，油圧ジャッキ式舗装版破砕機，低騒音型のバックホウの使用を原則とする．
⑤現場における高力ボルトによる鋼材の接合には，電動式レンチまたは油圧式レンチの使用を原則とする．
⑥空気圧縮機や発動発電機等は，可搬式の低騒音型建設機械を使用し，定置式のものは騒音振動対策を講じる．

3. 大気汚染防止法

建設工事では，ばい煙発生施設，粉じん発生施設が**大気汚染防止法**の対象となり，その**設置工事着手60日前まで**に，都道府県知事に届出を行う（表4･19, 4･20）．**ばい煙**とは，燃焼に伴い発生する酸化物・ばいじん等，人の健康に被害を生ずる恐れのあるもの．**粉じん**とは，物の破砕等に伴い発生し飛散する物質で，特に石綿等，人の健康に被害を生ずる物質を**特定粉じん**に該当する．

表4･19　ばい煙発生施設

石油製品，石油化学製品またはコールタール製品の製造の用に供する加熱炉 ・アスファルト ・プラントなど	・火格子面積1m²以上 ・羽口面の断面積0.5m²以上 ・燃焼能力50ℓ／h以上 ・変圧器の定格容量200kVA以上
乾燥炉 ・骨材乾燥設備 ・ガスタービン ・ディーゼル機関など	・火格子面積1m²以上 ・燃焼能力50ℓ／h以上 ・変圧器の定格容量200kVA以上

表4･20　一般粉じん発生施設

発生施設	条件	適用範囲
コークス炉	イオン酸化物，ばいじん，有害物質（カドミウム，塩化水素等）	原料処理能力50t／日以上
堆積場	鉱物または土石	面積1000m²以上
ベルトコンベヤ バケットコンベヤ	鉱物，土石またはセメント用に限る．密閉式のものを除く	ベルトの幅75cm以上 バケットの内容積0.03m²以上
破砕機 摩砕機	鉱物，土石またはセメント用に限る．湿式および密閉式のものを除く	原動機の定格出力75kW以上
ふるい	鉱物，土石またはセメント用に限る．湿式および密閉式のものを除く	原動機の定格出力15kW以上

4. 水質汚濁防止法

生活環境を害する恐れのあるものとして，次のものは**特定施設**に該当し，その**設置60日前まで**に都道府県知事に届け出る．

①セメント製品製造業用施設（抄造施設，成型機，水養生施設等）

②生コンクリート製造業用バッチャープラント

③砕石業用施設（水洗式破砕施設，水洗式分別施設）

④砂利採取業用水洗分別施設

5. 土壌汚染対策法

汚染土壌の搬出時の措置として，汚染土壌の運搬に伴う悪臭，騒音または振動によって生活環境の保全上支障が生じないように必要な措置を講ずること．運搬の過程において，汚染土壌とその他の物を**混合させてはならない**．汚染土壌は，汚染土壌の積替えを行う場合を除き，**保管してはならない**．

6. 近隣環境の保全

工事用車両による交通障害，交通事故および沿道に対する対策を立てること．

理解度の確認

章末演習問題 **問31** にTryしよう！

建設副産物と再生資源
Q81 建設副産物の取扱いは，どのようにするのですか？

Answer

建設副産物は，建設発生土，コンクリート塊など建設工事に伴い副次的に得られる物品をいい，工事現場から排出されるすべてのものが該当する．建設副産物のうち，**再生資源**と**指定副産物**の取り扱いが規定されている．

1. 建設副産物に関する法律

建設業をはじめとする産業界は，循環型社会の構築に向けて，環境保全についての基本理念を定めた**環境基準法**や**循環型社会形成推進基本法**に基づき，製品のライフサイクル（生産，消費，回収，リサイクル，廃棄）に応じて，次の法律の適応を受ける（図4・38）．

建設副産物対策の基本は，発生の抑制，再利用の促進，適正処分の徹底である．

①資源の有効な利用の促進に関する法律（通称：**リサイクル法**）

②建設工事に係る資材の再資源化等に関する法律（通称：**建設リサイクル法**）

③廃棄物の処理および清掃に関する法律（通称：**廃棄物処理法**）

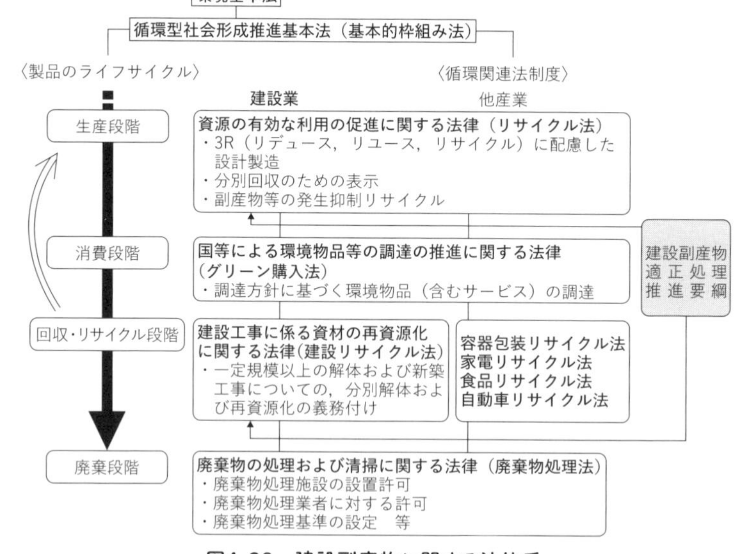

図4・38　建設副産物に関する法体系

建設副産物適正処理推進要綱では，建設工事の副産物である**建設発生土**と**建設廃棄物**の適正な処理等に関する基準を定めている．

①再生資源の利用計画，再生資源利用促進計画，解体工事計画の作成等
②建設副産物対策の責任と役割の明確化
③現場における分別の徹底，適正な保管

2. 再生資源と指定副産物（リサイクル法）

再生資源とは，一度使用されたものまたは廃棄されたもののうち，原材料として再利用できるものまたは可能性のある資源として，現場に受け入れられる**土砂**，**コンクリート塊**，**アスファルト・コンクリート塊**の3種類をいう（図4・39）．

指定副産物とは，建設副産物のうち再生資源として利用することを促進するものとして，現場から排出される上記の再生資源に**木材**を加えた4種類をいう．

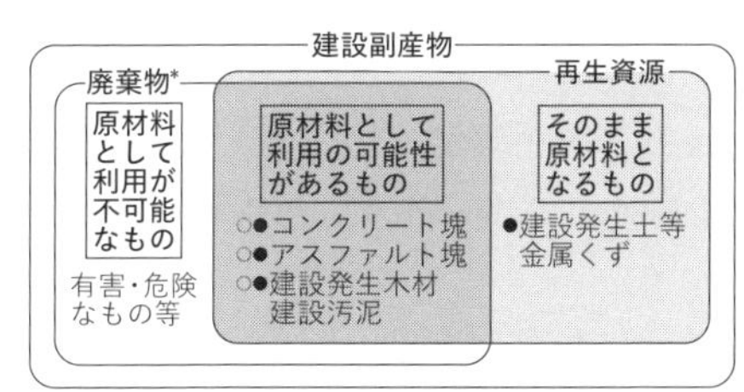

図4・39　建設副産物・再生資源・廃棄物

発注者から直接工事を受注した元請業者は，再生資源を資材として利用する場合，**再生資源利用計画**を作成しなければならない（第15条）．また，指定副産物を工事現場外に搬出する場合，**再生資源利用促進計画**を作成しなければならない（第34条）（表4・21）．

表4・21　再生資源利用計画および再生資源利用促進計画の該当工事

	再生資源利用計画	再生資源利用促進計画
計画の作成	次の各号の一に該当する建設資材を搬入する建設工事 一　体積が1000㎥以上である土砂 二　重量が500t以上である砕石 三　重量が200t以上である加熱アスファルト混合物	次の各号の一に該当する指定副産物を搬出する建設工事 一　体積が1000㎥以上である建設発生土 二　コンクリート塊，アスファルト・コンクリート塊または建設発生木材であって，これらの重量の合計が200t以上であるもの
定める内容	一　前項各号に掲げる建設資材ごとの利用量 二　前号の利用量のうち再生資源の種類ごとの利用量 三　前二号に掲げるものの他，再生資源の利用に関する事項	一　指定副産物の種類ごとの搬出量 二　指定副産物の種類ごとの再生資源化施設または他の建設工事現場等への搬出量 三　前二号に掲げるものの他，指定副産物に係る再生資源の利用の促進に関する事項
保存期間	当該建設工事の完成後1年間	当該建設工事の完成後1年間

理解度の確認

章末演習問題 問32 にTryしよう！

再生資源の利用（リサイクル法）

Q82 リサイクル法では，何が規定されていますか？

Answer

再生資源の利用の促進に関する法律（リサイクル法）は，資源の有効な利用の確保を図るとともに，廃棄物の発生の抑制および環境の保全に資するため，使用済み物品および副産物の発生の抑制ならびに再生資源の利用の措置を講じている．

1. 再生資源・指定副産物の利用

再生資源の利用の促進に関する法律（リサイクル法）は，全産業を対象とするが，この法律のうち，建設工事に関する事項は次のとおり．

①事業者は，建設工事に伴い発生する**再生資源**（土砂，コンクリート塊，アスファルト・コンクリート塊）を**搬入**する場合には，**再生資源利用計画**を作成し，再生資源の有効利用に努める．

②事業者は，建設工事に伴い発生する**指定副産物**（土砂，コンクリート，アスファルト・コンクリート塊，木材）を工事現場外へ**搬出**する場合には，**再生資源利用促進計画書**を作成し，再生資源の利用促進に努める．

表4·22　資源の有効な利用の促進に関する法律(令第7·8条)

		再生資源を資材として利用	発生する副産物の取扱い
対策		**再生資源**（土砂，コンクリート塊，アスファルト・コンクリート塊）を原材料とした資材を利用する場合	**指定副産物**（土砂，コンクリート塊，アスファルト・コンクリート塊，木材）を工事現場外に搬出する場合
事業者の責務（建設業者）		請負契約の内容等を踏まえ，工作物に要求される機能を確保し，再生資源の利用に努める	請負契約の内容等を踏まえ，分別・粉砕等を行い再資源化施設に搬出すること等により，利用の促進に努める．
発注者の責務		再生資源を利用するように努め，建設業者に行わせる事項を設計図書に明示する	再資源化施設に搬出する等により，利用の促進を図るよう努め，建設業者に行わせる事項を設計図書に明示する．
計画書		事業者は，工事ごとに**再生資源利用計画書**を作成し，実施状況を記録する．(1年保存)	事業者は，工事ごとに**再生資源利用促進計画書**を作成し，実施状況を記録する．(1年保存)
	対象工事	**搬入する建設資材の量** ①土砂：1000m³以上 ②砕石：500t以上 ③アスファルト混合物：200t以上	**搬出する建設副産物の量** ①発生土：1000m³以上 ②コンクリート塊 ③アスファルト・コンクリート塊，木材 （②③）合計200t以上
現場の体制		工事現場に責任者を置く（主任技術者などが兼務できる）	
指導，助言		対象：すべての建設業者	対象：すべての建設業者
勧告，公表，命令		対象：年間の完成工事高50億円以上の建設業者	対象：年間の完成工事高50億円以上の建設業者

2. 建設発生土・コンクリート塊の利用

建設事業者は建設発生土やコンクリート塊，アスファルト・コンクリート塊などの**再生資源を利用する場合**，次の用途に用いる．ちなみに，**建設発生土**とは，コーン指数200kN/m²以上（汚泥200kN/m²未満）のものをいう．

表4・23　建設発生土の主な利用用途

区分		主な利用用途
第１種建設発生土	砂，レキおよびこれらに準ずるものをいう．	工作物の埋戻し材料 土木構造物の裏込材 道路盛土材料 宅地造成用材料
第２種建設発生土	砂質土，レキ質土およびこれらに準ずるものをいう．	土木構造物の裏込材 道路盛土材料 河川築堤材料 宅地造成用材料
第３種建設発生土	通常の施工性が確保される粘性土およびこれに準ずるものをいう．	土木構造物の裏込材 道路路体用盛土材料 河川築堤材料 宅地造成用材料 水面埋立て用材料
第４種建設発生土	粘性土およびこれに準ずるもの（第3種建設発生土を除く）	水面埋立て用材料

表4・24　コンクリート塊の主な利用用途

区分	主な利用用途
再生クラッシャーラン	道路舗装およびその他舗装の下層路盤材料 土木構造物の裏込材および基礎材 建築物の基礎材
再生コンクリート砂	工作物の埋戻し材料および基礎材
再生粒度調整砕石	その他舗装の上層路盤材料
再生セメント安定処理路盤材料	道路舗装およびその他舗装の路盤材料
再生石灰安定処理路盤材料	道路舗装およびその他舗装の路盤材料

表4・25　アスファルト・コンクリート塊の主な利用用途

区分	主な利用用途
再生クラッシャーラン	道路舗装およびその他舗装の下層路盤材料 土木構造物の裏込材および基礎材 建築物の基礎材
再生粒度調整砕石	その他舗装の上層路盤材料
再生セメント安定処理路盤材料	道路舗装およびその他の舗装路盤材料
再生石灰安定処理路盤材料	道路舗装およびその他の舗装路盤材料
再生加熱アスファルト安定処理混合物	道路舗装およびその他の舗装上層路盤材料
表層基層用再生加熱アスファルト混合物	道路舗装およびその他の舗装基層用材料，表層材料

理解度の確認

章末演習問題 **問33** にTryしよう！

分別解体（建設リサイクル法）

Q83 建設リサイクル法では，何が規定されていますか？

Answer

建設リサイクル法（第1条，目的）では，特定の建設資　材の分別解体および再資源化等を促進するため，解体工事業者の登録制度により，資源の有効な利用の確保，廃棄物の適正な処理等が規定されている．

1. 建設リサイクル

建設工事に係る資材の再資源化等に関する法律（建設リサイクル法）は，分別解体および再資源化の促進を目的としている．

建設資材が廃棄物となった場合に再資源化が資源の有効な利用および廃棄物の減量を図る上で，特に重要かつ経済性において制約が少ないものを**特定建設資材**という．具体的には次の4種類をいう．（　）内は，これら資材が廃棄物となった**特定建設資材廃棄物**を示す．

①コンクリート（コンクリート塊）

②コンクリートおよび鉄からなる建設資材（コンクリート塊）

③木材（建設発生木材）

④アスファルト・コンクリート（アスファルト・コンクリート塊）

分別解体，再資源化が義務付けられている工事（**対象建設工事**）は，一定規模以上で，かつ特定建設資材を用いた**建築物等の解体工事**，建設資材を使用する**新築工事**等が該当し，発注者は**工事着手7日まで**に都道府県知事に届け出なければならない（表4･26）．

表4･26　対象建設工事（令第2条）

工事の種類	規模の基準
建築物の解体	床面積80㎡以上
建築物の新築・増築	床面積500㎡以上
建築物の修繕・模様替（リフォーム等）	1億円以上
その他工作物に関する工事（土木工事等）	500万円以上

対象建設工事の元請業者は，発注者に対して次の事項を記載した書面を交付して説明し（第12条），発注者はこの事項を市町村長へ届け出る（第10条）．

①解体工事の場合は，解体する建築物等の構造

②新築工事の場合は，使用する特定建設資材の種類

③工事着手の時期および工程の概要

④分別解体等の計画および解体する建築物等の建設資材量の見込み

分別解体等および再資源化等の実施の流れは，図4･40に示すとおり，工事受注者，発注者や都道府県知事にも大きな役割を課している．

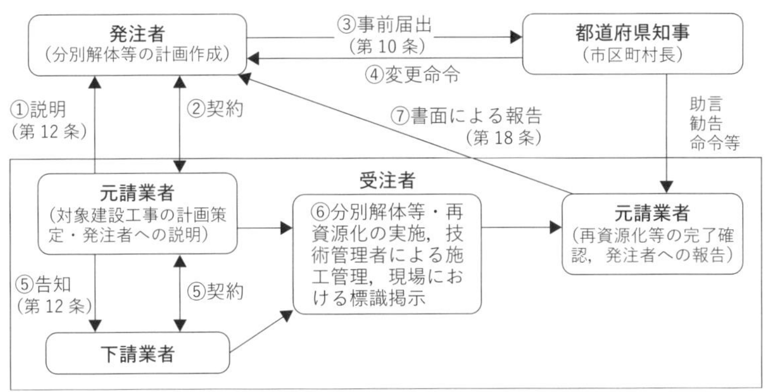

図4･40　分別解体・再資源化等の流れ

解体工事業者の許可・登録：請負金額500万円以上の解体工事または解体工事を含む建設工事（建築一式工事：1500万円以上）を行う者は，土木工事業，建築工事業，解体工事業のいずれかの建設業の許可が必要となる．

2. 建設副産物適正処理推進要鋼

建設副産物適正処理推進要綱は，建設リサイクル法とともに，建設工事の副産物である**建設発生土と建設廃棄物**の適正な処理等に係る総合的な対策を発注者および施工者が適切に実施するために必要な基準を示し，**建設副産物が発生する建設工事**に適応する．

対象工事については，発注者または自主施工者は，**工事着手7日前まで**に分別解体等の計画を市町村長に届け出るとともに，建築物等の設計および建設資材の選択，施工方法等の工夫・技術開発等により，**建設副産物の発生を抑制する**.

元請業者は，分別解体等を適性に実施するとともに，排出事業者として建設廃棄物の再資源化および処理を自らの責任において適正に実施する．

処理を委託する場合は，**産業廃棄物収集運搬業者**および**産業廃棄物処理業者**とそれぞれ個別に**直接契約**する．**産業廃棄物管理票**（マニフフェスト）を交付し，**最終処分**が完了したことを確認する．

理解度の確認

章末演習問題 **問34** に Try しよう！

産業廃棄物

Q84 マニフェストとは，何ですか？

Answer

廃棄物の処理および清掃に関する法律（廃棄物処理法）は，再生利用後の廃棄物の排出の抑制と適切な処理（分別・収集・保管・運搬・再生・処分）により，生活環境の保全・公衆衛生の向上を目的とする．マニフェストにより廃棄物の管理をする．

1. 産業廃棄物のマニフェスト制度

産業物処理法では，廃棄物を市町村が責任を負って処理する家庭ゴミの**一般廃棄物**と，排出する事業者が自己責任によって処理する**産業廃棄物**に分類される．発注者から直接工事を請負った**元請事業者（排出事業者）**は，事業活動に伴って生じた**産業廃棄物**を自ら適正に処理するか，または収集運搬業者および処分業者と個別に委託しなければならない．

産業廃棄物管理票（マニフェスト）制度とは，産業廃棄物の不法投棄等の不適正処理により生活環境に影響を与えないよう，産業廃棄物の性状等を正確に伝達するとともに，その移動を把握し，適正な処理を確保するために導入された積荷目録制度である．マニフェストの交付者（排出事業者）は，運搬または処分が完了したことを当該マニフェストにより確認し，かつ，5年間保存するとともに，報告書を都道府県知事に提出する．

2. マニフェストの仕組み

排出事業者は，産業廃棄物の運搬または処分を他人に委託する場合，廃棄物の引き渡しと同時に**産業廃棄物管理票**を交付しなければならない．その仕組みと産業廃棄物の分類は以下のとおり（図4･41，4･42）．

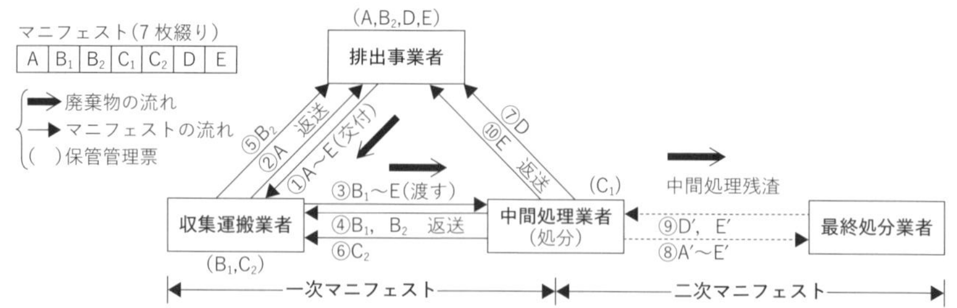

（注）　排出事業者は，運搬車両ごと，廃棄物の種類ごとに
マニフェスト（A，B_1，B_2，C_1，C_2，D，E），に必要事項を記入し，収集運搬業者に交付する．

図4･41　マニフェストの仕組み

- 建設副産物
  - 建設発生土 ― 土砂および専ら土地造成の目的となる土砂に準ずるもの港湾，河川等の浚渫に伴って生ずる土砂，その他これに類するもの
  - 有価物 ― スクラップ等他人に有償で売却できるもの
  - 建設廃棄物
    - 一般廃棄物
      - 事務所から排出される一般廃棄物
      - 現場事務所における生ゴミ，新聞，雑誌等
    - 産業廃棄物

区分	種類	内容
安定型産業廃棄物	廃プラスチック類	廃発泡スチロール等包装材，廃ビニール，合成ゴムくず，廃タイヤ，廃シート類
	ゴムくず	天然ゴムくず
	金属くず	鉄骨鉄筋くず，金属加工くず，足場パイプ，保安塀くず
	ガラスくず，コンクリートくず	ガラスくず，コンクリートくず（工作物の新築，改築または除去に伴って生じたものを除く），タイル衛生陶磁器くず，耐火レンガくず
	がれき類	工作物の新築，改築または除去に伴って生じたコンクリートの破片，その他これに類する不要物 ①コンクリート破片 ②アスファルト・コンクリート破片 ③レンガ破片
安定型処分場で処分できないもの	汚泥	含水率が高く微細な泥状の掘削物 ［掘削物を標準ダンプトラックに山積みができず，その上を人が歩けない状態（コーン指数がおおむね 200 kN/m^2 以下または一軸圧縮強度がおおむね 50 kN/m^2 以下） 場所打ち杭工法・泥水シールド工法等で生ずる廃泥水等］
	木くず	工作物の新築，改築または除去に伴って生ずる木くず（型枠，足場材等，内装・建具工具類等の残材，抜根・伐採材，木造解体材等）
	紙くず	工作物の新築，改築または除去に伴って生ずる紙くず（包装材，段ボール，壁紙くず）
	繊維くず	工作物の新築，改築または除去に伴って生ずる繊維くず（廃ウエス，縄，ロープ類）
	廃油	防水アスファルト（タールピッチ類），アスファルト乳材等の使用残渣

特別管理産業廃棄物

種類	内容
廃油	揮発油類，灯油類，軽油類
廃 PCB 等，PCB 汚染物	トランス，コンデンサ，蛍光灯安定器
廃石綿等	飛散性アスベスト廃棄物

図4・42　産業廃棄物の分類

産業廃棄物の最終処分場所には，**遮断型処分場**（有害廃棄物），**管理型処分場**（地下水汚染防止），**安定型処分場**（無害廃棄物）がある（表4・27）.

表4・27　最終処分場の形式と処分できる廃棄物

処分場の形式	処分できる廃棄物
遮断型処分場	基準に適合した燃えがら，ばいじん，汚泥，鉱さい
管理型処分場	廃油（タールピッチ類に限る），紙くず，木くず，繊維くず．廃石膏ボード，動植物性残渣，動物のふん尿，動物の死体等，基準に適合した燃えがら，ばいじん，汚泥，鉱さい
安定型処分場	廃プラスチック類，ゴムくず，金属くず，ガラスくず，コンクリートくずおよび陶磁器くず，がれき類

理解度の確認

章末演習問題 **問35** にTryしよう！

第4章　施工計画と施工管理　演習問題

問1　施工計画作成の留意事項に関して，適当でないものはどれか．

(1)　発注者の品質要求を確保し，安全を最優先にした施工計画とする．
(2)　発注者から示された工程が最適であり，その工程で施工計画を立てる．
(3)　簡単な工事でも，必ず適正な施工計画を立てて見積をする．
(4)　計画は一つのみでなく，代替案を考えて比較検討し，最良の計画を採用する．

問2　施工計画作成のための事前調査に関して，適当でないものはどれか．

(1)　輸送や用地の把握のため，道路状況・工事用地などの調査を行う．
(2)　工事内容の把握のため，現場事務所用地，設計図書および仕様書の内容などの調査を行う．
(3)　近隣環境の把握のため，近接構造物・地下構造物などの調査を行う．
(4)　資機材の把握のため，調達の可能性・適合性，調達先などの調査を行う．

問3　施工計画にあたっての事前調査のうち，現場条件に該当しないものはどれか．

(1)　地形・地質・土質・地下水
(2)　関連工事・隣接工事
(3)　鉄道・道路・文化財の状況
(4)　資材・労務費などの変動に基づく契約変更の取扱い

問4　工事の仮設に関して，適当でないものはどれか．

(1)　仮設の材料は，一般の市販品を使用し，可能な限り規格を統一する．
(2)　任意仮設は，規模や構造などを請負者に任せられた仮設である．
(3)　仮設は，その使用目的や期間に応じて，構造計算を行い，労働安全衛生規則などの基準に合致しなければならない．
(4)　指定仮設および任意仮設は，どちらの仮設も契約変更の対象にならない．

問5　施工体制台帳に関して，適当でないものはどれか．

(1)　施工体制台帳には，請負人に関する事項も含め工事内容，工期および技術者名などについて記載してはならない．
(2)　施工体制台帳の記載事項または添付書類に変更があったときは，遅滞なく施工体制台帳を変更しなければならない．
(3)　施工体制台帳の作成を義務付けられた特定建設業者は，その写しを発注者に提出しなければならない．
(4)　発注者から工事現場の施工体制が施工体制台帳の記載に合致しているかどうかの

点検を求められたときは，これを拒んではならない．

問6　0.6m³級のバックホウと11tダンプトラックの組合せによる作業において，以下の条件の場合のダンプトラックの所要台数（N）はいくらか．

［条件］0.6m³のバックホウの運転1時間当たりの作業量 $Q_s = 44\text{m}^3/\text{h}$

11tダンプトラックの運転1時間当たりの作業量 Q_d（m³/h）

ダンプトラックの所要台数　$N = Q_s/Q_d$

$$Q_d = \frac{q \times f \times E \times 60}{C_m} \quad (\text{m}^3/\text{h})$$

・11tダンプトラック積載土量　$q = 7.2\text{m}^3$

・ダンプトラックのサイクルタイム　$C_m = 24.0\text{min}$

・土量変化率　$L = 1.20$

・土量換算係数　f

・作業効率　$E = 0.9$

(1)　3台　(2)　4台　(3)　5台　(4)　6台

問7　工程表の種類と特徴に関して，適当でないものはどれか．

(1)　ネットワーク式工程表は，ネットワーク表示により工事内容が系統立てて明確になり，作業相互の関連や順序，施工時期などが的確に判断できる図表である．

(2)　グラフ式工程表は，縦軸に出来高または工事作業量比率を，横軸に日数を取り，工種ごとの工程を斜線で表した図表である．

(3)　出来高累計曲線は，縦軸に出来高比率，横軸に工期を取り，工事全体の出来高比率の累計を曲線で表した図表である．

(4)　ガントチャートは，縦軸に出来高比率，横軸に時間経過比率を取り，実施工程の上方限界と下方限界を表した図表である．

問8　工程管理曲線（バナナ曲線）に関して，適当でないものはどれか．

(1)　縦軸に出来高比率を取り，横軸に時間経過比率を取る．

(2)　上方許容限界と下方許容限界を設けて工程を管理する．

(3)　出来高累形曲線は，一般的にS字型となる．

(4)　上方許容限界線を越えたとき，工程が遅れている．

問9　ネットワーク式工程表の用語に関して，適当なものはどれか．

(1)　クリティカルパスは，全余裕日数が最大の作業の結合点を結んだ一連の経路を示す．

(2)　結合点番号（イベント番号）は，同じ番号が2つあってもよい．

(3)　結合点（イベント）は，○で表し，作業の開始と終了の接点を表す．

(4)　疑似作業（ダミー）は，破線で表し，所要時間をもつ場合もある．

問10　右図のネットワーク式工程表に示すクリティカルパスとなる日数はいくらか.

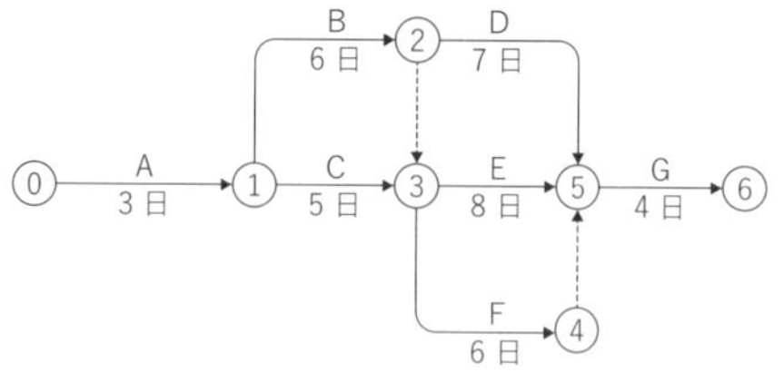

(1)　19日

(2)　20日

(3)　21日

(4)　22日

問11　右図のネットワーク式工程表において，結合点5の最早開始時刻と最遅完了時刻を求めなさい.

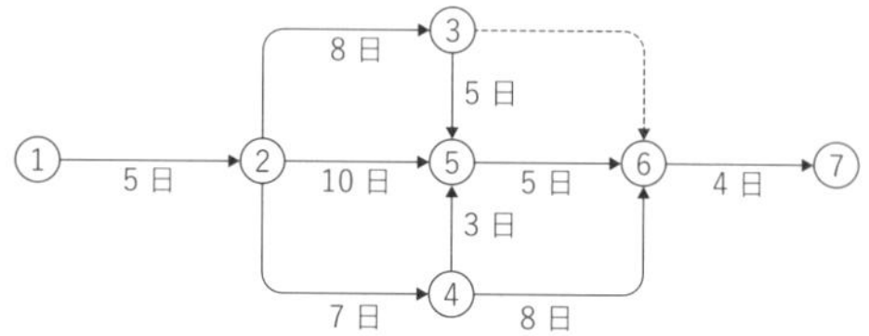

(1)　最早開始時刻 5日　— 最遅完了時刻 8日

(2)　最早開始時刻 13日　— 最遅完了時刻 13日

(3)　最早開始時刻 18日　— 最遅完了時刻 18日

(4)　最早開始時刻 20日　— 最遅完了時刻 23日

問12　道路工事の際に公衆災害防止のために施工者が行う措置に関して，誤っているものはどれか.

(1)　工事を予告する道路標識，標示板等の設置は，安全で円滑な走行できるように工事箇所のすぐ手前の中央帯に設置する.

(2)　一般の交通を迂回させる場合は，道路管理者および所轄警察署長の指示にしたがい，回り道の入口および運転者または通行者に見やすい案内用標示板を設置する.

(3)　やむを得ず道路上に材料または機械類を置く場合は，作業場を周囲から明確に区分し，公衆が誤って立ち入らないように固定柵等を設置する.

(4)　一般交通を制限し，道路の車線が1車線で往復の交互交通となる場合は，制限区間はなるべく短くし，必要に応じて交通誘導員を配置する.

問13　作業主任者を選任する作業内容に関して，誤っているものはどれか.

(1)　高さが5m以上のコンクリート造の工作物の解体または破壊の作業には，コンクリート橋架設等作業主任者を選任する.

(2)　土留め支保工の切梁または腹起しの取付けまたは取外しの作業には，土留め支保工作業主任者を選任する.

(3)　掘削高2m以上の地山の掘削作業には，地山の掘削作業主任者を選任する.

(4)　ずい道等の掘削等の作業には，ずい道等の掘削等作業主任者を選任する.

問14　特定元方事業者が，その労働者および関係請負人の労働者の作業が同一の場所において行われることによって生ずる労働災害を防止するために講ずべき措置に関して，誤っているものはどれか．

(1)　作業間の連絡および調整を行う

(2)　作業場所を巡視する

(3)　関係請負人が労働者の安全または衛生教育に対する指導および助言を行う

(4)　一次下請，二次下請の関係請負人ごとに協議組織を設置させる

問15　車両系建設機械を用いて行う作業に関して，正しいものはどれか．

(1)　作業工程が遅れているときは，誘導員を配置していれば，作業所内の制限速度を超えて車両系建設機械を運転することができる．

(2)　トラクターショベルによる積込み作業中に，作業の一時的中止が必要となったときには，運転者はバケットを上げた状態で運転席を離れることができる．

(3)　車両系建設機械を用いて作業を行うときは，乗車席以外の箇所に労働者を乗せてはならない．

(4)　使用中である車両系建設機械については，当該機械の運転者が，作業装置の異常の有無等について定期に自主検査を実施しなければならない．

問16　移動式クレーンに関して，クレーン等安全規則上，正しいものはどれか．

(1)　クレーンの運転は，小型の機種（つり上げ荷重が1t未満）の場合でも安全のための特別の教育を受けなければならない．

(2)　クレーンの定格総荷重とは，定格荷重に安全率を考慮し，つり上げ荷重の許容値を割り増ししたものである．

(3)　クレーンの運転士は，荷姿や地盤の状態を把握するために，荷をつり上げた直後，運転位置から降りて安定性を直接目視確認することが望ましい．

(4)　強風のためクレーン作業に危険が予想される場合には，専任の監視員を配置し，特につり荷の揺れに十分注意を払って作業を行う．

問17　型枠支保工に関して，労働安全衛生規則上，誤っているものはどれか．

(1)　支柱の脚部の滑動を防止するため，脚部の固定や根がらみの取付け等の措置を講じる．

(2)　コンクリート打込み作業を行う場合は，型枠支保工に異常が認められた際の作業中止のための措置を，あらかじめ講じておく．

(3)　強風等悪天候のため作業に危険が予想されるときに，型枠支保工の解体作業を行う場合は，作業主任者の指示にしたがい慎重に作業を行わせる．

(4)　型枠支保工の組立作業において，材料や工具の上げ下ろしをするときは，つり綱やつり袋等を労働者に使用させる．

問18　手掘りによる地山の掘削の安全に関して，誤っているものはどれか．

(1)　砂からなる地山の掘削にあたり，掘削面の勾配を30°で行った．

(2)　発破等により崩壊しやすい状態になっている地山の掘削にあたり，掘削面の勾配を40°で行った．

(3)　砂からなる地山の掘削にあたり，掘削面の高さを1段6mとして行った．

(4)　発破等により崩壊しやすい状態になっている地山の掘削にあたり，掘削面の高さを1段1.5mとして行った．

問19　高さ2m以上の箇所で作業を行う場合の墜落防止に関して，適当でないものはどれか．

(1)　作業床に設ける手すりの高さは，床面から90cm程度とし，中桟を設けた．

(2)　墜落の危険があるが，作業床を設けることができなかったので，防網を張り，墜落防止器具（安全帯）を使用させて作業をした．

(3)　強風が吹いて危険が予想されたので，作業を中止した．

(4)　作業床の端，開口部に設置する手すり，囲い等の替わりにカラーコーンおよび注意標識板を設置した．

問20　足場の組立等における事業者が行うべき事項に関して，誤っているものはどれか．

(1)　墜落により労働者に危険を及ぼす恐れのある箇所に設ける枠組足場の場合，手すりの水平桟の高さは35cm以上50cm以下の位置に設置する．

(2)　作業のため物体が落下し，労働者に危険を及ぼす恐れのあるときは，原則として10cm以上の幅木，メッシュシートもしくは防網を設けること．

(3)　組立・解体または変更の作業を行う区域内のうち，特に危険な区域内を除き，関係労働者以外の労働者の立入りをさせることができる．

(4)　足場（つり足場を除く）における作業を行うときは，その日の作業を開始する前に，作業を行う箇所に設けた設備の取外しおよび脱落の有無について点検し，異常を認めたときは，直ちに補修しなければならない．

問21　土留め支保工の安全管理に関して，適当なものはどれか．

(1)　掘削作業は，できるだけ向き合った土留め矢板に土圧が同じようにかかるよう，左右対称に掘削作業を進めた．

(2)　作業の大まかな手順は，土留め鋼矢板を所定の位置まで打設し，次に1段目の腹起しと切梁を設置した後，腹起しから6m下の最終掘削面まで掘削し，その後2段目の腹起しと切梁を設置した．

(3)　掘削作業時，掘削に伴い周辺地盤にき裂の発生が予測されたが，点検を行う者を指名しないで掘削作業を進めた．

(4)　土留め支保工作業主任者は，掘削作業中，土留め鋼矢板にはらみや切梁にたわみが認められたが，そのまま掘削作業を継続した．

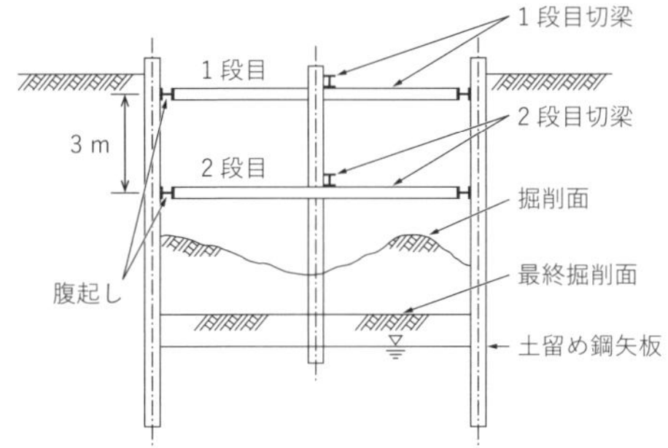

問22　品質管理における品質特性と試験方法の組合せのうち，適当でないものはどれか．

	［品質特性］		［試験方法］
(1)	路盤の支持力	→	平板載荷試験
(2)	土の最大乾燥密度	→	単位体積質量試験
(3)	コンクリート用骨材の粒度	→	ふるい分け試験
(4)	加熱アスファルト混合物の安定度	→	マーシャル安定度試験

問23　盛土の品質管理における締め固めた密度を測定できる試験方法はどれか．

(1)　平板載荷試験
(2)　RI計器による試験
(3)　標準貫入試験
(4)　静的コーン貫入試験

問24　品質管理について，適当なものはどれか．

(1)　建設業者は，品質管理のために安定した工程を維持する管理活動と，品質が満足しない場合に工程能力を向上させる改善活動を行う．
(2)　品質管理の手順は，品質標準を決めてから，品質特性を決め，作業標準にしたがって作業を行う．
(3)　性能規定仕様で発注される工事の品質管理項目は，発注者がすべてを設定にする．
(4)　工程能力図は，測定値が規格を満足しているかを管理する手法であるが，時間的変化は把握できない．

問25　品質管理において，下限規定値を1.2N/㎟と定め，その後施工した現場から得た測定値の平均は2N/㎟，標準偏差の推定値は0.2N/㎟であった．この結果から，判定として適当なものはどれか．

(1)　規格値に対して，ゆとりがない．
(2)　規格値すれすれのものがあり，変動に注意する．
(3)　規格値から外れるものがあり，調査を要する．

(4) 規格値に対して，十分ゆとりがある．

問26　右表の$\bar{x}$管理図の上方管理限界（*UCL*）の値で，適当なものはどれか．ただし，品質管理係数A_2＝1.02とする．

No.＼測定値	x_1	x_2	x_3
1	66	64	65
2	69	64	68
3	65	67	63
4	62	63	64
5	64	62	69

(1) 60.9
(2) 62.3
(3) 69.1
(4) 70.3

問27　品質管理図に関して，適当でないものはどれか．

(1) 管理線の再計算は，異常原因が判明し，処置が取られた点は除外する．
(2) 管理限界内に打点された場合はすべて安定である．
(3) 資料の取り方が変わった場合は，管理線を引き直す．
(4) 管理線を規格値から求めるのは，誤りである．

問28　ISO9000ファミリー規格に関して，適当でないものはどれか．

(1) ISO9000ファミリー規格は，品質管理に関して定めたものである．
(2) ISO9000ファミリー規格の9001規格は，品質マネジメントシステムの要求事項について規定したものである．
(3) ISO9000ファミリー規格は，組織の構造，責任，手順，工程および経営資源について定めたものである．
(4) ISO9000ファミリー規格は，製品の形状や性能を定めたものである．

問29　レディーミクストコンクリート（JIS A 5308）の品質管理に関して，適当でないものはどれか．

(1) 品質管理の項目は，強度，スランプまたはスランプフロー，空気量，塩化物含有量の4つの項目である．
(2) 圧縮強度は，3回の試験結果の平均値は購入者の指定した呼び強度の強度値以上である．
(3) 圧縮強度試験は，一般に材齢28日で行うが，購入者が指定した材齢で行うこともある．
(4) 圧縮強度は，1回の試験結果は購入者の指定した呼び強度の強度値の75%以上である．

問30　鉄筋コンクリート構造物の非破壊試験方法のうち，鉄筋の位置を推定するのに適したものはどれか．

(1) 電磁誘導を利用する方法

(2) 反発法に基づく方法

(3) 弾性波を利用する方法

(4) 電気化学的方法

問31　建設工事における騒音振動対策に関して，適当でないものはどれか．

(1) 建設機械は，一般に形式により騒音振動が異なり，空気式のものは油圧式のものに比べて騒音が小さい傾向がある．

(2) 建設機械は，整備不良による騒音振動が発生しないように点検整備を十分に行う．

(3) 建設機械は，一般に老朽化するにつれ，機械各部に緩みや磨耗が生じ，騒音振動の発生量も大きくなる．

(4) 建設機械による掘削・積込み作業は，できる限り衝撃力による施工を避け，不必要な高速運転や無駄な空ふかしを避ける．

問32　資源の有効な利用の促進に関する法律に関して，適当でないものはどれか．

(1) 建設業における指定副産物は，土砂，コンクリート塊またはアスファルト・コンクリート塊が該当し，木材は該当しない．

(2) 建設工事に係る発注者は，その建設工事に係る副産物の全部もしくは一部を再生資源として利用を促進するよう努めなければならない．

(3) 指定副産物は，その全部または一部を再生資源として利用を促進することが特に必要な副産物として，業種ごとに決められている．

(4) 建設工事における再生資源には，建設工事に伴う副産物のうち有用なもので，原材料として利用できるものまたはその可能性のあるものをいう．

問33　建設発生土に関して，適当でないものどれか．

(1) 建設発生土は，運搬途上で流動化する恐れがなく，最低限の施工性を確保された土砂である．

(2) 建設発生土は，すべて水面埋立て用材料および土木構造物の裏込材としての用途に適さないものとされている．

(3) 建設発生土は，施工性の良否および土の物理的性質を勘案して，第1種から第4種に区分され，それぞれ主要な利用用途が示されている．

(4) 建設発生土と汚泥の区分は，コーン指数などによって行われる．

問34　建設工事に係る資材の再資源化等に関する法律に関して，正しいものはどれか．

(1) 再資源化とは，分別解体等に伴って生じる建設資材廃棄物を，資材や原材料として再利用する行為または燃焼の用に利用する行為をいう．

(2) 特定建設資材を用いた建築物の解体工事において，分別解体をしなければならないとされる規模は，床面積100m²以上である．

(3) 分別解体を行う工事について，工事着工の7日前までに工事着工の時期および工程，概要，分別解体の計画などの事項について，受注者が都道府県知事に届け出る．

(4) 特定建設資材とは，再資源化が特に必要なコンクリート，コンクリートおよび鉄からなる建設資材，木材および建設発生土の4品目である．

問35 建設工事から発生する廃棄物の種類に関して，適当でないものはどれか．

(1) 工作物の除去に伴って生じた線維くずは，一般廃棄物である．

(2) 工作物の除去に伴って生じたガラスくずおよび陶磁器くずは，産業廃棄物である．

(3) 揮発油類・灯油類・軽油は，特別管理産業廃棄物である．

(4) 工作物の除去に伴って生じたアスファルト・コンクリートの破片は，産業廃棄物である．

〔トピックス 施工技術者の倫理規定〕

1．自己のもつ技術力を活用・発揮し，社会貢献につなげる

2．品性・モラルを保ち，不名誉なことが生じないようにする

3．持続的な研鑽を怠らない

4．法令を遵守する

5．公正さをもって誠実に業務を実施する

第5章
工事契約と建設マネジメント

建設マネジメントとは，建設プロジェクトの企画から設計・施工・維持管理までの経営管理をいう．一般に，規格・設計・施工管理は建設コンサルタントが担当し，工事の施工は建設会社が担当する．建設工事の流れは，次のとおり．

入札 → 契約締結 → 施工計画作成 → 工事施工 → 竣工検査 → 工作物の引渡し

現在，これからの建設工事や建設業の在り方に対して，工期の適正化等の働き方改革の推進，技術者に関する規制の合理化等による生産性の向上，持続可能な事業環境の確保等について，課題解決に向けて対策が取られている．この章では，建設業の現状と課題について説明する．

工事の入札および契約

Q85 公共工事の入札は，どのようになっていますか？

Answer

公共工事の入札・契約は，発注者に対して①透明性の確保，②公正な競争の促進，③工事の適切な工期等の施工確保，④不正行為の排除等を，受注者に対しては①一括下請けの禁止，②施工体制台帳の提出等を義務付けている．

1. 建設工事の請負契約

建設工事の**請負契約**は，報酬を得て建設工事の完成を目的として請負う契約をいう．建設業法上の「建設工事の請負契約」では，通則で，請負契約の原則，請負契約の内容，不当に低い請負代金の禁止，一括下請けの禁止が規定されている．契約約款は，公共工事標準契約約款に定められている．

発注者は建設工事の最初の注文者をいい，**元請負人**は下請契約の注文者（建設業者）を，**下請負人**は下請契約の請負人をいう．建設工事の**下請契約**とは，建設工事を他の者から請け負った建設業者と他の建設業者との間で当該工事の全部または一部について締結される請負契約をいう．

元請負人の義務として，建設業法上で，下請請人の意見聴取，下請代金の支払い，検査および引き渡し，施工体制台帳の作成等が規定されている．

2. 公共工事の入札（競争参加者の設定方式）

入札に参加する建設業者は，発注者から配布された設計図書に基づき，見積を行う．工事契約の相手方を選択する**入札方式**は，次のとおり（表5･1）．

表5･1　競争参加者の設定方法

一般競争入札	資格要件を満たす者のうち，競争の参加申し込みを行った者で競争を行わせる方式
指名競争入札	発注者が指名を行った特定多数の者で競争を行わせる方式
随意契約	競争の方法によらないで，発注者が任意に特定の者を選択して，その者と契約する方式

建設工事の**見積**は，随意契約の場合は**締結する前**に，入札の場合は**一定の期間**を設ける．「一定の期間」とは予定価格により定められている．

①予定価格が500万円未満の場合：**1日以上**

②予定価格が500～5000万円未満の場合：**10日以上**

③5000万円以上の場合：**15日以上**

公共工事の**発注方式**は，（一般的に）標準的な設計や施工方法に基づき，最も低い提案者を落札者とする**価格競争方式**が取られる．一方で，**総合評価落札方式**は，価格の他に技術力を評価（**施工能力評価型**，**技術提案評価型**）の対象に加えて，品質や施工方法を総合的に評価し，技術と価格の両面から最も優れた提案を落札者とする（表5・2）．

なお，工事の**予定価格**（発注者の入札基準価格）の制限範囲で入札した者でなければ，契約の相手方とはならない．

表5・2　落札者の選定方法

落札者選定方法	概要
価格競争方式	発注者が示す仕様に対し，価格提案のみを求め，落札者を決定する方式
総合評価落札方式注)	技術提案を募集することにより，入札者に工事価格および性能等をもって申込みをさせ，これらを総合的に評価して落札者を決定する方式
技術提案・交渉方式注)	技術提案を募集し，最も優れた提案を行った者と価格や施工方法等を交渉し，契約相手を決定する方式

注）落札者（請負者）は，総合評価の技術提案に基づく施工計画を作成し，主任監督員，監督員，発注相当課に事前に確認する．総合評価の提案項目が実施されていないと判断された場合は，ペナルティが課せられる．

3. 建設工事の下請契約

建設業者は，その請け負った建設工事を，いかなる方法をもってするかを問わず一括して他人に請け負わせてはならない（法第22条，**一括下請の禁止**）．

また，発注者と請負人および元請負人と下請負人との下請契約を含め，建設工事を請け負う契約当事者は，各々の対等な立場における合意に基づいて公正な契約を締結し，信義にしたがって誠実にこれを履行しなければならない（法第18条，**建設工事の請負契約の原則**）．

発注者から直接請け負った**元請業者が果たすべき役割**は，次のとおり．

①全体工事の施工計画の作成
②建設工事の全体の進捗状態の確認
③下請業者間の工程の調整
④協議組織の設置・運営
⑤下請業者の技術指導等

下請業者が果たすべき役割は，次のとおり．

①請け負った範囲の工事の施工要領書（施工手順）の作成・進捗確認
②協議組織への参加等

理解度の確認

章末演習問題 問1，問2 にTryしよう！

Q86 公共工事標準請負契約約款 契約関係の明確化・適正化とは，何ですか？

Answer

建設工事の請負契約の当事者は，各々の対等な立場における合意に基づいて公正な契約を締結し，信義にしたがって誠実にこれを履行しなければならない．公共工事標準契約約款に具体的にその内容が規定されている．

1. 公共工事標準請負契約約款

請負契約約款は，請負契約の片務性（へんむ）の是正と契約関係の明確化・適正化のため，当事者間の具体的な権利義務関係を規定したものである．**公共工事標準請負契約約款**は，公共工事の約款について標準的なものを定めたもので，工事名，工期，請負代金等の主要な契約内容について具体的に規定している．発注者および受注者は，公共工事標準請負契約約款に基づき，**設計図書**（図面，仕様書，現場説明書および現場説明に対する質問回答書）にしたがい，これを履行しなければならない（第1条，**総則**）．**発注者**と**請負者**の基本義務は次のとおり．

①受注者は，契約書記載の工事を契約書の工期内に完成し，工事目的物を発注者に引き渡すものとし，発注者はその代金を支払うものとする．

②仮設・施工方法その他，工事目的物を完成するために必要な一切の手段については，この約款および設計図書に特別の定めがある場合を除き，受注者がその責任において定める．

受注者は，設計図書に基づいて請負代金内訳書および工程表を作成し，発注者の承認または提出しなければならない．内訳書・工程表は，発注者・受注者を拘束するものではない（第3条，**請負代金内訳書および工程表**）．

受注者は，工事の全部もしくはその主たる部分または他の部分から独立してその機能を発揮する工作物の工事を一括して第三者に委任しまたは請け負わせてはならない（第6条，**一括委任または一括下請の禁止**）．

発注者は，受注者に対して，下請負人の商号または名称その他必要な事項の通知を請求することができる（第7条，**下請負人の通知**）．

2. 施工体制，施工管理に関する規定

発注者は，監督員を置いたときは，その氏名を受注者に通知しなければならない．監督員は，次の権限を有する（第9条，**監督員**）．

①契約の履行についての受注者への指示，承諾または協議

②詳細図等の作成および交付，受注者の作成した詳細図等の承諾
③工程の管理，立会い，施工状況の検査，工事材料の試験・検査

受注者は，現場代理人，主任技術者または監理技術者，専門技術者を工事現場に設置し，その氏名，その他必要な事項を発注者に通知しなければならない．なお，**現場代理人**は，請負契約の的確な履行を確保するため，工事現場の取締まり，工事施工および契約関係事務（請負代金の変更，請求を除く）に関する事務を処理する（第10条，**現場代理人および主任技術者**）．

工事材料の品質については，設計図書にその品質が明示されていない場合にあっては，中等の品質を有するものとする．受注者は，設計図書において監督員の検査を受けて使用すべきものと指定された工事材料については，当該検査（費用は受注者の負担）に合格したものを使用しなければならない（第13条，**工事材料の品質および検査等**）．監督員（発注者）は，支給材料または貸与品の引渡しにあたっては，受注者の立会の上，発注者の負担において，支給材料・貸与品を検査しなければならない（第15条，**支給材料および貸与品**）．

3. 条件変更，検査および引渡し，契約不適合責任に関する規定

受注者は，工事の施工にあたり，次の事項を発見したときは，その旨を直ちに監督員に通知し，その確認を請求しなければならない（第18条，**条件変更等**）．
①図面，仕様書，現場説明書およびその質問回答書が一致しないこと．
②設計図書の誤謬または脱漏があること．また設計図書の表示が明確でないこと．
③設計図書の自然的，人為的な施工条件と実際の現場が一致しないこと．
④施工条件について予期することのできない特別の状態が生じたこと．

工事用地等の確保ができない等のため，または暴風，豪雨，洪水，地震等その他の自然的または人為的な事象であって，受注者の責に帰すことができない事由により，工事目的物等に損害が生じ，もしく現場の状態が変動したため，受注者が工事を施工できないと認められるときは，発注者は受注者に通知して，**工事を中止**させなければならない（第20条，**工事の中止**）．

受注者は，工事が**完成**したときは，その旨を発注者に通知しなければならい．発注者は通知を受けた日から14日以内に**完成検査**を完了し，その結果を受注者に通知しなければならない（第31条，**検査および引渡し**）．

発注者は，工事目的物に**契約不適合**（かし）があるときは，受注者に対して相当の期間を定めてその契約不適合の修補または損害賠償を請求することができる．ただし，契約不適合が重要でなく，かつ，その修補に過分の費用を要するときは，発注者は請求することはできない（第44条，**契約不適合責任**）．

理解度の確認

章末演習問題 **問3** ～ **問5** にTryしよう！

施工計画と施工管理

Q87 施工計画と施工管理は，どんな関係ですか？

Answer

施工計画ができれば，工事施工の基本方針が決まる．工事の施工は，現場の状況および変化に応じながら，施工計画に修正を加えつつ実施する．施工計画の良否が工事の出来栄え（成功）に大きく影響する．

1. 施工計画

事業者は，契約成立後，**施工計画の作成**に着手する．**施工計画**は，契約条件の確認と現地調査を経て作成され，**施工管理の基本方針**となる．施工計画の作成にあたっては，施工方法，労務，機械設備，材料，資金の生産手段から利用できるすべてを選択し組み合せて検討し，最適な施工方法と手順を定める．

施工計画は，**施工計画書**にまとめ，見積および工事施工の基準として施工管理に使用される他，以下の資料に活用される．記載内容は，**共通仕様書**（工事に共通して適用される注意事項）等で定められている．

①発注者への提出書類，工程表または各種書類の作成根拠資料
②厚生労働大臣，労働基準監督署への計画届ならびに説明資料
③所轄警察署，海上保安部など関係先に対する提出書類
④社内の施工検討等における資料
⑤電力，ガス，上下水道等の埋設物の管理者に対する照会・説明資料
⑥地元住民に対する説明資料など

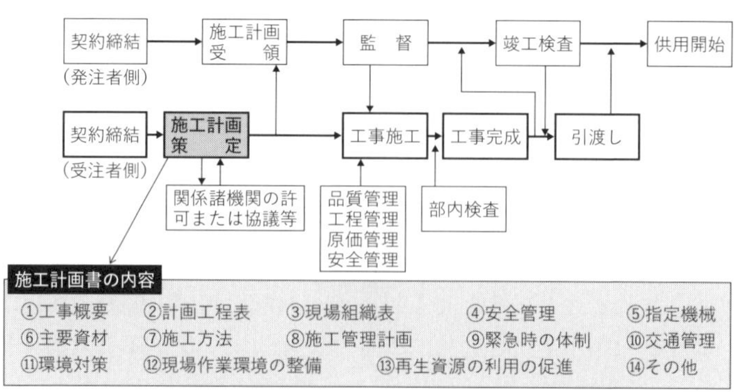

図5・1　工事のフローチャート（施工計画と施工管理の関係）

2. 施工計画書の作成

施工計画書の一般的な構成は，次のとおり．

①**工事概要**：工事名，発注者，請負金額，工期，工事担当者，発注方法など工事施工上必要な事項を記述する．

②**仮設工事計画**：本工事の工法・仕様の変化に適応可能な柔軟性のある計画とする．材料は汎用品を使用し，可能な限り規格を統一する．他の工種にも使用できる計画とする．

③**本工事**：主要工種別（道路土工，舗装工，コンクリート工など）に，施工手順，施工方法，施工機械，使用資材，規格を図表等で明示する．

④**品質計画**：工種・作業ごとの品質特性を決めて，作業標準にしたがって，検査・試験の管理体制を整備する．

⑤**工程計画**：進捗管理，出来高管理により，施工中の採算速度を維持する．

⑥**従業員計画**：責任と権限を明確にし，業務分担・職務分担を明確にする．

⑦**調達計画**：機械，資材支給品等管理および下請負等外注の計画を行う．

⑧**安全衛生計画，環境保全・建設公害防止計画**：工種・工程別の防災対策，公害の発生防止対策を計画する．

3. 施工管理

施工管理は,工事の進捗を施工計画と対比して行う．**施工管理**（工事管理）は，品質，工程，経済性，安全衛生，環境保全の面から分析・評価し，施工計画の修正を含めて実施する管理活動である．管理手順は,「計画（Plan），実行（Do），検討（Check），処理・改善（Act）」のPDCAサイクルを現場運営の中で実施する．施工管理の要点は，次のとおり．

⑴**品質管理**：施工段階の品質保証活動である．内容は，①工事目的物の品質の確認と整理,②工程（プロセス）を管理された状態の維持（PDCA管理サイクル），③品質を確認する活動（検査・試験），④品質を改善する活動（工程能力の向上）などである．

⑵**工程管理**：決められた工期内に工事目的物を完成させるための活動であり，進捗管理，作業量管理が重要となる．

⑶**安全管理**：事業者は，労働者の安全と健康を守る責務がある．労働災害を防止するため，安全委員会，衛生委員会を設置し安全衛生管理体制を整える．

⑷**原価管理**：現場で発生するコスト全般について計画調整を行う活動である．その手順は,①実行予算の作成,②予算に基づく工事の実施,③予算と実績（出費）との比較・評価，④改善の段階を経て，原価管理を行う．

理解度の確認

章末演習問題 **問6** にTryしよう！

現場管理組織と主任（監理）技術者

Q88 現場管理組織の編成は，どのようにするのですか？

Answer

工事の現場管理組織は，工事を効率的に実施するため，①仕事内容の分類と全体の統合，②職責と権限の明確化，③各部門・職責間のルールを定めて編成する．管理体制を明確にする上で，主任（監理）技術者の役割が重要となる．

1. 現場管理組織の編成

現場管理組織は，次のとおり（図5･2）．施工体制台帳および施工体系図を作成し，工事現場には**建設業の許可票**や**労働保険関係成立票**（労災保険と雇用保険の2つ，建設業の有期事業については工事現場ごとに加入する．元請事業者に加入義務がある）等を掲示する．

2. 主任（監理）技術者

元請の**監理技術者**，下請の**主任技術者**の職務は，建設工事を適正に実施するため，施工計画の作成，工程管理，品質管理，その他の技術上の管理および施工に従事する者の技術上の指導監督である．

技術者の配置は，次のとおり（表5･3）．大規模工事では，**監理技術者**に求められる役割を補佐する者として，**技術士補**（1級土木施工管理技士補）が配置される場合，元請監理技術者は，複数の現場の兼務が可能となり，工事現場ごとの専任での配置から緩和される．なお，下請の場合は，特定建設業，一般建設業にかかわらず**主任技術者**の配置で足りる．

3. 標識の掲示

現場組織表，下請業者編成表，施工体制台帳，施工体系図等は，受注者が工事を遂行する上での社内体制である．建設工事現場ごとに，公衆の見やすい場所に標識を掲示する（第40条）（図5･3）．

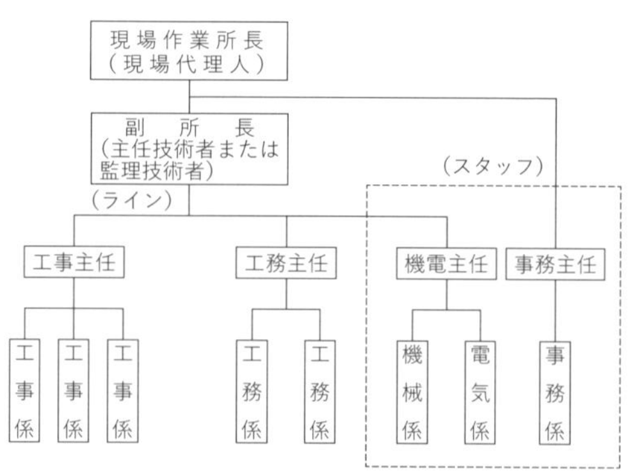

図5･2　現場管理組織

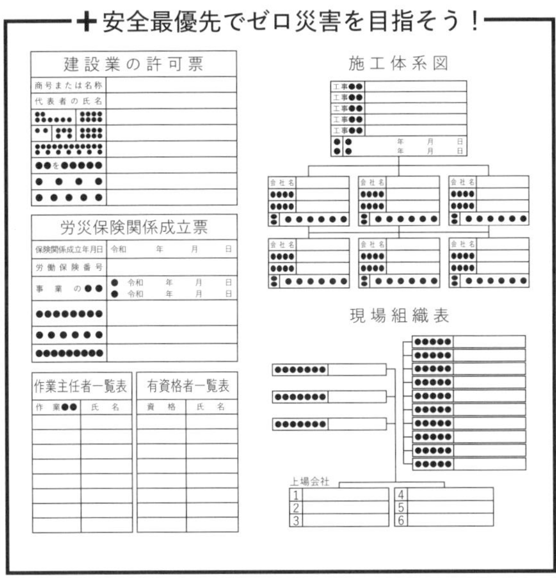

図5·3　工事現場の掲示

表5·3　工事現場の技術者制度

許可業種		指定建設業			指定建設業以外		
建設工事の種類		土木一式，建築一式，管，鋼構造物，舗装，電気，造園			大工，左官，とび・土工・コンクリート，石，屋根，タイル・れんが・ブロック，鉄筋，浚渫，板金，ガラス，塗装，防水，内装仕上，機械器具設置，熱絶縁，電気通信，さく井，建具，水道施設，消防施設，清掃施設，解体		
許可の区分		特定建設業		一般建設業	特定建設業		一般建設業
元請工事における下請金額合計		4000万円[*1]以上	4000万円[*1]未満	4000万円[*1]以上は契約できない	4000万円以上	4000万円未満	4000万円以上は契約できない
工事現場の技術者制度	工事現場に置くべき技術者	**監理技術者**	**主任技術者**		**監理技術者**	**主任技術者**	
	技術者の資格要件	1級国家資格者 国土交通大臣認定者	1級・2級国家資格者 実務経験者 登録基幹技能者講習修了者		1級国家資格者 実務経験者	1級・2級国家資格者 実務経験者 登録基幹技能者講習修了者	
	技術者の現場専任	公共性のある施設もしくは工作物または多数の者が利用する施設もしくは工作物に関する重要な建設工事であって，請負金額が3500万円以上となる工事[*2]					
	管理技術者資格者証および監理技術者講習受講の必要性	専任が必要な工事のとき公共事業，民間工事を問わず必要	必要なし		専任が必要な工事のとき公共事業，民間工事を問わず必要	必要なし	

＊1：建築一式工事の場合は6000万円．
＊2：監理技術者の専任の緩和，専門工事一括管理制度がある．

理解度の確認

章末演習問題 **問7**，**問8** にTryしよう！

施工管理の要点
Q89 どのようなことが施工管理の課題となりますか?

Answer

綿密な施工計画のもとに開始された建設現場においても，施工途中で品質，工程，安全等のさまざまな解決すべき課題が生じる．これらの課題解決に向けた取り組みが施工管理（工事管理）にとって重要であり，主任技術者の果たす役割が大きい．

1. 品質管理の課題

施工管理とは，工事の進捗を施工計画と対比して，その実態を品質・工程・経済性・安全衛生・環境保全の面から分析・評価し，施工経過を含めて実施する一連の管理活動である．施工管理の目的は，品質のよいものを，工期内に，適切な費用で，安全に施工するとともに環境を保全することにあり，このための管理手法が品質管理，工程管理，原価管理，安全衛生管理および環境保全管理である．

品質管理は，設計図・仕様書に示された品質確保のための施工段階の品質保証活動である．発注者の要求品質に合致した施工工程を満足のいく管理状態に維持する．盛土の締固め不足，コンクリート工のスランプ，寒中・暑中コンクリートの温度管理等の品質確保のための施工法の工夫が必要となる．

品質を確保し，保証するためには，施工の各スッテプでの検査・試験を行う．品質を改善していくには，検査・試験結果をもとに対策を講じ，データに基づいて工程の因果関係を解析し，原因に対して対策を講じる．

2. 工程管理の課題

工程管理の課題として，天候不順，調達ミス，事故・故障，施工計画の不備等による工期の遅れ等が考えられる．工程管理は，時間を基準に施工の実態を把握するもので，**統制機能**と**改善機能**の2つの側面がある．

①**統制機能**：施工計画の基本計画を具体化した実施計画に忠実に実行していく機能で，進捗管理と作業量管理がある．

②**改善機能**：基本（実施）計画を施工の途中で再評価・再調整し，よりよいものにレベルアップしていく機能である．

工事の進捗状態を工程表による**進捗管理**，工程曲線による**出来高管理**により常に把握し，計画と実施の差異を早期に発見し，適切な是正措置を取る．さらに，作業員や建設機械の施工速度の計画作業量を維持するため作業量の稼働率・

作業効率の変化に対して施工実績を分析し，向上させるのが**作業量管理**である．工事遅延の場合に，大型建設機械の投入，資材調整の円滑化，作業員の増加等の対策が立てられるが，余分出費となり，このような事態にならないよう工程管理を適切に管理しなければならない．

3. 原価管理の課題

原価管理は，施工計画に基づいて編成された**実行予算**（予定消費量×予定価格）と**実績原価**（実際消費量×実際価格）との対比により行う．原価低減のためには，安定した管理の実施によりムリ・ムダ・ムラを排除し，創意工夫による工法・管理の改善を行う．原価管理の手順は，次のとおり（図5·4）．

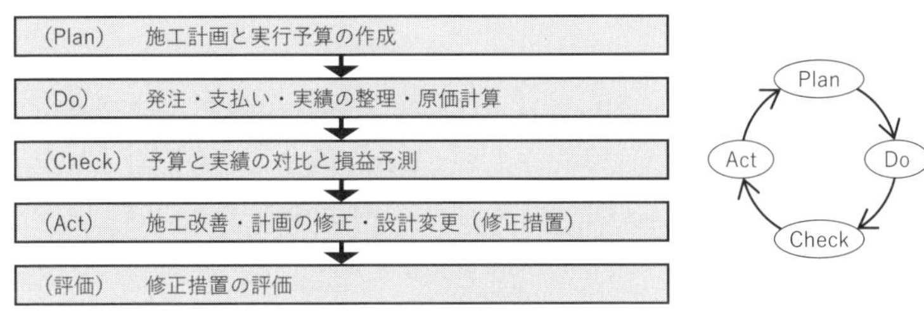

図5·4　原価管理の手順

4. 安全衛生管理の課題

事業者は，労働者・公衆を危険から守ることが責務であり，**4S活動**（整理・整頓・清掃・清潔），**危険予知活動の推進**および**機械・器具等による危険防止**を図るための措置を講じなければない．作業ごとに，**作業主任者**，**作業指揮者**（知識・経験豊富な者）の選任が義務づけられている．

事業者は，**労働安全衛生規則**を遵守し，次の安全衛生教育を実施する．

①安全管理者，衛生管理者等に対する教育（法第19条の2）
②雇い入れ時教育（同第59条）
③作業内容変更時教育（同第59条）
④危険または有害業務に対する特別教育（同第59条）
⑤職長等，安全衛生責任者および新規入場者に対する教育（第60条）

5. 環境保全対策の課題

建設工事では，施工機械等による騒音，振動等の発生，工事に伴う廃棄物の発生により，自然環境や地域の生活環境等に多くの影響を与える．

騒音・振動等の建設公害防止対策および建設副産物，廃棄物の適正処理等の取り扱いに留意するとともに，建設現場の環境整備に努める．

理解度の確認

章末演習問題 **問9**，**問10** にTryしよう！

品質管理の実務

Q90 建設現場の品質管理は，どのようにしますか？

Answer

建設工事では，土とコンクリートを扱うことが多い．仕様書に規定された所要の品質を確保するため，現場では，どのようなことに留意して工事が施工されるか，土工とコンクリート工について，その実務を調べてみる．

1. 盛土の締固め管理

事例1 道路の構築路床に用いる盛土材の密度試験結果は，表5･4のとおりである．仕様書で「締固め度90%以上および施工含水比が最適含水比を基準とする範囲にあること」と規定されている現場において，この盛土材を用いて施工する場合の留意について，検討しなさい．

表5･4　密度試験

測定番号	1	2	3	4	5
含水比 w (%)	6.0	10.0	14.0	18.0	22.0
湿潤密度 ρ_t (g/cm³)	1.590	1.980	2.280	2.124	1.830
乾燥密度 ρ_d (g/cm³)					

［検討結果］

試験結果から，**乾燥密度**を求め，**締固め曲線**を作成する．

図5･5の結果から締固め度90%を確保するためには，施工含水比を10.0〜18.0%で施工しなければならないとわかる．含水量調節（ばっ気，散水）を行うが，困難な場合には，薄層（仕り厚さ20cm以下）で念入りに転圧する．乾燥密度は次式で求める．

$$\text{乾燥密度}\ \rho_d = \frac{100}{100 + w} \times \rho_t \quad (\text{ただし，} w\text{：含水比，} \rho_t\text{：湿潤密度})$$

表5･5　乾燥密度

測定番号	1	2	3	4	5
含水比 w (%)	6.0	10.0	14.0	18.0	22.0
湿潤密度 ρ_t (g/m³)	1.590	1.980	2.280	2.124	1.830
乾燥密度 ρ_d (g/m³)	1.500	1.800	2.000	1.800	1.500

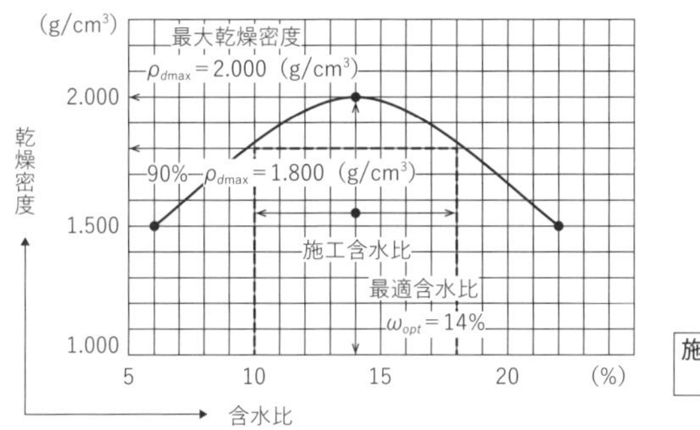

図5·5　締固め曲線図

2. レディーミクストコンクリートの受入検査

事例2　スランプ13cm，呼び強度18N/mm²の普通コンクリートで指定したレディーミクストコンクリートの検査結果は，表5·6のとおり．この結果に基づいて，今後の対応を検討しなさい．

①スランプ：12.5cm
②塩化物含有量：0.2kg/m³
③空気量：4.0%
④強度試験：表5·6参照

表5·6　強度試験結果

	3回供試体の圧縮強度の平均値(N/mm²)			判定
	1回目	2回目	3回目	
試験結果1	17.0	19.0	18.0	(ハ)
試験結果2	16.0	18.0	17.0	(ニ)
試験結果3	25.0	18.0	15.0	(ホ)

［検討結果］

①〜③より，スランプ13（±2.5）cm，空気量4.5（±1.5）%，塩化物含有量0.3kg/m³以下の範囲に入っており，**受入検査は満足**している．圧縮強度は，1回（任意の一運搬車から採取した3個の供試体の平均値）の圧縮強度呼び強度の85%（15.3N/mm²）以上，3回の平均値が呼び強度18N/mm²以上の規定を満たすこと．試験結果2と試験結果3は**不合格**．この場合，構造物中のコンクリートについて直接検査（非破壊試験等）し，構造物が所定の機能を満足するよう適切な対策を行う．

表5·7　受入検査の判定

	呼び強度の85%	判定	3回の圧縮強度試験の平均値	判定
試験結果1	15.3N/mm²	○	18.0N/mm²	○
試験結果2	〃	○	17.0N/mm²	×
試験結果3	〃	×	19.3N/mm²	○

検査結果1：1〜3回のどの試験結果も呼び強度の85%以上，かつ
　1〜3回の試験結果の平均値が呼び強度以上である．
検査結果2：1〜3回の試験結果の平均値が呼び強度未満である．
検査結果3：3回目の試験結果の平均値が呼び強度の85%未満である．

工程管理の実務
Q91 工期を守るために どのような工夫をしますか?

Answer

施工管理において，よいものを工期内に完成させることは，絶対条件である．工程管理においては，施工工程ごとに工事の進捗状況を常に把握し，遅れている場合は是正措置を講じ，工期を守ることが重要になる．進度管理は下記のとおり．

1. 進度管理（フォローアップ）

事例1 下記の工事で，作業開始後，10日目にフォローアップしたところ下表の結果を得た．今後の対策について，検討しなさい．

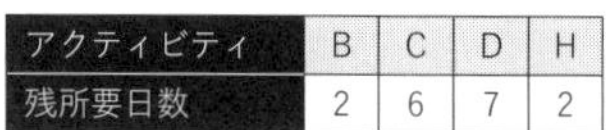

アクティビティ	B	C	D	H
残所要日数	2	6	7	2

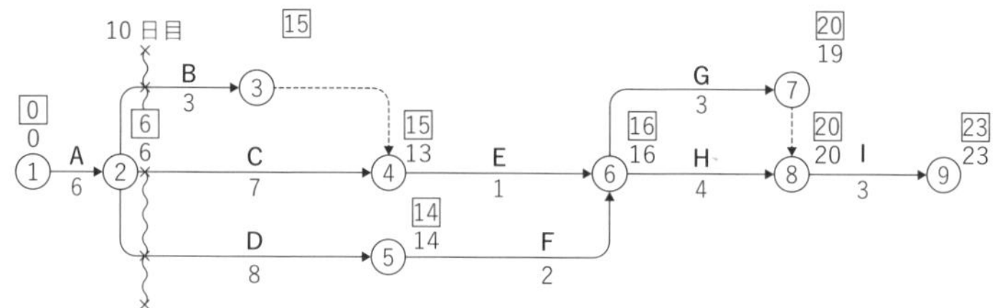

図5･6 フォローアップ

［検討結果］

定期的に工事の進捗状態を調査し，予定工程どおりに工事が進んでいるかをチェックする（**フォローアップ**）．予定工程と実地工程にずれが生じている場合には，その対策・処置を取らなければならない．

工事開始後，10日目にフォローアップしたところ，作業B，C，Dの残所要日数が，2日，6日，7日である．また，作業Hは2日で完了することがわかった．工期23日を守るため，次の対策を立てる．

①×印に，新たに結合点$2'$，$2''$，$2'''$を設ける．フォローアップの時点の最早開始時刻は$t_i^E=10$日とする．

②作業B，C，Dの残り所要日数を2日，6日，7日および作業Hの日数を2日として，各結合点の最早開始時刻t_i^Eを求める．

③工期23日は変更できないので，9の最遅完了時刻t_j^Lを23日として，各結合点

の最遅完了時刻をt_j^Lを求め，□内に記入する．
④各作業の全余裕日数（トータルフロート）を求める．
⑤全余裕日数がマイナスとなった経路で，日程短縮を考える．
作業D，F，G，Iで2日短縮し，作業Hで1日短縮する．

表5·8　フォローアップ（最早・最遅総合点時刻，全余裕）

作業名	作業 ⓘ→ⓙ	j点のEST t_j^E	j点のLFT t_j^L	EFT $t_j^E=t_i^E+Tij$	T·F= $t_j^L-(t_i^E+Tij)$
B	②′→③	12	16	10＋2＝12	16－(10＋2)＝　4
C	②″→④	16	16	10＋6＝16	16－(10＋6)＝　0
D	②‴→⑤	17	15	10＋7＝17	15－(10＋7)＝－2
E	④→⑥	19	17	16＋1＝17	17－(16＋1)＝　0
F	⑤→⑥	19	17	17＋2＝19	17－(17＋2)＝－2
G	⑥→⑦	22	20	19＋3＝22	20－(19＋3)＝－2
H	⑥→⑧	22	20	19＋2＝21	20－(19＋2)＝－1
ダミー	⑦⋯→⑧	22	20	22＋0＝22	20－(22＋0)＝－2
I	⑧→⑨	$t_j^E=t_i^E+T_{ij}=25$	$t_i^L=t_j^L-T_{ij}=23$	22＋3＝25	23－(22＋3)＝－2

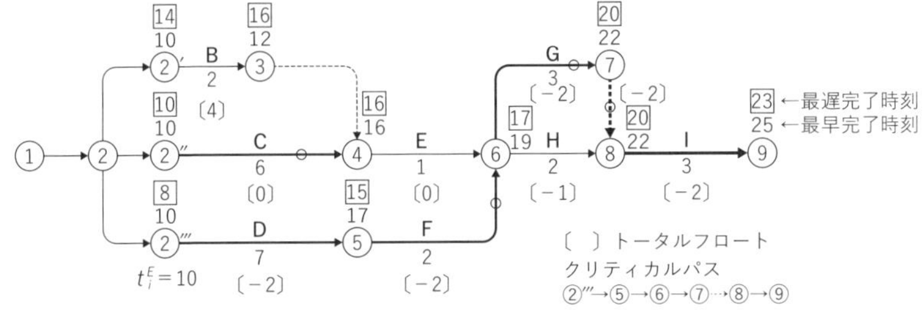

図5·7　フォローアップ

2. 資源の割付け（山積み，山崩し）

各作業に従事する労働者，必要資材等を各工程にしたがって積み足し，必要量を求める（**山積み**）．この山積みを各作業の余裕日数を考えて，工期を変えることなく平準化し，作業量を均等に近づける（**山崩し**）．

山崩しにより，投入資源（労働者，資材，機械等）を合理的に割付け，工費を節約する（**資源の割付け**）．

ネットワーク工程表において，クリティカルパス以外の余裕日数をもつ作業を動かし，他の作業との重複度を小さくすることにより，**投入資源を均等化**することができる．

理解度の確認

章末演習問題 **問11** にTryしよう！

公共工事の検査

Q92 竣工検査は，どのように行われますか？

Answer

工事が完了すれば検査を受ける．**竣工検査**とは，会計法および地方自治法に基づいて，検査職員が工事目的物が契約図書に定められた規格を確保しているか，その代価を支払ってよいかの確認をする行為をいう．

1. 公共工事の検査

検査とは，検査職員による契約の履行内容（**給付**という）を最後に確認する行為をいう．なお，**監督**とは，監督職員による履行途中（作業工程）をチェックする行為をいう．**検査職員**と**監督職員**は，不正防止のため**兼務が禁止**される．

会計法，地方自治法に基づいて執行される国・地方自治体の請負工事においては，検査官が**土木工事検査技術基準**に基づき，工事目的物の契約図書との適合を確認して，初めて代価の支払いが可能となる（給付完了の確認）．

竣工検査は，工事完了通知届が提出された後，**14日以内**に実施する．完成検査は，会計法上の給付完了の確認の検査と工事成績評価(注)の技術検査を行う．検査官による検査は，監督職員の立合いの下，**資料検査**（室内）と**実地検査**（現場）に分けて実施される．工事契約に関しては請負側の**現場代理人**が，工事の技術的な内容は**主任（監理）技術者**が検査官に説明する．

①**工事実施状況の検査**：契約書等の履行が適切に実施されたか，施工体制が適切であったか，施工計画書や工事打合せ等が適切に提出され実施されたか，施工管理や工程管理が適切に実行されたか等を確認する．

②**出来形の検査**：書面により，出来形寸法が規格値を満足しているかの確認，検査箇所と検査内容の決定および実地測定，出来形管理精度の把握等，**適否の判定**を行う．

③**品質の検査**：書面により，品質が規格値を満足してるか，実地での観察や確認等，適否の判定を行う．

④**出来栄えの検査**：実地での観察や確認，全体的な外観（仕上げ面，通り，すり付け，色，仕上げ），機能面からの判定（コンクリート構造物や盛土等のクラックの有無，芝付けの活着状況や法面の締固め状況）などを行う．

工事目的物が**設計図書**に適合していることが確認されれば，**合格**とする．

（注）**工事成績評価**とは

工事成績評価は，主任技術評価官，総括技術評価官等がそれぞれ定まった考査項目（工事成績，技術的難易度，VE評価）について，工事の優劣を数値するもので，受注者の技術力や安全・環境へのデータを示す．以降の受注機会に大きな影響を及ぼす．なお，VE評価（活用効果評価済み技術）は，発注者が入札者から受けた技術提案を評価するもの．

表5・9　検査の種類と内容

検査の種類	検査の内容	位置づけ
①完成検査	工事完成に伴い，請負者から発注者へ工事目的物の引き渡しを行う最終段階の検査	a)，b)
②完済部分検査	契約図書であらかじめ指定された部分の工事目的物が完成した場合の検査．検査が通れば完済指定部分の引き渡しが行われ代価が支払われる	a)，b)
③既済部分検査	あらかじめ定めた時期に一定の出来高があるかどうかを確認し，その代価を支払うために行う施工途中段階での検査．完了部分は代価が支払われるが，発注者へ引き渡されることはなく，請負者において引き続き管理される．既済部分検査は給付の確認であるが，一般に中間技術検査と同時に実施される	a)，b)
④中間技術検査	双方の契約に基づき，発注者が必要と判断したときに行う施工途中段階の検査．主な工種が不可視となる埋め戻し前などに行われ，代価の支払いや引き渡しはない	b)
⑤部分使用検査	工事目的物の一部が使用可能になった時点で，発注者がこれを使用するために行う検査．代価の支払いおよび使用部分の引き渡しは行わず，使用中の損傷等について双方が文書確認をする	b)
⑥完成後技術検査	総合評価落札方式等による工事で，工事完成時にその性能や機能を確認できない場合，契約に基づき一定期間経過後性能の確認（履行の確認）を行うための検査．検査結果が適合しない場合は性能規定部分に関し契約違反としてペナルティが課せられる	b)

a）**給付完了の確認**：工事目的物を引き取り，代価を支払ってよいかの確認
b）**技術検査**：適正な施工・技術水準の検査（工事成績評価）

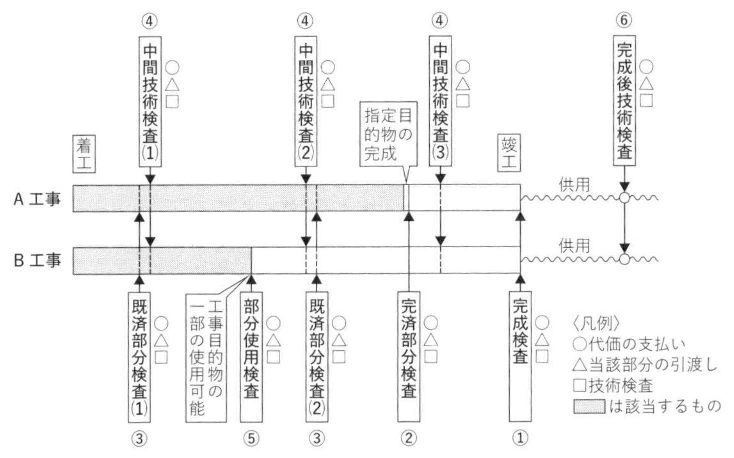

図5・8　工事検査の内容と時期

理解度の確認

章末演習問題 **問12** にTryしよう！

建設業の働き方改革

Q93 なぜ，建設業の働き方改革が必要なのですか？

Answer

国土交通省は，長時間労働が常態化し，現場の急激な高齢化と若者離れが進む中，工期の適正化等による働き方改革，生産性の向上および持続可能な事業の確保等の施策を推進している．具体的な内容は下記のとおり．

1. 働き方改革等

我が国全体として，**働き方改革**が進められている中で，担い手を確保するため建設業界として次の課題に取り組む必要がある．建設業の働き改革，生産性の向上，持続可能な事業環境の確保等による将来の担い手を確保するための方策は，次のとおり．

①**長時間労働の是正**：時間外労働の上限は月45時間・年360時間

②**工期に関する規制**：著しい短い工期による請負契約の締結の禁止

③**発注者に対する義務**：必要な工期の確保と施工期間の平準化方策

④**現場の処遇改善**：建設業許可基準の見直し，社会保険への加入要件化，下請代金の労務費相当分については現金払い

⑤**持続可能な事業環境の確保**：事業者の減少防止，経営業務管理者に関する規制の合理化，適切な経営管理者体制の確立

2. 建設現場の生産性向上（技術者制度）

元請・下請を問わず建設業者は，その請け負った建設工事を施工するときは，当該工事現場の施工の技術上の管理を司る**主任技術者**（元請の特定建設業にあって，4000万円以上の下請契約を締結して施工する場合は**監理技術者**）を配置しなければならない．

公共性のある施設（もしくは工作物）または多数の者が利用する施設（もしくは工作物）に関する重要な建設工事については，主任技術者または監理技術者は専任の者でなければならない（**1現場1名の専任配置義務**）．ただし，次の場合は，この限りでない．

①元請建設業者が配置する監理技術者に関し，これを補佐する技士補（1級土木施工管理技士補）が選任配置されている場合は，専任を要しない，複数の現場（2現場）の兼務ができる（「監理技術者の専任」緩和）．

②下請建設業者が配置する主任技術者に関し，特定工事（鉄筋工事，型枠工事）

について，上位下請業者が一定能力を有する主任技術者を選任配置する等の要件を満たす場合は，下位請負業者は主任技術者の配置を要しない（「専任工事一括管理」制度）．

3. 技術者養成のキャリアUP

建設工事に従事する者は，建設工事を適正に実施するために必要な知識・技術・技能の向上に務めなければならない（第25条）．施工技術者の確保・養成は，キャリア（経験）に応じて図5・9に示す．

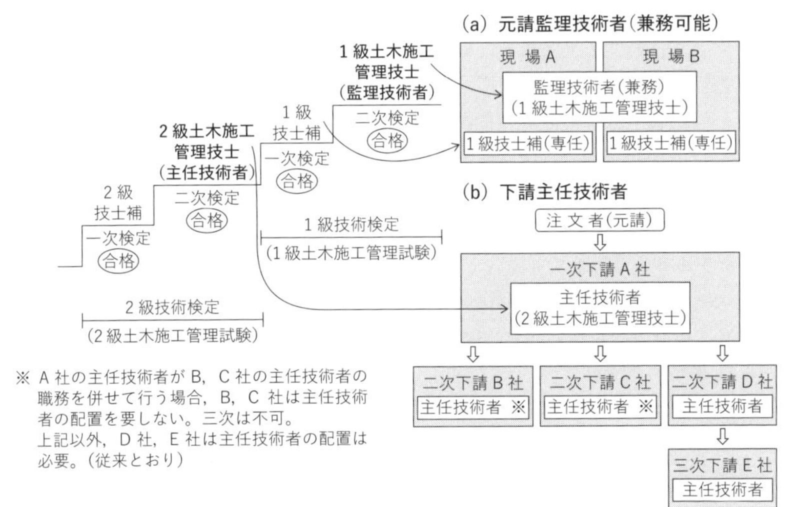

図5・9　キャリアUP案（技士補の創設）

4. 建設現場の生産性向上（i-Construction）

i-Constructionとは，位置情報技術や制御技術を用いた**情報通信技術ICT**（Information and Communication Technology）を活用し，建設現場の**生産性の向上**を目指し，規格の標準化や施工時期の平準化等の施工管理をいう．

情報化施工ICTは，施工の効率化・精度向上および安全性の向上等のメリットがあり，CALS（キャルス）（継続的な調達とライフサイクルの支援）/EC（イーシー）（電子商取引）と組み合わせ，計画・調査・設計，維持管理の各段階で施工情報を活用することによって効率化を図る．

たとえば，①グレーダやブルドーザのマシンガイダンス技術，②ローラの軌道管理による面的な締固め管理技術，③TS，GNNSを用いた出来形管理技術などである．

理解度の確認

章末演習問題 **問13** にTryしよう！

第5章 工事契約と建設マネジメント 演習問題

問1　公共工事の発注における総合評価方式に関して，誤っているものはどれか．

(1)　総合評価方式は，競争参加者の技術提案に基づき，価格に加えて価格以外の要素も総合的に評価して落札者を決定するものである．

(2)　競争参加者の技術提案は，発注者が事前に掲示した評価項目について，事業の目的，工事の特性等に基づき，発注者の評価基準および得点配分にしたがい行われる．

(3)　総合評価方式の落札者が，自己の都合により技術提案の履行を確保できないときの措置については，契約上取り組めておく．

(4)　総合評価方式は，品質の確保が目的であるから，環境対策や工期短縮などの技術提案はいかなる場合も評価の対象にはならない．

問2　公共工事の発注者は，当該工事の発注について，指名の停止または参加を取り消す措置を講ずることができる．どのような場合に指名停止なるか，説明しなさい．

問3　公共工事標準請負契約約款に関して，誤っているものはどれか．

(1)　工事材料の品質については，設計図書に定めるところによるが，設計図書にその品質が明示されていない場合にあっては，中等の品質を有するものとする．

(2)　受注者は，工事の施工に当たり，設計図書の表示が明確でないことを発見したときは，その旨を直ちに監督員に通知し，その確認を請求しなければならない．

(3)　発注者は，工事用地その他設計図書において定められた工事の施工上必要な用地を，受注者が工事の施工上必要とする日までに確保しなければならない．

(4)　設計図書において監督員の検査を受けて使用すべきものと指定された工事材料の検査に直接要する費用は，すべて発注者の負担とする．

問4　公共工事標準請負契約約款に関して，誤っているものはどれか．

(1)　現場代理人，主任（監理）技術者，専門技術者は，これを兼ねることができる．

(2)　設計図書とは，図面，仕様書，現場説明書，現場説明に対する質問回答書をいう．

(3)　発注者は，工事の完成検査において，工事目的物を最小限度破壊し検査することができ，その検査または復旧に直接要する費用は発注者の負担とする．

(4)　受注者は，工事現場内に搬入した工事材料を監督員の承諾を受けないで工事現場外に搬出してはならない．

問5　公共工事標準請負契約約款に関して，誤っているものはどれか．

(1)　工期の変更については，原則として発注者と受注者の協議は行わずに発注者が定め，受注者に通知する．

(2) 受注者は，天候の不良など受注者の責に帰すことができない事由により工期内に工事を完成できないときは，発注者に工期の延長変更を請求することができる．

(3) 発注者は，特別の理由により工期を短縮する必要があるときは，工期の短縮変更を受注者に請求することができる．

(4) 発注者は，必要があると認めるときは，工事の中止内容を受注者に通知して，工事の全部または一部の施工を一時中断させることができる．

問6　発注者に提出する土木工事の施工計画書を作成するに当たり，次の項目について，具体的に説明しなさい．

(1) 現場組織表　　(2) 施工方法　　(3) 工程管理　　(4) 主要資材

問7　施工体制台帳および施工体系図の作成に関して，誤っているものはどれか．

(1) 建設業者名，技術者名などを記載し，工事現場における施工の分担関係を明示した施工体系図を作成し，これを当該工事現場の見やすい場所に掲示する．

(2) 一次下請人から建設工事の一部を請け負った者は，さらに再下請をした場合にはその者が再下請通知書を作成し，発注者に提出する．

(3) 施工体制台帳の作成を義務付けられた者は，再下請通知書に記載されている事項に変更が生じた場合には，変更後の当該事項を記載する．

(4) 施工体系図は，当該工事の目的物の引渡しをしたときから10年間は保存する．

問8　建設工事をする場合，建設現場には必ず主任技術者を配置しなければならないが，監理技術者を配置しなければならない場合はどのようなときか，説明しなさい．

問9　右図の機械掘削作業において，予想される災害と防止対策について，説明しなさい．

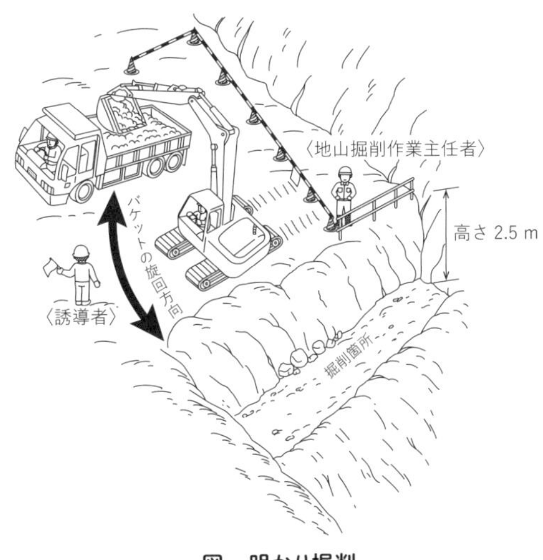

図　明かり掘削

問10　下図は，工程管理に用いられる施工出来高と工事原価との関係を表した利益図表である．工事の経営を常に採算の取れる経済速度にするにはどのようにすればよいか，説明しなさい．

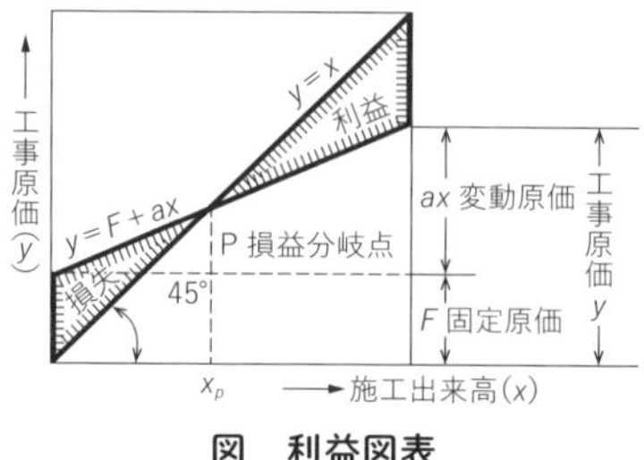

図　利益図表

問11　下図はある工事のネットワークと最早開始日程に対する普通作業を対象とした山積み図である．工期は変えないで作業員の日当り最高人員をできるだけ少なくすると何人になるか．

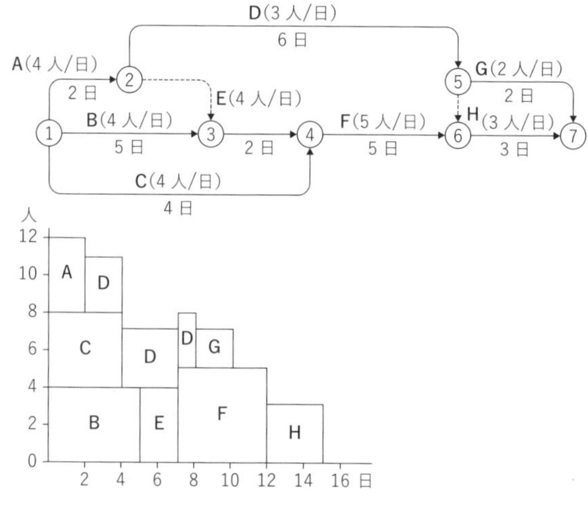

図　工事のネットワークと人員配置

問12　完成検査の目的と工作物の引渡しおよび請負代金の支払いの関係について，説明しなさい．

問13　建設工事の施工に用いられるICT（情報化施工）について，説明しなさい．

各章演習問題
解答・解説

問1 ⑵ 標準貫入試験は，N値から地盤の硬軟，締まり具合の判定に用いられる．
なお，⑴平板載荷試験は締固めの管理に，⑶ベーン試験は細粒度・斜面の安定計算に，⑷CBR試験はたわみ性舗装厚さの設計に用いられる．

表　N値と砂の相対密度および粘土のコンシステンシー

土質	N値	相対密度	土質	N値	コンシステンシー
砂	0〜4 4〜10 10〜30 30〜50 50以上	非常に緩い 緩い 中位いの 密な 非常に密な	粘土	4以下 4〜8 8〜15 15〜30 30以上	軟らかい 中くらいの 硬い 非常に硬い 固結した
N値から推定される事項		砂地盤	相対密度（砂の締まり具合），せん断抵抗角， 沈下に対する許容支持力 支持力係数，弾性係数		
		粘土地盤	コンシステンシー，一軸圧縮強さ(粘着力) 破壊に対する極限および許容支持力		

問2 ⑴ **圧密試験**は，粘性土の圧密による沈下量，沈下速度，透水性を調べる試験で，e-$\log p$曲線（間隙比－圧密荷重）から圧密特性を求める．
なお，圧密層とは，I_pが25以上，砂分50%以下をいう．
なお，⑵ポータブルコーン貫入試験は土工機械の走行性の判定に，⑶スウェーデンサウンディング試験は地盤の硬軟・締まり具合の判定に，⑷弾性波探査は地層の推定に用いられる．

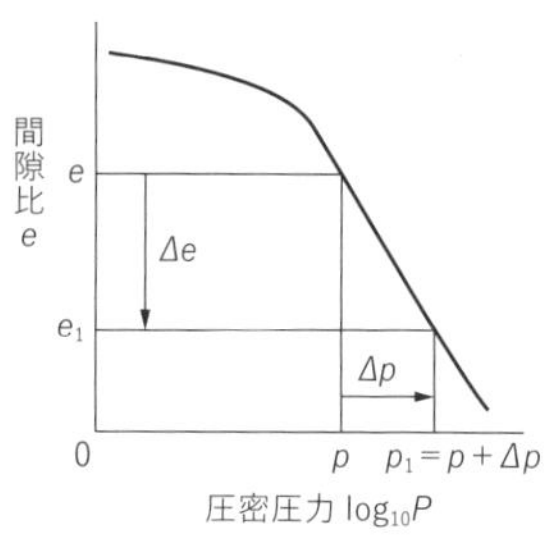

図　e-$\log p$曲線

問3 ⑷ **粘着力**cは，土粒子が互いに引き合う力に起因する抵抗力であり，粒子が小さいほど大きくなる．土のせん断力は次式で表す（クーロンの式）．

せん断強さ $S = c + \sigma \tan \Phi$

ただし，c：粘着力，σ：垂直応力，Φ：内部摩擦角

問4 ⑷ 収縮限界は，体積収縮が完了したときの含水比をいう．
なお，⑵均等係数は，通過質量百分率の10%に対する有効径D_{10}および60%に対する粒径D_{60}で表すとき，$U_C = D_{60}/D_{10}$で定義され，曲線の傾きを表す．均等係数が大きいほど，広範囲の粒径の粒子を含み，小さいほど粒径が揃っている．

問5 ⑷ **含水比**とは，土の間隙中に含まれる水の質量m_wと土粒子の乾燥密度（質量）との比m_sを百分率（%）で表したものである．

問6 ⑷ 含水比→乾燥密度．締固め度の判定は，**砂置換法**（試験用の穴を掘り乾燥砂を入れ，穴の体積から土の密度を求める）および**RI法**（放射線同位元素ラジオア

イソトープをいた現場密度試験）を利用して乾燥密度を測定する．なお，締固めた土の評価はCBRで行う．

CBR＝荷重強さ／標準荷重強さ×100（%）

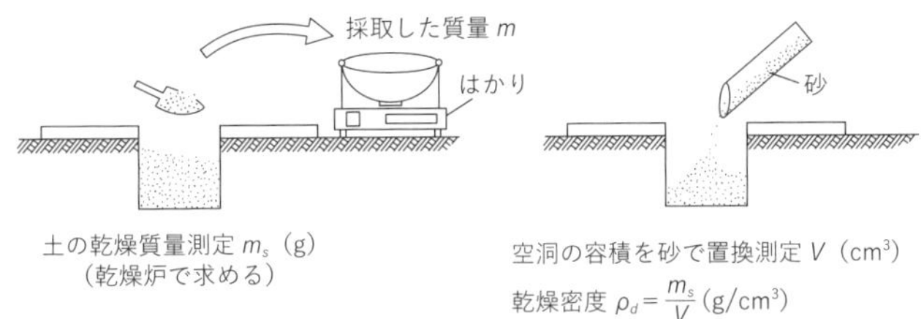

図　砂置換法

問7　(3)　計算は次のとおり．

(1)　ほぐした土量を1とすると，地山土量＝ほぐした土量/L

砂質土 1/1.20＝0.83＞中硬岩 1/1.50＝0.67

(2)　締め固めた土量を1とすると，地山土量＝締め固めた土量/C

砂質土 1/0.85＝1.18＞中硬岩 1/1.20＝0.83

(3)　地山土量を1とすると，ほぐした土量＝L×地山土量

砂質土 1.20×1＜中硬岩 1.56×1

(4)　地山土量を1とすると，締め固めた土量＝C×地山土量

砂質土 0.85×1＜中硬岩　1.20×1

問8　(1)　土積図（マスカーブ）は，各測点の切土・盛土断面積と測点面の距離を掛けて求めた土量を工事始点から順次累積したもので，その性質は次のとおり．

①切土区間では土量が増え上り勾配となり，盛土区間では下り勾配となる．

②切土，盛土の境目は頂点あるいは低点となり，**変位点**という．

③全体として切土，盛土が平衡するように基線に平行な線（**平衡線**）を引く．平衡線は路線途中の土取場，土捨場の関係で，必ずしも始点から終点まで一直線とはならないが，これにより土量の運搬離と施工機械の決定を行う．

④平衡線から曲線の頂点および低点までの高さは，片切り，片盛りなどの横方向への流用土を除いた切土から盛土へ，盛土から切土へ運搬土量を表す．

⑤土積曲線と平衡線との交点（平衡点）間は，切土量と盛土量が等しい．

問9　(2)　吸水による膨潤性（水を吸収して体積が増大する性質）が小さい材料および粒度配合のよい砂礫質土が望ましい．

問10　(4)　盛土の敷均し厚さは，路体で30～45cm以下（締固め仕上り厚さ30cm以下），路床で25～30cm以下（仕上り厚さ20cm以下）で，路体より路床の方が薄い．

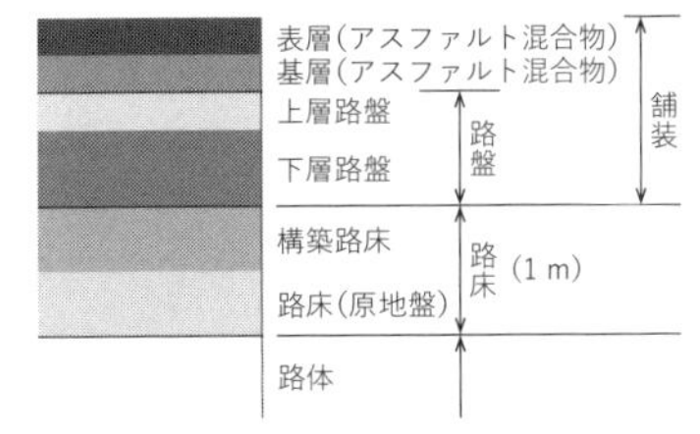

図　アスファルト舗装の構成

問11 ⑵ **補強土工**は，鉄筋や帯鋼，ジオテキスタイルなどの補強材を盛土内に配置して，土圧軽減や盛土および斜面の安定化や地盤支持力の増大を図る補強盛土工法をいう．雨水の浸透は防止できない

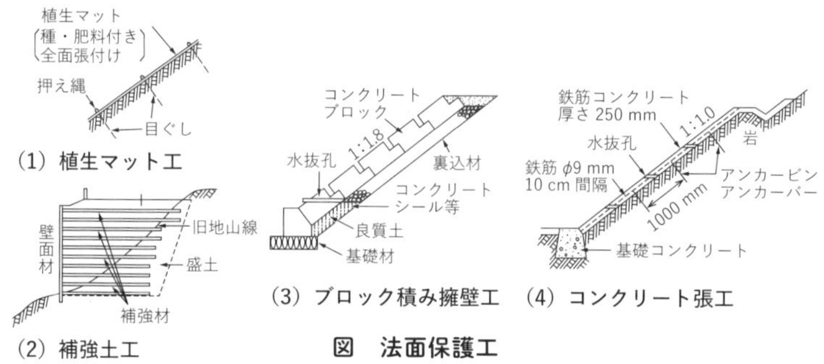

図　法面保護工

問12 ⑶ 振動コンパクター，ランマーは，平板式のハンドガイド（手押し）タイプで，狭い場所や小規模の埋め戻し作業の振動締固めに使用される．

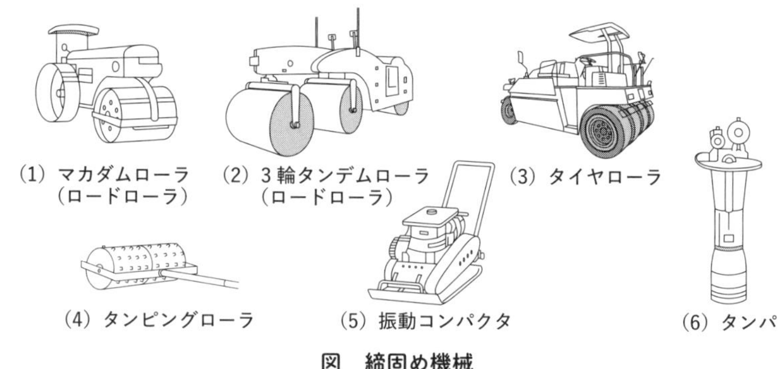

図　締固め機械

問13 ⑶ スクレーパは，大規模工事で用いられ，土砂の掘削や積込み，長距離運搬，捨土，敷均し作業を一貫して行う建設機械であるが，締固めはできない．

図　スクレーパ

問14 ⑶ 地震時の液状化対策には，間隙水圧消散工法として砂質地盤中に透水性の高い砕石柱を設ける**グラベルドレーン工法**が用いられる．

問15 ⑴ 載荷（重）工法 → 置換工法．なお，**地下水位低下工法**は，地下水位を低下させることにより浮力をなくし，圧密沈下や強度増加を図る工法である．

ディープウェル工法は，掘削構内外にディープウェル（深井戸）を設置し，ウェル内に流入する地下水を水中ポンプで排除する地下水低下工法である（水位低下100mまで可能）．

問16 ⑴ セメントは，水と接すると水和反応が生じ，水和熱を発しながら徐々に硬化す

る（凝結）．凝結は，温度が高いほど早くなる．なお，普通ポルトランドセメントの密度は3.15g/㎤で，風化（空気中の水分との水和反応および炭酸ガスにより炭酸カルシウムに変質）により密度が小さくなり，凝結や強さに悪影響を及ぼす．⑶粉末度は，比表面積で表し，比表面積の大きいセメントほど水和反応や硬化・風化も生じやすい．

問17 ⑶ **ポゾラン**とは，二酸化ケイ素を含んだ微粉末のセメント混和材の総称で，フライアッシュ等が代表的である．ポゾランには水硬性はないが，セメントと水和するときに生成する水酸化カルシウムと反応して不溶性の水和物を生成し，水密性や化学抵抗を高め長期強度を増進する．ポリマー（高分子の有機物）は，ポゾランではない．

問18 ⑶ コンシステンシーは，主として水量の多少によって左右されるフレッシュコンクリートの変形・流動に対す抵抗を表し，ワーカビリティーの重要な要素であり，スランプ試験で判断する．

なお，⑴ワーカビリティー→コンシステンシー．⑵ブリーディングとは，コンクリート打込み後，練り混ぜ水の一部が表面に浮いてくる現象で，コンクリートの硬化には不要であるから取り除く．⑷コンシステンシー→ワーカビリティー．

問19 ⑶ 中性化とは，本来アルカリ性であるコンクリート（水酸化カルシウム$Ca(OH)_2$，pH12～13）が外部環境（炭酸ガス）の影響を受けてアルカリ性を失っていく（炭酸カルシウム$CaCO_3$，pH9程度）現象で，中性化により鉄筋の腐食保護機能を低下させる．

$$Ca(OH)_2 + CO_2 \rightarrow CaCO_3 + H_2O$$

なお，⑷繰返し荷重により，疲労，すり減りが生じる．

問20 ⑵ 水セメント比W/Cは，劣化に対する耐久性から65%以下，透水や透湿に対する水密性を考慮する場合は55%以下とする．

問21 ⑴ 空気量の検査は，荷卸し地点で行う．

問22 ⑴ コンクリート打込み中に著しい材料分離または硬化が進行した場合，練り直して均等質なコンクリートとすることは難しい．打込みを中断し，原因を調べて対策を講じる．なお，⑶**均しコンクリート**は，地盤を均し，墨出しを容易にし，型枠を据えやすくするために設ける．

問23 ⑵ 伸縮目地は，設計図書で定められた構造とし，温度変化による構造物のひび割が発生するのを防ぐため，また，構造物の伸縮その他による移動が自由にできるように部材を拘束しない構造とする．

問24 ⑵ コンクリートは打込み後，硬化を始めるまで，日光の直射や風等による水分の逸散を防ぐこと．コンクリートの硬化中は十分な湿潤状態に保つ．

問25 ⑷ 凍害を避けるため単位水量をできるだけ少なくし，AEコンクリートを用いるのを原則とする．なお，コンクリートのひび割れは，凍結やアルカリ骨材反応による膨張乾燥収縮，水和熱による温度収縮，沈下ひび割れ，ブリーディングなどが原因となる．

問26 (3) 地盤の地質・地層状態，地下水の有無については，ボーリング調査で確認する．載荷試験は，地盤や杭に直接載荷して支持力や地盤係数等を求める試験である．

問27 (1) なお，(2)突起は水平支持力が不足する場合に水平支持力を増すために設ける．(3)砂地盤の場合，栗石・砕石などのかみ合わせが期待できるようにある程度の不陸を残して基礎底面地盤とする．(4)砂層，砂礫層でN値30以上，粘性土層でN値20以上を良好な支持層とみなす．

問28 (2) 打撃工法で杭打ちを中断すると，時間の経過とともに杭周面の摩擦力が増大し，打込困難となる．杭は原則として連続して打込む．

なお，(1)中掘り杭工法は，先端開放の既製杭の内部にスパイラスオーガーで地盤を掘削しながら，所定の深さまで沈設させる．沈設方法には，杭体を下方に押込みで圧入させる方法と，掘削と同時に杭体を回転させながら圧入する方法がある．

問29 (4) 深礎工法は，人力掘削と円形リングを用いた土留めとの組合せで杭を施工する．説明文はオープンケーソンに該当する．なお，(3)表層の崩壊防止のため2～4m表層ケーシングを設置し，それ以降は安定液を用いる．

問30 (2) (1)オールケーシング工法は，杭全長にわたりケーシングチューブを揺動圧入，または回転圧入し地盤の崩壊を防ぐ．(3)リバース工法は，スタンドパイプを建て込み，坑内水位を地下水位より2m以上高くし孔壁の崩壊を水圧によって防ぐ．(4)深礎工法は，ライナープレート（波付け加工した薄鋼板），波型鉄板とリンク枠，モルタルライニングなどにより孔壁を土留めする．

問31 (3) 地中連続壁工法は，止水性がよく剛性が大きいため，大きな土圧や水圧が作用する場合に適する．土留め壁を分類すると，鋼矢板工法，親杭横矢板工法，地中連続壁工法および鋼管矢板工法等がある．

表　土留め工の種類

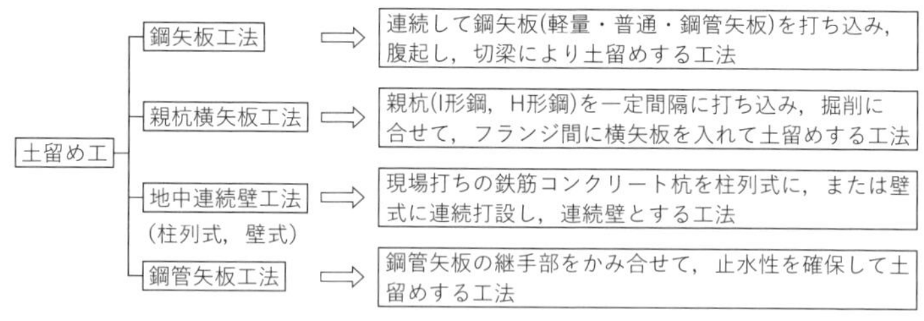

問1　**(4)**　D点は，鋼材の引張強さ（最大応力）を表す．

問2　**(4)**　鋼材（鋼：鉄に炭素を加えた合金）には，鋼板・形鋼などの構造用鋼材，丸鋼・異形棒鋼などの棒鋼，鋼線・鋼棒などのPC鋼材および高力ボルトなどの接合用鋼材がある．炭素鋼（0.02～2%の炭素含有量）は，炭素が多くなると，硬く・強くなり，靭性（粘り強さ）が失われる．

①**低炭素鋼**（0.3%以下）：柔らかい軟鋼，展性・延性に富む．橋梁利用

②**中炭素鋼**（0.3～0.7%）：車軸，クランクシャフトなどに利用

③**高炭素鋼**（0.7%以上）：じん性が低い．硬鋼線，ワイヤーロープ，ピアノ線

鉄筋コンクリート構造物に使用される鉄筋（棒鋼）は，低炭素鋼で展性・延性に優れ，加工しやすい．なお，**(1)**吊橋や斜引張橋に用いられる線材には炭素量の多い硬鋼（高炭素鋼）が，**(2)**鋳鉄は橋梁の伸縮継支承のピンなどに用いられる．

問3　**(2)**　**スポット溶接**は，薄い母材を重ね圧着しつつ電流を流し，その抵抗で金属を溶かして接合する．板金加工等の薄い板の接合に用いる．橋梁には，肉厚なH形鋼が使用され，アーク溶接が用いられる．

表　溶接記号の記載例

種類	溶接部	実形	図示
I形グループ溶接（突合せ溶接）	矢の側 手前側		説明線
連続すみ肉溶接	脚長6mmの場合	6　6	6　6
	両側脚長6mmの場合	6　6　6	6　6

問4　**(3)**　ボルトの締付けは，トルク法の場合，二度締めとし，本締めの締付けボルト軸力は設計ボルト軸力の10%増しを標準とする．ボルトの軸力の導入はナットを回して行う．なお，**トルシア形高力ボルト**（S10T）は，ピンテール基部の破断溝により締付けトルクを制御する．

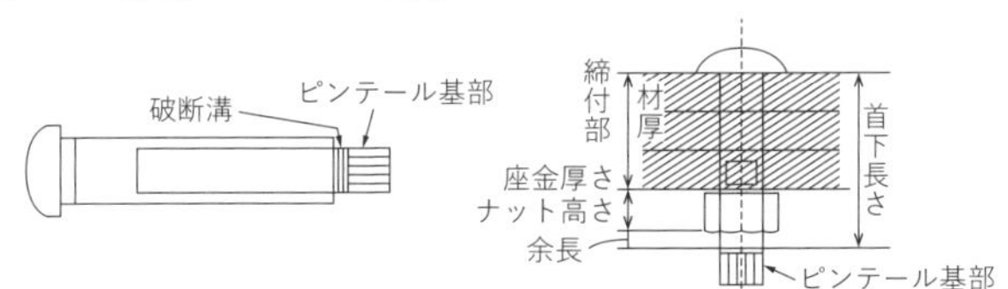

図　トルシア形高力ボルト（S10T）

問5 (2) ケーブルクレーン工法ではなく，正しくは送出し工法．ケーブルクレーン工法は，ケーブルを張り渡し，メインケーブルより橋桁を吊り下げて受梁上で組み立てる工法で，深い谷や河川など桁下が利用できない場所で用いられる．
なお，コンクリート橋の架設工法は，コンクリート桁の製作方法によって架設位置でつくる場所打ち架設工法と，プレキャスト部材を現場で架設するプレキャスト架設方法がある．

問6 (2) 締固め後の透水性（係数）は，小さいこと．

問7 (2) 天端保護工は，低水護岸の天端の侵食を防ぐために設ける．洪水時に流水が高水敷を流下すると，低水護岸の天端の裏側から破壊されるため，天端工，天端保護工，巻止め工等を設置する．

問8 (1) 水通しの断面は，原則として逆台形断面とする．水通し天端は，砂礫による摩耗，転石の流下による衝撃を受けるため，富配合コンクリート，グラノリッシュコンクリートを使用する．洪水流量は，せきの越流公式により求める．

問9 (2) 集水井工は，地下水の分布が層状・波状に広範囲に賦存（ふぞん）している地すべり地域内で，集中的に地下水を排除する際に用いられる．集水孔や集水ボーリングによって地下水を集水井に集め，排水トンネルにより自然排水する抑制工である．

問10 (4) 敷均し作業は，ブルドーザを使用する．なお，(1)**サンドイッチ舗装工法**は，軟弱な路床土に砂層や砕石層を設け，その上にセメント安定処理等の硬性の高い層を置き，舗装（基層，表層）する工法．(3)生石灰の路上混合作業は2回行う．一次混合では生石灰の吸水作用によって含水比を低下させ，二次混合で均質な状態にする．消石灰は一次のみ．

問11 (1) 下層路盤に粒状路盤を使用する場合，一層の仕上り厚さは20cm以下（ただし，上層路盤は15cm以下）を標準とし，敷均しはモータグレーダで行う．転圧は，10～20tのロードローラと8～20tのタイヤローラで行う．

問12 (1) プライムコートではなく，正しくはタックコート．

問13 (3) 二次転圧の終了温度は，70～90℃である．なお，転圧終了後の交通開放は，舗装表面の温度50℃以下となってから行う．

問14 (3) RCD工法は，ダンプトラック等で堤体に運搬されたコンクリートをブルドーザで敷均し，振動ローラで締固め，振動目地切り機で横目地（15m間隔）をダム軸に対して直角に設ける．なお，(2)バイブロドーザは，クローラの前部に内部振動機を装着した機械であり，RCD用コンクリートは超硬練りのため，振動ローラを用いる．

問15 (3) コンクリートの締固めは，超硬練りのコンクリートを締め固めるため，振動ローラで行う．

問16 (1) 吹付コンクリートは，掘削後直ちに地山の凹凸を埋めるように施工し，地山の緩みを抑える支保部材である．その効果は，①地山アーチの形成，②内圧効果（曲げ圧力または軸力による抵抗），③外力の配分効果，④軟弱層の補強，⑤被覆効果など．なお，(4)ロックボルト孔の穿孔は，事前に浮石等を完全に取り除いた後，所定の位置，方向，深さになるようにする．

問17 **(1)** （イ）波返し工は，波浪・しぶきの越流防止．（ロ）表法被覆工は，堤体土砂の波浪による洗掘・侵食防止．（ハ）根固工は，表法被覆工や基礎工の波浪による洗掘防止，堤脚の波力の減殺．（ニ）基礎工は，波浪による洗掘防止等の機能をもつ．

問18 **(2)** グラブ船は，グラブバケットで土砂を掴んで浚渫するもので，狭い場所での浚渫作業に適する．

なお，(1)グラブ船の掘削面は，凹凸が多い．(3)非航式では，捨土運搬用の土運船および引船，押船の船団で構成される．(4)出来形確認は，音響測深機により行う．

問19 **(4)** 砕石路盤（土路盤）には，支持力が大きく，圧縮性が小さく，路盤噴泥が生じにくい，良質な自然土またはクラッシャランの単一層とする．

問20 **(1)** 列車の接近から通過まで一時作業を中止し，施工中の機器，材料が転倒しないようにする．なお，(3)線閉責任者とは，保線工事において線路閉鎖の手続きを行う者をいう．

問21 **(1)** 下塗り塗装の乾燥前に上塗り塗装を行うと，膨れ，割れなどの障害が生じる．

問22 **(2)** (1)ガーダー → テール部が正しい．(3)テール部 → セグメント．(4)セグメント → ガーダー部．セグメントは覆工部材である．

問23 **(2)** 泥水シールド工法では，大径の礫の搬出は困難である．

なお，(3)添加剤は，切削土砂と攪拌し，塑性流動化を図るために用いる．

問24 **(4)** 管の敷設は，原則として低所から高所に向かって行う．

問25 **(1)** 導水管・配水管の管種は，ダクタイル鋳鉄管（マグネシウムを加えて強度を増した鋳鉄管）が用いられ，伸縮性や可とう性があり，地盤の変動に追随できる．なお，(4)ライニングとは，管の内面に表面処理を行うことにより，摩擦を減らし，耐食・耐酸，耐摩耗や高熱を避けるために行う．

問26 **(3)** 鳥居基礎は，極軟弱地盤でほとんど地耐力を期待できない場合に用いられる．なお，(2)は設置場所が岩盤の場合，必ず砂基礎または砕石基礎とする．

問27 **(4)** 小口管きょではなく，正しくは大口管きょ．階段接合は，大口径の管きょの場合，マンホール内で段差を付けて水勢を減らしながら接合する．

問1 ⑷ 賃金についてのみ男性と差別的取り扱いをしてはならない（第4条）.
なお，⑴就業規則とは，事業所ごとに使用者が指揮命令権に基づいて作成する労働者が就業上順守すべき規則と労働条件の具体的細目を定めたものいい，労働協約は使用者と労働組合との労働条件等に関する合意事項をいう.
労働協約は，就業規則と労働契約に優先し，就業規則は労働契約に優先する．労働契約は，労働協約，就業規則，労働基準法の規制を受ける.

問2 ⑵ 使用者は，労働者が業務上負傷または疾病にかかり療養のために休業する期間およびその後30日間，産前後の女性が休業している期間およびその後30日間は解雇してはならない．ただし，使用者が打切補償（第81条）を払う場合，または天災事変その他やむを得ない事由のために事由より，事業の継続が不可能となった場合においてはこの限りない．この場合，行政官庁の認定を受けなければならない（第19条）．なお，⑷労働者の責に帰すべき事由に基づく場合は，解雇の予告義務はない（第20条）.

問3 ⑶ 賃金とは，賃金，給与，手当，賞与・その他名称を問わず，労働の対償として使用者が労働者に支払うすべてのものをいう（第11条，定義）．未成年者（満20才未満）は，独立して賃金を請求することができる．親権者または後見人は，未成年者の賃金を代理で受け取ってはならない（第59条，未成年者の労働契約）.
なお，⑴は第12条（平均賃金）の規定．⑷出来高払制その他の請負制で使用する労働者については，使用者は労働時間に応じ一定額の賃金の保障をしなければならない（第27条，出来高払制の保障給）.

問4 ⑶ なお，⑴休憩時間は，一斉に与えなければならない．ただし，労働組合等との書面による協定がある場はこの限りではない．使用者は，休憩時間を自由利用させなければならない（第34条2の3項，休憩）．⑵災害その他避けることのできない事由によって，臨時の必要がある場合に，使用者は行政官庁の許可を受けて，その必要の限度において労働時を延長し，または休日に労働さることができる（第33条，災害等による臨時の必要がある場合の時間外労働等）．⑷有給休暇は，6ヶ月間継続勤務し，全労働日の8割以上出勤した労働者が対象.

問5 ⑶ 満18才以上の女性を坑内業務のうち，人力による掘削等，女性に有害な業務に就かせてはならない（第64条の2）．なお，⑴満16歳以上の男性の交替制勤務は可能．⑷使用者は，妊婦，産婦に重量物を取り扱う業務に就かせはならない.

問6 ⑵ 統括安全衛生責任者を選任すべき事業者以外の請負人で，当該工事を自ら行う者は，**安全衛生責任者**を選任し，その者に統括安全衛生責任者との連絡その他厚生労働省令で定める事項を行わせなければならない（第6条，安全衛生責任者）.

なお，安全管理者，衛生管理者の資格は次のとおり．

［安全管理者の資格］

①大卒（理科系）：2年以上の産業安全の実務経験者

②高卒（理科系）：4年以上の産業安全の実務経験者

③労働安全コンサルタント

［衛生管理者の資格］

①医師，歯科医師

②労働衛生コンサルタント

問7　(3)　土留め支保工の切梁，腹起しの取付けの作業は，**土留め支保工作業主任者**（技能講習修了者）を選任して作業を行う．土留め支保工作業主任者の職務は，次のとおり（則第375条）．

①作業の方法を決定し，作業を直接指揮する．

②材料の欠点の有無ならびに器具，工具を点検し，不良品を取り除く．

③墜落制止器具（安全帯）および保護帽の使用状況を監視する．

問8　(1)　事業者は，クレーンの運転その他の業務で定める資格を有する者でなければ，当該業務に就かせてはならい．つり上げ荷重が1t以上5t未満の移動式クーンの運転は，移動式クレーン運士免許または技能講習修了の資格を必要とするが，これをもって公道を走行することはできない．

問9　(3)　掘削の高さまたは深さが10m以上のものが届出に該当する．8mは届出不要．

問10　(1)　知事認可の建設業者は，営業所（本店・支店等，請負契約を締結する事務所等）は，他府県に設置できないが，営業活動は他府県でも自由である．

問11　(3)　施工体制台帳は，特定建設業において，発注者から直接請け負った建設工事を施工するため締結した下請の総額が4000万円以上になる場合に作成する台帳．下請，孫請などすべての業者の会社名，施工範囲，技術者名などを記載する．この台帳は公共工事，民間工事を問わず作成しなければならない．

施工体系図は，施工体台帳に基づき，二次下請以降を含む工事に係るすべての業社名，工事内容，工期，施分担等を作成し，工事現場の見やすいところに掲示する．なお，(4)建設工事の積り等（第20条）の規定．

問12　(4)　工事1件の請負金額が3500万円以上のものは，主任（監理）技術者は，工事現場ごとに専任の者（常時，当該現場の職務に従事）とする．元請の主任技術者が下請負人の主任技術者の職務を併せて行う場合は，この限りでない．ただし，工事金額3500万円未満，鉄筋工事，型枠工事とする．

問13　(1)　現場代理人とは，請負契約の的確な履行のため，現場の取締りの他，工事の施工，契約関係事務に関する一切の事務を処理する者として現場に常駐する者をいう．現場代理人，主任技術者（監理技術者），**専門技術者**（一式工事に含まれる自社施工の専門工事に配置される技術者）は，これを兼ねることができる．

問14　(3)　工事に要する費用は記載事項ではない．道路占用許可の申請書の記載事項は，①道路の占用の目的，②道路の占用の期間，③道路の占用の場所．④工作物，物件または施設の構造，⑤工事の方法，⑥工事の時期，⑦道路の復旧方法である．

問15 (1) 輪荷重10t → 5t.

問16 (2) 河川区域内の土地において工作物を新築，改築または除却しようとする者は，河川管理者の許可を受けなければならない（第26条，工作物の新築等）．工作物の新築等の規定は，上空や地下工作物も対象となる．

問17 (1) 工材料置場や現場事務所などは，必ずしも河川区域内に設ける必要のない施設であって，許可が必要となる（第26条）．

問18 (2) 建築確認申請は，適用されない（第6条）．
なお，(1)延べ面積50m²を超える場合，屋根は適用される（第63条）．(3)容積率（第52条）および敷地等と道路との関係（第43条）は，適用されない．

問19 (3) 容積率とは建築物の延べ面積の敷地面積に対する割合をいう．建ぺい率とは建築面積の敷地面積に対する割合をいう．建築基準法の用語の定義は次のとおり．

表　用語の定義(第2条)

用語	定義（意味）	注意事項
建築物	土地に定着する工作物のうち ①屋根および柱を有するもの ②屋根および壁を有するもの ③①および②に附属する門もしくはへい ④観覧のための工作物 ⑤地下および高架の工作物内に設けられた事務所，店舗等	鉄道および軌道の線路敷地内の運転保安に関する施設，プラットホームの上家，貯蔵槽は建築物から除外される．
特殊建築物	学校，体育館，病院，劇場，展示場，市場，旅館，寄宿所，工場，倉庫など	
建築設備	建築物に設ける電気，ガス，給水，排水，換気，冷暖房，消火，排煙，汚物処理場の設備または煙突，エレベーター，避雷針	浄化槽は建築設備である．
居　室	居住，執務，作業，集会，娯楽その他 これらに類する目的のために使用する部屋	更衣室は居室ではない
主要構造部	壁，柱，床，はり，屋根または階段．ただし，構造上重要でない間仕切壁，間柱，最下階の床，庇等は除く	最下階の床等は主要構造部ではない．

問20 (1) 火薬類を運搬しようとする者は，出発地を管轄する都道府県公安委員会に届け出て，運搬証明書の交付を受ける必要がある（第19条，運搬）．

問21 (1) 火薬類を運搬するときは，衝撃等に対して安全な措置を講ずる．電気雷管を運搬する場合には，脚線が裸出しないような容器に収納し，乾電池その他の電路の裸出している電気器具を携行せず，かつ，電灯線，動力線その他漏電の恐れのあるものに接近しなこと．

問22 (4) 騒音規制法では，舗装版破砕機を使用する作業は特定建設作業に該当しない．なお，振動規制法では該当する．

問23 (3) なお，(1)都道府県知事 → 市町村長．(2)発注者 → 当該建設工事を施工する者（元請業者）．(4)届出事項は，①氏名・名称・住所，②建設工事の目的に係る施設または工作物の種類，③特定建設作の場所および実施の期間，④騒音の防止の方法等である．

問24 (1) 振動ローラの作業は，特定建設作業に該当しない．

問1　(2)　施工計画は，品質・工期・経済性の3条件を達成するため，さまざまな検討に基づいて作成される．品質を確保し，契約工期内で経済的な工程を検討する．発注者から示された工期が最適とは限らない．

問2　(2)　受注者が確保しなければならない現場事務所用地は，施工計画作成の要事ではない．

問3　(4)　資材・労務費などの変動に基づく契約変更の取り扱いは，契約条件である．

問4　(4)　発注者が本工事と同等と指定した指定仮設が構造・仕様の変更になった場合，設計変更（契約変更）の対象となる．一方で任意仮設は，契約上一式計上され，施工業者が自主的決めもので設計変更の対象とはならない．

問5　(1)　特定建設業者（元請）は，当該建設工事に係るすべての建設業者・技術者名などを記載した施工体制台帳を作成し，工事現場の施工分担関係を明示した施工体系図を作成し，これを当該工事現場の見やすい場所に掲げる．建設工事は，各種専門工事の総合的な組合せで行われる．特定建設業者は，施工にあたりすべての専門土木工事業者を監督しつつ，工事全体の施工を管理する．特定建設業者は施工体制を的確に把握しなければならない．

問6　(2)　ダンプトラックの積載土量qは，ほぐした土量である．バックホウ作業量は，地山土量で表すから，積載土量を地山土量に換算すると，$f = 1/1.20$となる．

ダンプトラック1時間当たりの作業量Q（地山土量）は，

$$Q_d = \frac{q \cdot f \cdot E \cdot 60}{C_m} = \frac{7.2 \times (1/1.20) \times 0.9 \times 60}{24.0} \fallingdotseq 13.5\ \mathrm{m^3/h}$$

ダンプトラックの所要台数$N = Q_s/Q_d = 44.0/13.5 = 3.26$台$\fallingdotseq$ 4台．

問7　(4)　ガントチャート → 出来高累計曲線．なお，出来高累計曲線と毎日出来高曲線との関係は，下図に示すとおり．

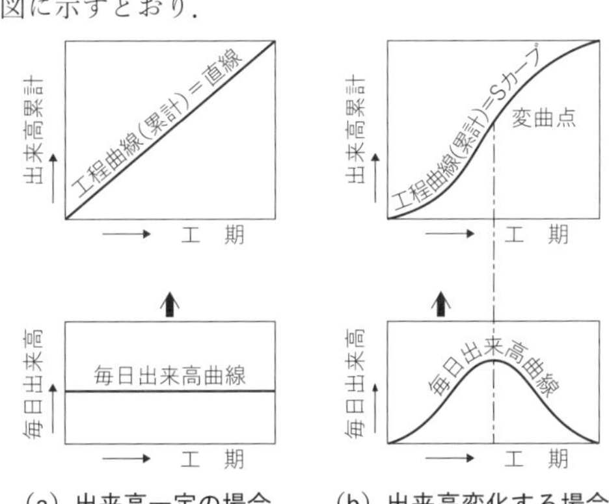

(a) 出来高一定の場合　(b) 出来高変化する場合

図　出来高累計曲線と毎日出来高曲線

なお，工種ごとの工程を斜線で表示するグラフ式工程表と，バーチャート工程表に施工場所の要素を合せて表示し，トンネル工事など工種の少ない線状構造物に用いる斜線式工程表は，下図に示すとおり．

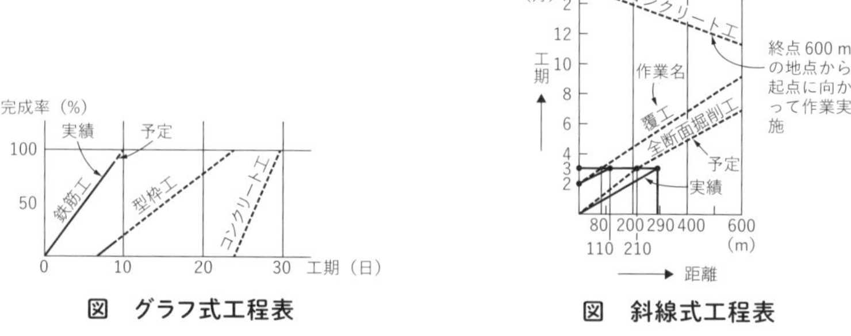

図　グラフ式工程表

図　斜線式工程表

問8　**(4)**　上方許容限界線を越えたときは，工程が進んでいる．工程管理曲線は平均施工速度で作成された予定工程と工事状況により変化する実施工程とのずれが許容範囲内にあるかをバナナ曲線で管理するものである．

問9　**(3)**　なお，**(1)**クリティカルパスは，最長経路で全余裕日数がゼロの経路をいう．**(2)**結合点番号は同じ番号があってはならない．**(4)**ダミーは所用時間をもたない．

問10　**(3)**　（解法1）

⓪→①→②→⑤→⑥＝20日

⓪→①→②…→③→⑤→⑥＝21日

⓪→①→②…→③→④→⑤→⑥＝19日

⓪→①→③→⑤→⑥＝＝20日

⓪→①→③→④…→⑤→⑥＝18日

（解法2）

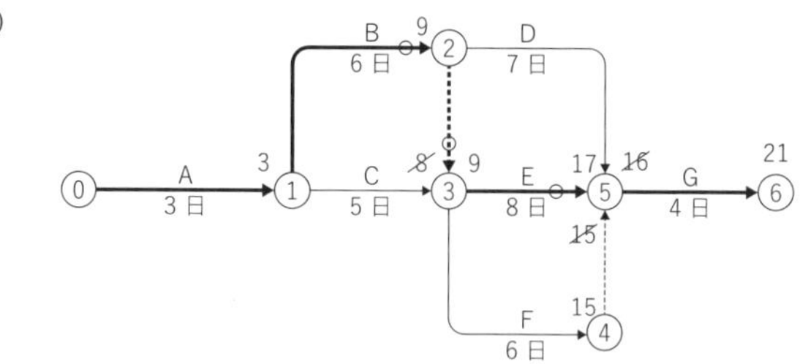

図　最早結合(完了)時刻の計算

問11　**(3)**　日程計算は，次のように行う．

0から7までの経路で最早結合点時刻（前向き計算）を求める（$t_j^E = t_i^E + T_{ij}$）．合流点5，6に注意する．結合点5に入る矢線の一番大きいものが最早完了時刻であり，次の最早開始時刻18日となる．7の最早完了時刻は27日となる．

最遅完了時刻・最遅開始時刻は，逆向き計算で求める．

1．前向き計算で，7の最早結合点時刻t_j^L＝27日を求める．□内に記入する．

2．7→0へ向かって計算する．最遅開始時刻から各作業の所要日数を引き，□内に記入する．

3．複数の矢線が出ている分岐点4，3，2では，小さい方の値を採用する．

4．最遅完了時刻t_j^L，最早完了時刻t_j^Eが等しい経路は，各作業に余裕がなく，クリティカルパスになる．

以上より，結合点5の最早開始時刻18日，最遅完了時刻18日となる．

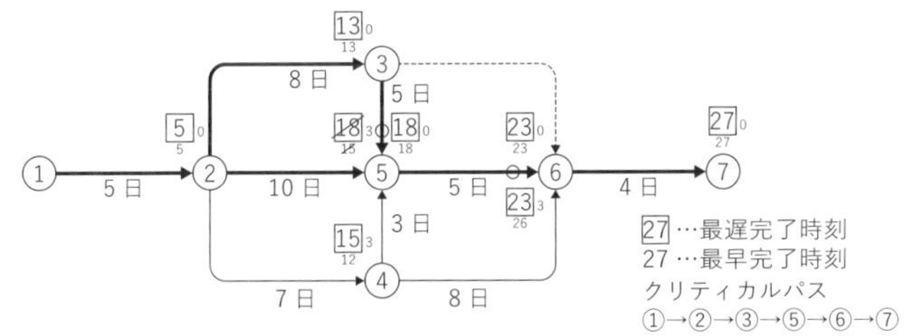

図　最早開始時刻・最遅完了時刻の計算

問12 ⑴　工事箇所の前方50m～500mの間の路側または中央帯のうち，視認しやすい箇所に設置する．なお，建設工事公衆災害防止対策要綱に，施工者が市街地で工事をする場合の作業場，交通対策，埋設物等，守るべき措置を定めている．

問13 ⑴　コンクリート橋架設等作業主任者→コンクリート造工作物の破壊等作業主任者．なお，職長，作業指揮者，作業主任者の職務は，次のとおり．

①職長：労働者を直接指導・監督する．職長教育修了者．

②作業指揮者：特定の作業について，作業を指揮する．資格要件なし．

③作業主任者：労災を防止するための管理を必要とする作業について，労働者を指揮する．作業主任者技能講習修了者．

問14 ⑷　協議組織の設置および運営は，特定元方事業者（元請の建設業者）の講ずるべき措置である．関係請負人は，協議組織に参加する．なお，特定元方事業者とは，最も先次の請負契約の注文者，関係請負人とは下請契約における請負人をいう．

問15 ⑶　なお，⑴車両系建設機械（最高速度10km/h以下を除く）を用いて作業を行うときは制限速度を定める（則第156条）．⑵運転位置から離れる場合の措置（則第160条）．⑷事業者は，車両系建設機械については1ヶ月以内ごとに1回．操作装置・作業装置等の異常の有無等の自主検査を行う（則第168条）．

問16 ⑴　つり上げ荷重1t未満の場合，特別教育修了者が就く（則第67条）．なお，⑵定格総荷重とは，ジブの長さ・傾斜角に応じて負荷させることのできる荷重（つり具を含む）をいう．⑶運転位置からの離脱の禁止（則第75条）．⑷強風時の作業中止（則第74条の3）．

問17 ⑶　事業者は，強風，大雨，大雪等の悪天候のため，作業の実施について危険が予想されるときは，当該作業に労働者を従事させないこと（則第245条）．

問18 ⑶　砂からなる地山の掘削面の高さは，5m未満とする．

問19 ⑷ 開口部等で墜落により，労働者に危険を及ぼす恐れのある箇所には，囲い，手すり，覆い等を設けなければならない（則第519条，開口部等の墜落防止措置）.

問20 ⑶ 事業者は，組立・解体または変更の作業を行う区域内には，関係労働者以外の労働者の立入りを禁止すること（則第564条，足場の組立等の作業）.

なお，⑵作業床について，墜落による労働者に危険を及ぼす恐れのある箇所には，次の設備を設ける（則第563条3，墜落防止措置等）.

①枠組足場の場合：交差筋かいおよび高さ15cm以上の幅木，または交差筋かいおよび高さ15cm～40cmの位置に下桟，または手すり枠のいずれかの措置（交差筋かい＋幅木（高さ15cm以上））.

②枠組以外の場合：高さ85cm以上の手すりおよび中桟の設置.

また，足場の高さ2m以上の作業床での作業のため物体が落下することにより，労働者に危険を及ぼす恐れのあるときは，足場には高さ10cm以上の幅木，メッシュシートまたは防網を設ける．ただし，立入区域を設けた場合はこの限りでない（則第563条6，物体の落下防止措置）（下図）.

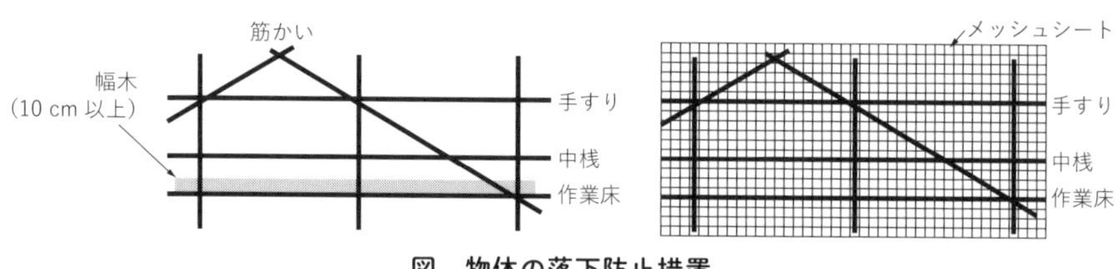

図　物体の落下防止措置

問21 ⑴ なお，⑵掘削面の高さが2段目の腹起しと切梁の施工が可能となった段階で設置する．⑶作業中は，指名された点検者が常時点検を行う．⑷土留め用部材の変形，緊結部の緩み，地下水位や周辺地盤の変化等の異常が発見された場合は，直ちに作業員を非難させるとともに，事故防止対策に万全を期した後でなければ，次の段階の施工は行わない.

問22 ⑵ 土の最大乾燥密度は，締固め試験で求める.

問23 ⑵ 盛土の品質管理のうち，現場密度の測定は，締固め度，飽和度，空気間隙率を求めるために行う．試験方法は，砂置換法およびRI法等がある.

問24 ⑴ 品質管理には，ヒストグラム，工程能力図による規格値の管理および$\bar{x}$–R管理図などの工程の安定を見る管理活動と，工程（作業）能力を向上させるための改善活動がある．品質管理の効果は，品質の向上・均一化，不良品の減少，製品の信頼性が高まり，ムダな作業・手直しの減少，価格が下がる.

問25 ⑷ ヒストグラムの規格値に対する許容範囲およびゆとりは，次式で判断する.

①上限（S_U）・下限（S_L）規格値が定められている場合：

次式を満足するとき，十分余裕がある.

$$\frac{|S_U(\text{および}S_L)-\bar{x}|}{\hat{\sigma}} \geqq 3 \qquad \cdots\cdots \text{式}(1)$$

ただし，$\hat{\sigma}$：標準偏差の推定値（シグマヘット，≒ σ：標準偏差），

$\bar{x}$：平均値，S_U：上限規格値，S_L：下限規格値

②上限または下限規格値が定められている場合：

$$\frac{|S_U(\text{または}S_L)-\bar{x}|}{\hat{\sigma}} \geqq 3$$ ……式（2）

$$\frac{|1.2-2|}{0.2}=4>3 \text{となる．}$$

よって，答えは「十分ゆとりがある」となる．

問26 (3) 各組（No.1～No.5）の平均値：

$\bar{x}_1=(66+64+65)/3=65$，$\bar{x}_2=67$，$\bar{x}_3=65$，$\bar{x}_4=63$，$\bar{x}_5=65$，

中心線 $CL=\bar{\bar{x}}=65$

各組の最大値と最小値の差（範囲）R の平均値：

$\bar{R}=(2+5+4+2+7)/5=4$

上方管理限界線 $UCL=\bar{\bar{x}}+A_2\bar{R}=65+1.02\times 4=69.08$

〔総計量の表し方〕（参考）

品質管理の目的はバラツキのない製品をつくることではない．試験結果には必ずバラツキがある．このバラツキの分布状態を次のように表す．

① **平均値 $\bar{x}$**　データの算術平均，データ x_1，x_2………x_n とするとき，

$$\bar{x}=\frac{x_1+x_2+\cdots\cdots\cdots+x_n}{n}=\frac{\Sigma x}{n}$$

② **中央値 $\tilde{x}$（メヂアン）**　データの値の大きい順に並べたとき，中央に位置する値

③ **範囲 R（レンジ）**　データの最大値と最小値の差，x_{max}＝最大値，x_{min}＝最小値

$R=x_{max}-x_{min}$

④ **偏差二乗和 S**　各データと平均値との差の二乗の和

$S=(x_1-\bar{x})^2+(x_2-\bar{x})^2+\cdots\cdots\cdots+(x_n-\bar{x})^2=\Sigma(x_i-\bar{x})^2$

⑤ **分散 σ^2**　偏差二乗和をデータ数 n で割ったもの

$$\sigma^2=\frac{S}{n}=\frac{\Sigma(x_i-\bar{x})^2}{n}$$

⑥ **不偏分散 V**　偏差二乗和 S を（$n-1$）で割ったもの

$$V=\frac{S}{n-1}=\frac{\Sigma(x_i-\bar{x})^2}{n-1}$$

⑦ **標準偏差 σ**　分散の平方根．バラツキの大きさを表す

$$\sigma=\sqrt{\frac{S}{n}}=\sqrt{\frac{\Sigma(x_i-\bar{x})^2}{n}}$$

問27 (2) 管理線内でも並び方にくせがあるときは，工程は安定していない．

なお，(4)工程の異常を発見する管理限界線と，顧客要求，工程の実力を表す規格値とは異なり，以下の順序となる．

↑ 上限規格値（USL）
上方管理限界線（UCL）
● 中心線（CL）
下方管理限界線（LCL）
↓ 下限規格値（LSL）

上限規格値，下限規格値は次式で求める．

$USL = \bar{x} + 4\sigma$（σ：標準偏差）

$LSL = \bar{x} - 4\sigma$

問28 (4) ISO9000ファミリー規格は，あらゆる業種・形態および規模の組織が効果的な品質マネジメントシステムを実施・運営することを支援するものである．製品の形状や性能について定めたものではない．

問29 (4) 1回の試験は，一運搬車から採取した3個のテストピースの平均値が指定した呼び強度の85%以上で，かつ，3回の試験結果の平均値が指定した呼び強度以上であること．なお，圧縮強度規定は，コンクリートの配合が適切であるかどうかの確認に用いられるものであるが，結果は受け取りから28日後となる．

問30 (1) 非破壊試験は，素材や製品を破壊せずにキズの有無・その存在の位置・大きさ・形状・分布状態を調べる検査で，コンクリート構造物の劣化状況の客観的評価や劣化の原因の推定を行う手段として用いられる（右表参照）．

問31 (1) 空気式は，油圧式より騒音が大きい．

問32 (1) 指定副産物は，建設発生土，コンクリート塊，アスファルト・コンクリート塊および建設発生木材の4種類をいう．

なお，(3)業種として，紙製造業（古紙），硬質塩化ビニル製造業，ガラス容器製造業，建設業が該当する．

問33 (2) 建設発生土は，建設資材として利用できるための最低限の施工性が確保された土砂あり，第1種から第4種に区分され，それぞれの利用用途が定められている．なお，コーン指数200kN/㎡以上（汚泥は200kN/㎡未満）のものをいう．

問34 (1) (2)床面積80㎡以上が該当する．(3)受注者→発注者，(4)建設発生土→アスファルト・コンクリート塊．

問35 (1) 工作物の除去に伴って生じた繊維くずは，産業廃棄物である．廃棄物は，国民の生活の中から日常的に排出される一般廃棄物と事業活動に伴って排出される産業廃棄物に区分され，爆発性，毒性，感染性等，人の健康などに被害を及ぼすものを特別管理廃棄物と定めている．

表　コンクリート構造物の非破壊検査の種類

対象	非破壊検査法の種類	原理など
強度変形特性 内部状況① 配筋，かぶり厚さ	電磁波レーダ法	電磁波を放射し，鉄筋からの反射波を受信して計測
	電磁誘導法	電流の電気的変化を検出して磁界中の良導体（鉄筋）を探査
	X線法 （放射線法）	X線をコンクリート構造物の断面方向に透過させ，撮影された透過画像から内部の様子を確認
強度	リバウンドハンマー法	テストハンマーでコンクリートの表面に重鐘を衝突させ，その反発度を測定することにより強度を推定
	超音波法	強度と音速の高い相関関係を利用して推定
	衝撃弾性波法	コンクリート表面をインパクタで打撃し，入力した縦弾性波速度と強度の関係式から推定
内部状況② 劣化，ジャンカ，コールドジョント（内部空洞）・損傷（浮き・はく離）	打音法	コンクリート表面をハンマーで打撃し，打撃音を測定し打撃力や打撃音の分析から内部空洞などの欠陥の有無を検知
	電磁波レーダー法	電磁波を放射し施工不良箇所の比誘導電率が異なっていることから，反射してきた反射波を受信して検出
	衝撃弾性波法	コンクリート表面インパクタで打撃し，縦弾性波が施工不良箇所の存在による①伝搬速度の低下，②伝搬経路の伸長，③欠陥表面の反射，④曲げ振動の発生などの性質を利用して検出
	赤外線法 （サーモグラフィー法）	コンクリート表面温度を赤外線カメラにより計測し，温度の分布状況から空洞等を検知
内部状況③ 劣化・損傷（ひび割れ）	超音波法 （直接回析波法）	超音波の発信による圧縮波を検出してひび割れ深さを測定
	衝撃弾性波法	コンクリート表面インパクタで打撃し，縦弾性派波がひび割れ先端を回析することによる伝搬時間差からひび割れ深さを測定
	X線法 （放射線法）	X線をコンクリート構造物に透過させ，撮影された透過画像からひび割れの分布状況を検出
鉄筋腐食	電気化学的方法 （自然電位法）	自然電位法は腐食により変化する鉄筋の電位を測定することで鉄筋腐食を診断する方法

第5章 工事契約と建設マネジメント 解答・解説

問1 (4) 総合評価方式は，品質確保・品質向上を図るため，発注者が主体的に責任を果たすことにより，技術的能力を有する競争参加者による競争が実現され，経済性に配慮しつつ価格以外の多様な要素も考慮し，総合的に優れた内容のものが契約される．当然，環境対策や工期短縮等の提案も考慮される．

問2 **指名停止**とは，入札参加資格を有する業者が，事故，贈賄および不正行為等があった場合に入札の指名の停止または参加を取り消す措置を講ずることをいう．次の場合に，指名停止措置が取られる．

①虚偽記載，契約違反

②公衆災害事故，工事関係者事故

③贈賄，独占禁止法違反行為

④談合，建設業法違反行為

⑤不正または不誠実な行為

問3 (4) 公共工事標準請負契約約款は，建設業法第38条に規定する中央建設業審議会が発令する規約である．工事材料の品質および検査等（第13条）による検査に直接要する費用は，受注者の負担となる．

問4 (3) 検査および引渡し（第31条）による「発注者は，工事の完成検査において必要があると認められるときは，その理由を受注者に通知して，事目的物を最小限破壊して検査することができる．検査または復旧に直接要する費用は，受注者の負担とする．」の規定．

問5 (1) 工期の変更方法（第23条）による「工期の変更については，発注者と受注者が協議して決める．ただし，協議開始日から○日以内に協議が整わない場合は，発注者が定め，受注者に通知する．」の規定．

問6

(1)現場組織表

現場における組織編成および命令系統，業務分担，責任の範囲と関係が明らかになるように記入する（施工体系図，現場代理人，主任技術者等）．

(2)施工方法

主要工種ごとの施工順序，施工方法および施工上の留意事項について，使用する機械や設備を含め図等を活用して明確に表現する．工事に関連する事項（家屋，鉄道，道路と近接する工事の施工方法，地下埋設物と関連する工事の施工方法，騒音・振動等の防止対策等）について記入する．

(3)工程管理

何によって工程を管理するか，進捗の状況は何日ごとに実施するか等について記入する．

(4)主要機材

工事に使用する指定材料および主要な資材の品目，規格，数量，材料試験方法および必要に応じて製造または取引会社名等を記入する．

問7　(2)　発注者→特定建設業者（元請）．建設業は，重層的で複雑な下請構造となっている．発注元（国，自治体，民間）→総合建設会社（一式工事業，ゼネコン）→専門工事業（サブコン）→技能工等の流れで建設工事が実施される．施工体制台帳は，工事施工中において下請・孫請等の体制を明確にするものである．

問8　発注者から直接建設工事を請け負った特定建設業で，4000万円以上の下請契約を締結して施工する場合に，主任技術者に替えて監理技術者を配置する．

問9　**［予想される災害］**

①重機と作業員が接触する

対策：重機への立入り禁止措置または誘導員の配置をする．

②重機が他の重機と接触する

対策：事前に作業範囲の打合せをする．

③土砂の崩壊により作業員が負傷する

対策：作業前の地山の点検の実施，すかし掘りを禁止する．

④土砂の崩壊により重機が転倒する

対策：土質に合わせた適正な法勾配で掘削する．

⑤法肩から作業員が転落する

対策：掘削に合わせて手すり・バリケードを延長をする．

⑥ダンプトラックと作業員が接触する

対策：場外搬出時，出入り口では誘導員にしたがい，一般道走行時は交通規制を守る．

問10　工事原価Yは，施工出来高xに関係なく，必要な固定原価F（現場諸経費）と出来高の増加に応じて増大する変動原価axから成り立つ（原価曲線）．

工事原価Y＝固定原価F＋変動原価ax　（a：変動率）

工事原価と施工出来高が等しい$Y = x$と，原価曲線$y = F + ax$との交点Pを**損益分岐点**（最低採算速度の状態）という．これに対応する施工出来高をxとすると，施工出来高がx以上の場合に利益が生まれ，以下の場合に損失となる．固定原価を一定に保ち，施工出来高を増やす経済速度とする．

なお，**CPM**（Critical Path Method）は，時間と費用の関係において，工期短縮につれて費用がどのように増加していくかを見ながら最適工期，最適費用を設定する手法である．工期を短縮する場合には，必要以上の労働力と工事規模以上の機械設備が必要となり不経済となる．最も経済的な施工速度（最適工期）に対し，施工速度を速める特急（クラッシュ）状態で施工すると，余分出費（エキストラコスト）が発生し，工事費は増加する．最適工期の費用を標準費用，特急状態の費用を特急費用とすると，費用増加率は図（次頁）に示すとおり．

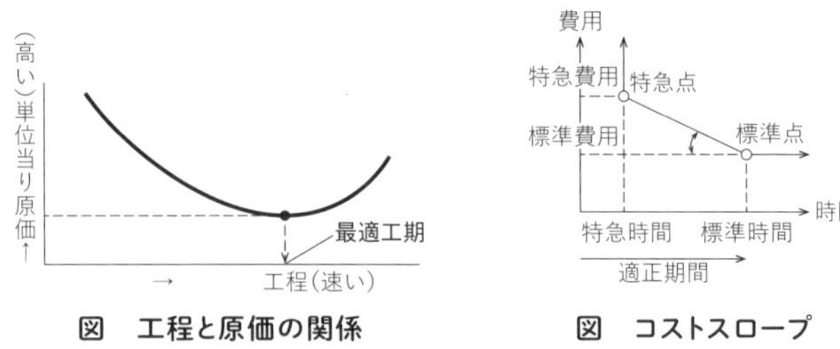

図　工程と原価の関係　　　図　コストスロープ

問11　工程により作業員が1日当たり12人から3人と変化し，合理的な人員配置ができていない．1→3→4→6→7のクリティカルパス上の作業は工期の関係で動かすことできないから，余裕日数をもつ作業（A，C，D，G）を動かし，他の作業との重複度を小さくすることにより人員の均等化を図る．タイムスケール（暦日目盛）図を書き，余裕日数を考慮して山崩しを行うと，作業員は8人となる（下図）．

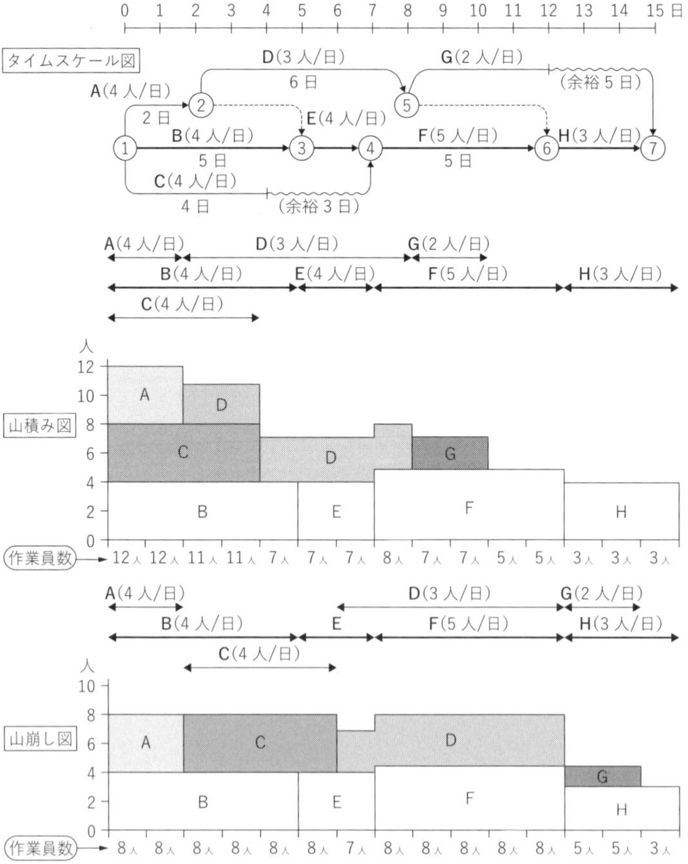

図　山積み，山崩し

問12　検査は，請負者の適正な選定および指導育成，検査時の指導を通じて適正かつ能率的な施工の確保，工事の技術水準の向上に資すること目的とする．
請負者は，工事が完成したときは，発注者に通知するものとし，発注者は，通知を受けた日から14日以内に完成検査をし，検査結果を請負者に通知する．検に合格しているときは，工事工作物の引渡しを受ける（請負者の保管責任免除）．請負者は，請負代金を受領することができる．

問13　ICTとは，建設の生産の各段階において，情報通信技術（位置情報技術，制御技術）を用いて，調査・設計・施工・維持管理および修繕の一連のプロセスにおいて，効率化・高度化による生産の向上を図るシステムをいう．建設工事の施に用いられるICTは，三次元データを活用するICT土工等である．

索引

あ

か

た

な

は

ま

や

ら

わ

英

著者略歴

國澤正和 くにさわ・まさかず

1969年3月　立命館大学理工学部土木工学科卒業
1969年4月　鉄建建設株式会社入社
1972年4月　大阪市立都島工業高等学校（教諭）
1995年4月　大阪市教育委員会（指導主事）
1997年4月　大阪市立工芸高等学校（教頭）
2002年4月　大阪市立東淀工業高等学校（校長）
2004年4月　大阪市立泉尾工業高等学校（校長）
2007年4月　大阪産業大学（講師）
2015年3月　大阪産業大学退職

主な著書

『ハンディブック土木 第3版』（共著）オーム社　2014/08
『絵とき 水理学 改訂4版』（共著）オーム社　2018/07

参考文献

『監理技術者講習テキスト』一般社団法人 全国建設研修センター
『道路土工』公益財団法人 日本道路協会
『地盤調査法』公益社団法人 地盤工学会
『コンクリート標準示方書』公益社団法人 土木学会
『舗装施工便覧』公益社団法人 日本道路協会
『土木工事安全施工技術指針』一般社団法人 全日本建設技術協会
『1級土木施工管理技術検定試験問題解説集録版』一般財団法人 地域開発研究所

土木施工管理の「なぜ？」がわかるＱ＆Ａ

2021 年 4 月 20 日　　第 1 版第 1 刷発行

著　者　國 澤 正 和
発 行 者　村 上 和 夫
発 行 所　株式会社 オーム社
郵便番号　101-8460
東京都千代田区神田錦町 3-1
電話　03(3233)0641(代表)
URL　https://www.ohmsha.co.jp/

印刷・製本　三美印刷
ISBN978-4-274-22706-6　Printed in Japan